热区耕地酸性土壤
特征及改良技术

邓爱妮　苏初连　赵　敏　主编

U0307577

中国农业出版社
农村读物出版社
北　京

图书在版编目（CIP）数据

热区耕地酸性土壤特征及改良技术 / 邓爱妮，苏初连，赵敏主编 . — 北京：中国农业出版社，2022.12
ISBN 978-7-109-30313-3

Ⅰ.①热… Ⅱ.①邓… ②苏… ③赵… Ⅲ.①耕作土壤—酸性土壤—土壤改良 Ⅳ.①S156.6

中国版本图书馆 CIP 数据核字（2022）第 243711 号

中国农业出版社出版

地址：北京市朝阳区麦子店街 18 号楼
邮编：100125
责任编辑：神翠翠　　文字编辑：郝小青
版式设计：杨　婧　　责任校对：吴丽婷
印刷：北京科印技术咨询服务有限公司
版次：2022 年 12 月第 1 版
印次：2022 年 12 月北京第 1 次印刷
发行：新华书店北京发行所
开本：700mm×1000mm　1/16
印张：13
字数：240 千字
定价：60.00 元

项 目 资 助

本书得到海南省自然科学基金青年基金项目（320QN300、322QN358）、中国热带农业科学院基本科研业务费专项项目（1251632021009、1630082022008）资助。

—— 编写人员 ——

主　　编	邓爱妮	苏初连	赵　敏	
副 主 编	吴小芳	谢　轶	王晓刚	苏冰霞
参编人员	黎舒怀	叶海辉	范　琼	冯　剑
	张兴银	俞　欢	彭宝生	乐　渊
	吴　彬	酒元达	周才林	

CONTENT / 目 录

第一章 热区耕地酸性土壤概述

01

第一节 土壤酸化的概念

土壤 pH 常被用来指示土壤酸碱度，并作为土壤酸化的评价指标。土壤酸碱度是影响土壤生产力和土壤肥力的重要因素之一，其变化不仅影响土壤微生物的活动、有机质的合成和分解、养分转化及有效性，还影响元素在土壤-作物体系中的迁移，进而影响农作物生长、产量和品质等。土壤酸化是指在自然条件和人为因素的共同作用下，土壤中酸性阳离子（如 H^+ 和 Al^{3+} 等）增加、土壤淋溶及农作物收割导致碱性离子（如 Ca^{2+}、Mg^{2+}、K^+ 和 Na^+ 等）减少，从而造成土壤 pH 下降的现象[1]。土壤中 H^+ 增加，势必打破土壤本身的化学平衡。交换性 H^+ 能与土壤胶体上被吸附的盐基离子进行交换，交换之后 H^+ 吸附于土壤胶体上，使得土壤胶体上的 H^+ 不断增加，交换性盐基离子则被溶解于土壤中，随着雨水的冲刷大量流失。交换性 H^+ 吸附于土壤胶体上后能自发地与土壤中的固相铝化合物反应，释放 Al^{3+}，而 Al^{3+} 通过水解又产生更多的 H^+，这样循环往复，土壤中的交换性酸性离子增加，盐基离子大量减少，土壤的盐基饱和度越来越低，土壤酸碱缓冲体系遭到破坏，致使土壤 pH 不断下降，且下降速度逐渐增加。根据第二次全国土壤普查中的分级标准，将我国土壤酸碱度分为 6 级，见表 1-1。

表 1-1 土壤酸碱度分级标准

分级	pH 范围	酸碱度
1 级	＞8.5	碱性
2 级	7.5～8.5	弱碱性
3 级	6.5～7.5	中性

（续）

分级	pH 范围	酸碱度
4 级	5.5～6.5	弱酸性
5 级	4.5～5.5	酸性
6 级	<4.5	强酸性

第二节　我国耕地土壤酸化现状

土地资源是人类社会赖以生存和发展的物质基础，耕地是土地资源的精华，是保障国家粮食安全的基石。耕地资源的数量和质量不仅关系到国家的粮食安全和稳定，还关系到国家的可持续发展。土壤酸碱性主要受成土因子控制，其自然酸化是一个非常缓慢的过程，然而，由于人类活动加剧和工业化的迅猛发展，我国土壤酸化的进程明显加快，严重影响了耕地质量，其中酸化土壤的总面积高达 2 亿 hm^2，约占全国土壤面积的 22.7%[2]。中国农业大学的张福锁教授指出，20 世纪 80 年代到 21 世纪我国农田土壤 pH 普遍下降 0.5 个单位[3]。2018 年，邱婷等的研究表明，全国大部分耕地土壤 pH 在 4.5～5.5，出现了明显的土壤酸化，而酸化更为严重的地区 pH 甚至低于 4.5，全国酸性耕地面积（pH<5.5）从 30 年前的 7% 上升至目前的 18%，而且酸化面积及酸化强度仍呈现上升趋势[4]。土壤酸化会导致土壤中有毒有害污染物释放、迁移或毒性增加，加速土壤营养元素流失并导致肥力降低，导致耕层土壤物理结构和化学性质发生变化，影响农作物生长发育，使农作物减产甚至绝产，并带来一系列环境问题。土壤酸化已成为制约我国农业可持续发展的主要环境问题之一。

第三节　我国热区耕地土壤酸化现状

第二次全国土壤普查结果显示，我国 pH<5.5 的耕地面积约为 $1.13 \times 10^8 hm^2$，酸性土壤在我国表现出强度高、面积大、分布广等特性，在南方地区尤为严重，主要为分布于长江以南的热带和亚热带地区及西南地区的红壤、黄壤，涉及海南、云南、广东、广西、福建、贵州、四川、江西、湖南等

14 个省（自治区、直辖市），面积达 218 万 km^2，酸化率（K_{eq}）从 2.6 增至 7.6。我国热区（热带和南亚热带地区）大都为高温高湿多雨环境，风化和淋溶作用强烈，且伴随着近年来大气酸沉降不断加剧和化肥的过量施用，土壤盐基离子不断淋失，土壤胶体的负电荷点位被 H^+ 占据，因此这些区域广泛分布着各种红色或黄色的酸性土壤，土壤酸化和肥力退化问题日益突出，严重制约了热区土壤生产潜力的发挥。据调查，21 世纪初我国亚热带地区 301 个农田采样点土壤的平均 pH 已由 20 世纪 80 年代的 5.37 下降至 5.14（粮食作物种植土壤）和 5.07（经济作物种植土壤）。研究表明[5]，南方 14 个省份，pH＜6.5 的土壤占比由三十多年前的 52％扩大至 65％，pH＜5.5 的土壤的占比由20％扩大至 40％，pH＜4.5 的土壤的占比由 1％扩大至 4％。土壤酸化最严重的广东、广西、四川等地，pH＜4.5 的耕地土壤占比分别为 13％、7％和4％。农业部于 2007—2009 年对南方 9 省份的农田进行了土壤普查，随机提取每个县的 30～40 个农田土壤 pH 数据，结果发现[6]：各省份土壤 pH 平均值，自重庆的 6.8 至福建的 5.09，在空间上表现出自西北向东南逐渐降低的趋势。四川和重庆以中性（pH 为 6.50～7.50）和弱碱性（pH 为 7.50～8.50）土壤为主；贵州的中性、弱酸性和酸性（pH 为 4.50～5.50）土壤的比例较接近；湖北的弱酸性土壤（pH 为 5.50～6.50）占比接近 50％；湖南、广西以弱酸性和酸性土壤为主；广东、江西和福建一半以上的土壤为酸性，且处于强酸性范围土壤的占比分别为 6.4％、5.4％和 9.7％。同样，其他热区省份土壤酸化形势也十分严峻。以上数据表明，我国热区土壤酸化比较严重。

一、广东耕地土壤酸化现状

广东位于我国东南沿海地区，土壤类型主要是赤红壤、砖红壤、红壤和黄壤，高温和强降水加剧了土壤的淋溶作用，使得全省绝大部分土壤为盐基不饱和的酸性土壤，此外，受成土母质和人类活动等因素影响，广东土壤多呈酸性。自第二次全国土壤普查以来，广东土壤 pH 在 4.5～6.0，1980—2010 年，全省农田土壤 pH 整体下降了 0.3，土壤呈酸化趋势[6]。广东 213 380 个耕地土壤检测结果显示全省耕地土壤 pH 范围为 3.8～7.9[7]。全省耕地土壤以酸性（pH 为 4.5～5.5）、弱酸性（pH 为 5.5～6.5）为主，两者共占 90.57％，中性土壤仅占 5.13％。基于 213 380 个土壤检测数据，广东珠江三角洲（广州、珠海、佛山、东莞、中山、江门、惠州、肇庆）粤东地区（汕头、潮州、揭阳、汕尾）、粤西地区（湛江、茂名、阳江）、山区 5 市（韶关、梅州、清远、河源、云浮）耕层土壤 pH 见图 1-1。由此可见，各区域土壤均呈现酸化趋势，与其他区域相比，粤西地区酸性、弱酸性土壤较多。广东耕地土壤按pH<5.5 的样品频率计算，在砖红壤、黄壤、水稻土、赤红壤、潮土、粗骨土、红壤、滨海砂土、石灰土和紫色土 10 个土类中，酸性、强酸性样品频率之和的排序是砖红壤>黄壤>水稻土>赤红壤>潮土>粗骨土>红壤>滨海砂土>石灰土>紫色土。广东耕地土壤中水田、旱地、园地的 pH 为 3.8~7.9，但大部分属弱酸性和酸性，而菜地的 pH 较高，这可能与农民在种菜过程中施用石灰或土壤调理剂有关。

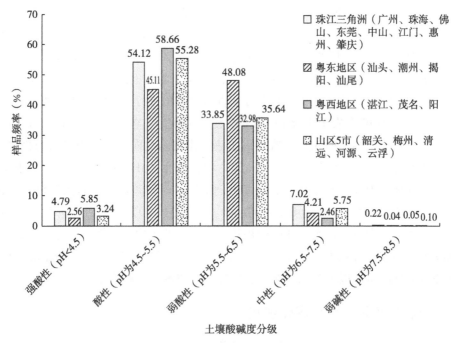

图 1-1　广东不同调查区域土壤酸碱度分级

二、湖南耕地土壤酸化现状

湖南位于长江中游地带，土壤以红壤、水稻土、黄壤、紫色土、黄棕壤和潮土等 13 种土类为主，其中红壤是湖南的主要地带性土壤，面积约为 800 万 hm^2，占全省土地面积的 39.6%，土壤受自然因素及酸雨、施肥的影响极大，酸化面积大，且酸度不断增加[8]。全省的耕作方式均以常规耕作为主：水田有双季稻—冬闲、双季稻—油菜、一季稻—油菜等；旱地包括豆类—油菜、玉米—薯类、甘蔗等；园地为瓜果、蔬菜。目前湖南耕地土壤酸化面积为 275.40 万 hm^2，占全省耕地面积的 72.6%，对比 2006—2010 年土壤 pH 与第二次全国土壤普查结果发现（图1-2），土壤酸化现象已普遍存在，耕地土壤酸化面积明显增大，部分地区酸化现象已很严重，同时还有进一步酸化的趋势。湖南是一个农业大省，化肥、农药施用量居全国前列，化肥特别是酸性肥料用量较大，过磷酸钙、氯化铵等酸性肥料及以其为主要原料的复混肥等易造成土壤酸化。

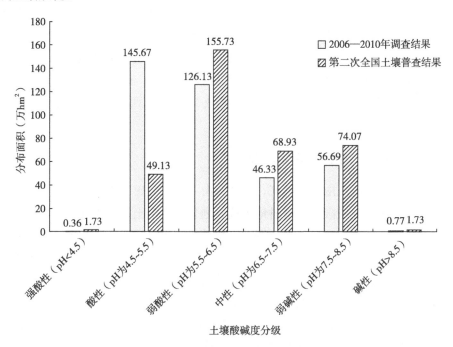

图1-2　湖南不同调查时期不同酸碱度土壤面积变化情况

三、江西耕地土壤酸化现状

江西位于长江中下游南岸，是我国中部地区的农业大省，全省耕地总面积约为282万hm²，其中水田面积约为227万hm²，占80.5%，旱地面积约为54.9万hm²，占19.5%。全省主要土壤类型有红壤、黄壤、水稻土和山地黄棕壤，其中红壤和黄壤占江西省耕地土壤总面积的66%，主要种植水稻，其次是甘薯和小麦，同时还盛产油菜、茶叶和柑橘等，区域内耕地成土母质主要为第四纪红色黏土等酸性母质[9]。周宏冀[10]收集分析了江西91个地区2005—2012年测土配方施肥时的土壤pH数值，结果显示江西耕地土壤pH平均值为5.1，有18.7%的地区的耕地土壤pH平均值低于5.0，全省绝大部分地区的耕地土壤都处于5级（酸性）水平，部分地区出现了低于4.5的6级（强酸性）土壤。不同区域土壤酸化程度存在一定的差异[11]，江西北部、江西西部、江西东北部、江西南部、江西中部耕地土壤的 pH 均值依次降低。江西耕地土壤 pH 为 4.5～5.5 的样点最多，占总样点的 76.00%。同时，有文献表明[12]，近 30 年江西省耕地土壤呈现明显的酸化趋势，酸性、强酸性土壤面积占 84.89%（pH<5.5），与第二次土壤普查数据相比，江西耕地土壤 pH 下降了 0.53 个单位，水田（pH 下降了 0.60 个单位）酸化程度重于旱地（pH 下降了 0.40 个单位），其中吉安、南昌、抚州、赣州、宜春和鹰潭土壤酸化面积占比高达 90% 以上。因此，相比于其他省份，江西耕地土壤酸化现象尤为严重，酸化程度之深与酸化面积之大需要给予足够的重视，土壤酸化可能与成土母质、耕作制度和不合理施肥等有关，已成为制约江西农业发展的一个重要因素。

四、福建耕地土壤酸化现状

福建位于我国东南沿海地区，有"八山一水一分田"之说，人均耕地面积少且后备土地资源有限，全省耕地土壤共划分为 9 个土类（赤红壤、红壤、黄壤、紫色土、石灰土、风砂土、潮土、滨海盐土和水稻土）。福建属于高温多雨地区，土壤淋溶作用强烈，脱硅富铁铝化作用明显，大部分自然土壤普遍呈酸性反应。2015 年全国农业技术推广服务中心公布了 2005—2014 年全国测土配方施肥土壤基础养分数据[13-14]，福建以强酸性土壤（pH≤5.5）为主（占比例高达 74.2%），比第二次全国土壤普查时提高 22.2%。张世昌的研究结果表明[15]，福建耕地土壤 pH 平均为 5.24，pH 空间分布规律是自沿海向山区逐渐降低，与第二次全国土壤普查结果基本一致。在不同耕地类型中土壤 pH 为水田<水浇地<旱地。徐福祥的研究结果表明[16]：1983—2016 年福建耕地土壤潜性酸量整体呈上升趋势，2009 年和 2016 年全省耕地土壤潜性酸量分别比 1983 年上升 1.08cmol/kg 和 1.25cmol/kg，1983—2009 年耕地土壤潜性酸量每年的上升速率比 2009—2016 年高 0.02cmol/kg。有研究表明[17]，1983 年以来福建各设区市耕地土壤 pH 均有不同程度的降低，降低程度为泉州市>南平市>龙岩市>福州市>厦门市>三明市>莆田市>漳州市>宁德市，其中泉州市耕地土壤 pH 平均下降 0.42 个单位；各设区市酸化耕地面积为南平市>三明市>福州市>龙岩市>宁德市>泉州市>漳州市>莆田市>厦门市，其中南平市酸化耕地面积占全省酸化耕地总面积的 21.77%。1983 年以来，除潮土土类外，福建其余土类 pH 均有不同程度的降低，滨海盐土和风砂土的降幅最大，黄壤降低最少；除淹育水稻土、咸酸水稻土和灰潮土亚类 pH 小幅上升外，其余亚类土壤 pH 均有所降低，降幅为 0.02～0.48 个单位；土壤 pH 有所上升的主要有耕作砂泥土、红泥砂田、砂质田、磺酸田、耕作灰砂土、红土田和灰砂泥田，上升幅度为 0.05～0.27 个单位，其他土属 pH 均有不同程度的下降，黑赤土降幅最大，降低了 0.65 个单位；不同土地利用类型下耕地土壤 pH 均有不同程度的下降，水浇地和水田土壤 pH 降幅较大，分别降低了 0.30 和 0.20 个单位。1983—2009 年，福建强度、中度、弱度酸化耕地面积分别占耕地总面积的 5.49%、23.95% 和 37.03%，强度酸化耕地主要分布于长汀县、安溪县、连城县等地，中度酸化的耕地主要分布于浦城县、建瓯市、平和县等地，弱度酸化的耕地则主要分布于建阳、武平、建瓯和古田等地。

五、贵州耕地土壤酸化现状

贵州位于云贵高原东部斜坡地带，属亚热带湿润季风气候，土壤分布呈现地带性特点，隆起于四川盆地和湘桂丘陵之间的亚热带岩溶化山原，酸性黄壤广泛发育。作为全国唯一没有平原支撑的以喀斯特地貌为主的山区，贵州土壤资源缺乏，土壤质量不高。据报道[18]，相较于 1980 年，2010 年贵州土壤 pH 均值显著下降 0.31 个单位（$P < 0.05$），贵州土壤整体呈现酸化趋势，pH < 6.50 的土壤面积呈增加趋势，pH > 7.50 的土壤面积减少；在空间变化上，1980—2010 年，黔西南州、黔东南州和遵义市土壤 pH 均值显著下降，除贵阳市、六盘水市和铜仁市外，其他地州市土壤 pH 也呈现下降趋势，但差异未达到显著水平。气温升高导致土壤淋溶强度大、酸雨和化肥的过量施用是贵州土壤酸化的可能原因。

六、广西耕地土壤酸化现状

广西地处我国华南沿海地区，地跨北热带、南亚热带与中亚热带，属于季风气候。根据国土部门 2015 年的数据，广西耕地面积为 440.4 万 hm^2，其中水田 200.5 万 hm^2，旱地 239.7 万 hm^2，耕地土壤成土母质主要为第四纪红土、砂页岩、石灰岩、花岗岩、紫色砂页岩等，分别占耕地总面积的 32.2%、23.0%、16.9%、7.5% 和 6.9%。广西旱地的土壤类型以红壤和赤红壤为主，这类土壤有机质含量低、酸性强，一些易溶解移动的矿物质养分如钾、钙等因被淋失而缺乏[19]。广西耕地土壤总体偏酸性，其中酸性和强酸性耕地面积占耕地总面积的 41.1%，弱酸性土壤占 46.3%，中性土壤占 11.0%，微碱性和碱性土壤占 1.6%。与第二次全国土壤普查结果相比较，2006 年广西土壤 pH 平均由 6.39 下降到 6.20，其中水田平均下降 0.35 个单位，旱地土壤 pH 与第二次全国土壤普查结果持平。水田 pH 为 6.50～7.50 的下降 33.5 个百分点，pH 为 6.40～5.50 的上升 25.1 个百分点，pH 为 5.40～4.50 的上升 8.3 个百分点；旱地 pH 为 6.50～7.50 的下降 15.5 个百分点，pH 为 6.40～5.50 的上升 9.8 个百分点，pH 为 5.40～4.50 的上升 5.7 个百分点[20]。

七、四川耕地土壤酸化现状

四川位于我国西南部，地处长江上游，全省山区面积大，地势险峻，山地、高原和丘陵地貌居多，全省耕地 390.7 万 hm²（2004 年），87.8％分布在东部盆地，丘陵、平原和盆周山区各占总耕地的 58.1％、15.2％和 14.5％，其余 12.2％分布在西部山地、高原区。土壤类型多样，包括红壤、黄壤、紫色土和草甸土等。四川盆地地区，土壤类型以紫色土为主。据报道[21]，将成都市土壤与第二次全国土壤普查时进行比较，可以明显地看出该市土壤有一定程度的酸化。当年土壤 pH＜5.30 的强酸性土壤面积占比仅为 3.85％，目前已扩大为 8.32％，增加了一倍多。pH＜6.50 的偏酸性土壤面积，当年为 35.08％，目前已扩大到 61.45％，增幅为 75.2％。都江堰市弱酸性土壤占 58.42％，弱酸性至中性土壤占 24.55％，弱碱性土壤占耕地总面积的 9.44％，弱碱性土壤占耕地总面积的 7.59％[22]。李珊等[23]对第二次土壤普查的资料和 2010 年的实测数据进行分析发现，四川中部丘陵县表层土壤 pH 由 7.10 下降到 6.80，其中灌口组泥砂岩、自流井组泥灰岩、第四系老冲积冰水沉积物及须家河组砂岩发育形成的土壤 pH 下降幅度最大，在 9.69％～12.65％，各类型土壤 pH 的下降幅度与其初始值负相关，表现为黄壤（12.30％）＞水稻土（4.46％）＞紫色土（2.95％），不同土地利用方式土壤 pH 的下降幅度以园地和水旱轮作为最大，分别下降了 0.50 和 0.66 个单位。由此可见，四川土壤整体表现出酸化趋势，酸化程度由中部向西北和东南增强。

八、云南耕地土壤酸化现状

云南位于我国西南边陲、云贵高原西南部，以山地和山间盆地为主。云南热带、亚热带土地面积为 780 万 hm²，耕地类型多样。云南土壤呈现水平地带性，表现为从南向北砖红壤—赤红壤—红壤依次更替。云南南部和西南部海拔800m 以下的河谷阶地、丘陵低山区和东南部海拔 400m 以下的河口等地主要土壤类型为砖红壤，面积为 66.95 万 hm²，pH 为 4.8～5.6，呈酸性、强酸性，栽种有香料、热带水果、经济林木等。德宏及临沧地区西南部是红壤与赤红壤之间的过渡类型，面积为 515.30 万 hm²，土壤 pH 一般低于 5.5，栽种有双季稻、杂交稻、玉米、柑橘、甘蔗、薯类等作物；红壤分布于北纬 24°—26° 海拔 1 500～2 500m 的高原湖盆边缘及中低山地，是云南分布面积最大的土壤类型，有 1 136.96 万 hm²，土壤 pH 一般为 5.0～6.2，分布区是云南优质烟叶、玉米、杂粮、薯类、小麦等作物的主要产地；黄壤面积为 229.49 万 hm²，主要分布在山区，在云南东北地区成片分布，土壤 pH 为 4.5～5.5，栽种有玉米、小麦、马铃薯等；黄棕壤面积为 296.10 万 hm²，主要分布在北纬 27°以南海拔 1 800～2 700m 的中山坡地上部，土壤 pH 为 5.0～6.0，种植有马铃薯、小黑麦、白云豆、蓝花子等粮油作物；棕壤面积为 253.63 万 hm²，分布在北纬 25°以南海拔 2 600～3 400m 的山地，土壤 pH 为 5.0～6.0，主要种植林木等。

九、海南耕地土壤酸化现状

海南位于北回归线以南，属热带季风海洋性气候。根据海南省第二次土壤普查结果，海南的土壤类型多样，主要有砖红壤、赤红壤、黄壤、燥红土、新积土、滨海砂土、石灰（岩）土、火山灰土、紫色土、珊瑚砂土、石质土、沼泽土、滨海盐土、酸性硫酸盐土和水稻土 15 类，其中以砖红壤、水稻土分布最为广泛，砖红壤面积为 181.46 万 hm²，占全省土地总面积的 53.42%；水稻土面积为 28.35 万 hm²，占全省土地总面积的 8.33%。赤红壤、黄壤、燥红土面积为 34.56 万 hm²，占全省土地总面积的 10.01%。新积土、滨海砂土和石灰（岩）土面积为 10.33 万 hm²，占全省土地总面积的 3.04%。火山灰土、紫色土、石质土面积仅 8.51 万 hm²，占全省土地总面积的 2.51%。全岛表层土壤 pH 的中位值为 5.4，有 56.2% 的样品 pH≤5.5，96.0% 的样品 pH≤7.0，体现了热带土壤在强烈风化淋滤作用下的酸化特性，极少数略呈碱性的土壤均只分布于岛周边沿海一带。

第四节　耕地土壤酸化的原因

一、土壤酸化的特点

以红壤为例，红壤含有大量的铁、铝氧化物，这些物质可以直接接收 H^+，进入盐基饱和度很低的土壤中的 H^+ 主要有 3 个去向：转化为表面正电荷、消耗于释放水溶性铝和转化为交换性酸。当向已被 H^+、Al^{3+} 饱和的土壤输入 H^+ 时，pH 可以降低至能够从矿物中溶解出某些金属离子的程度。对于红壤，其交换性酸随着 H^+ 的输入而增加，输入 2.875cmol/kg 的 H^+ 时，红壤、赤红壤和砖红壤的交换性酸分别增加了 0.25cmol/kg、0.68cmol/kg 和 1.24cmol/kg。

二、影响土壤酸化的自然因素

土壤的自然酸化是一个相当缓慢的过程，是农业生产中不可避免的现象，该现象在热带和亚热带湿润地区表现得特别明显。影响土壤自然酸化的因素主要有以下 3 个方面。

1. 气候条件 热区土壤形成于高温高湿的生物气候条件下，热区降水量大且集中，矿物质分解彻底，导致土壤淋溶非常强烈，钙、镁、钾等水溶性碱性盐基离子大量流失，雨水中的 H^+ 以及土壤溶液中的 H^+ 取代土壤中的盐基离子，在土壤溶液中和胶体表面存在着大量的 H^+ 和 Al^{3+}，从而使土壤呈酸性至强酸性反应。

2. 不同土壤类型对酸化的响应 不同土壤类型对土壤酸化的响应差异显著。张福锁团队应用 VSD+模型在较大的区域尺度上对我国不同种植模式下的土壤酸化趋势进行预测研究[24]，结果表明石灰性土壤能长达 150 年保持 pH 缓冲能力，而非石灰性（中性和酸性）土壤是对酸化相对敏感的土壤，主要分布于我国东北和南方地区。不同土壤类型中阳离子交换量（CEC）和土壤盐基饱和度的不同导致酸化的速率不同，如在同等条件下始成土的酸化速率显著低于强淋溶土。金修宽研究发现，长期单施化学氮肥对各类型土壤 pH 年均变化率的影响均很显著，不同类型土壤在氮肥施用条件下的 pH 变化率表现为红壤＞潮土、紫色土＞黑土＞水稻土[25]。张永春在太湖地区黄泥土上的长期定位试验结果表明，在施用氮肥的基础上增施有机肥促进土壤酸化，使土壤酸化速率大于单施化肥处理土壤。但在淮北地区黄潮土上的长期定位试验结果表明，化肥配施有机肥处理缓解土壤酸化[26]。张忠启等[27]以余江县为例研究了典型红壤区 25 年间土壤 pH 的变化，从土壤类型来看，潮土的 pH 下降幅度最大，达到 1.02 个单位，水稻土和红壤的下降幅度较为接近，分别为 0.89 个单位和 0.88 个单位。从土地利用方式来看，林地和水田 pH 的降幅分别为 1.00 个单位和 0.92 个单位，旱地 pH 的降幅为 0.82 个单位。

3. 作物的吸收及代谢 植物不仅可以通过矿物质元素的生物循环、吸收、转运、凋落回归等因素影响土壤酸度，还可以通过根系的选择吸收及分泌物直接影响土壤环境。

（1）作物选择性吸收盐基阳离子 农作物生长会主动或被动从土壤中吸收

氮和盐基阳离子，导致土壤中盐基阳离子的损失，植物死后将碱性物质归还于土壤，中和根系分泌的酸；当农产品被收获后，通过秸秆和籽粒被带走的盐基离子得不到补充，会导致土壤离子的不平衡，因此植株吸收的盐基阳离子被转移出生产系统是土壤酸化加速的重要原因[28]。对于农业生产系统，植物选择性吸收盐基阳离子的致酸作用主要体现在地上部的收割，而与籽粒的移走关系较小，这是由于地上部的灰化碱含量高于籽粒，因此，较高的产量下，秸秆的移走会导致酸化加剧[29]。另外，化学肥料在土壤中解离成阳离子和阴离子，如硫酸铵，作物选择性吸收其中的阳离子 NH_4^+ 多于阴离子 SO_4^{2-}，使残留在土壤中的 SO_4^{2-} 较多，残留在土壤中的 SO_4^{2-} 与作物代换吸收释放出来的 H^+（或解离出来的 H^+）结合成硫酸而使土壤酸性增强。

（2）根系呼吸及代谢产物对土壤矿物的溶解作用

1）植物根系及根际微生物的呼吸作用　根系及根际微生物的呼吸作用可产生高浓度的二氧化碳（CO_2），CO_2 浓度可高达 4 000mg/kg，CO_2 溶解于水并发生解离时，产生的 H^+ 可以使土壤中的硅酸盐溶解，导致矿物中对酸具有缓冲作用的碱性组分释放[30]。在淋溶过程中，土壤碱性盐基离子的淋失使土壤酸化加速。根系及根际微生物的呼吸作用产生的 CO_2 在土壤酸化过程中的作用往往被忽视，而实际上，碳酸的溶解及含羧基物质的合成与解离对土壤酸碱度有潜在的巨大作用[31-32]。这种根系呼吸产生 CO_2 的潜在作用在土壤溶液 pH>4.5 时意义重大，CO_2 分压的上升提高了土壤溶液中 HCO_3^- 的浓度，从而提高了土壤溶液的酸中和容量（ANC）并加强了土壤阳离子淋溶的潜在可能性，这在 pH<5.0 的酸性土壤中都可以发生。

2）根系分泌物　根系分泌的有机酸是至少含有一个羧基的小分子有机化合物，它是土壤中碳的最活跃形式。植物根分泌的有机酸种类较多，分为专性分泌物和非专性分泌物。土壤中常见的低分子量有机酸主要有甲酸、乙酸、丙酸、丁酸、草酸、丁二酸、苹果酸、延胡索酸、胡索酸、柠檬酸、酒石酸、水杨酸、莽草酸等，其中草酸、柠檬酸、苹果酸等碳链脂肪酸含量较高。在营养胁迫条件下，根系分泌物的量大大增加，光合作用固定的碳的 25%～40% 可以通过根系分泌作用进入根际[33]。根系分泌物的组成也受胁迫条件的影响而发生极大的变化，专一性根系分泌物的合成、释放和在根际的消长对根际土壤性质、微生物活性及植物生长发育可产生重要的影响。植物非专性分泌有机酸也能促进土壤矿物的化学风化。

（3）植物残体/凋落物回归分解　有些植物死亡或凋落后回归到土壤中，这些植物残体或凋落物在分解过程中会产生致酸物质，从而导致土壤酸化。此外，有些富铝植物（如杜鹃、水稻、黑小麦等）可以通过生物地球化学循环加剧土壤酸化。

三、影响土壤酸化的人为因素

1. 酸沉降 酸沉降是指 pH 小于 5.6 的大气降水，主要包括湿沉降（酸雨、酸雪、酸雾、酸霜）和干沉降（SO_2、NO_3、HCl 等酸性气体）。酸沉降一直是我国严重的环境问题之一，是导致土壤酸化的主要因素。酸沉降对土壤酸化有直接的影响。一方面，酸性物质降到地面后直接为土壤提供 H^+，加速土壤酸化，现代工业中煤、石油和天然气燃烧及汽车尾气排放中产生硫和氮化合物，硫燃烧以后放出二氧化硫，二氧化硫进一步被氧化成三氧化硫，三氧化硫遇到水分即形成酸雨或酸雾，沉降到地面。酸雨或流入江河使水体产生酸化作用，或直接渗入土壤，降低土壤溶液的 pH，使土壤产生酸化作用。另一方面，在土壤中，在酸雨的影响下，SO_4^{2-}、NO_3^-、有机阴离子是加速土壤酸化和盐基淋溶损失的主要阴离子，外源 H^+ 的进入会加速 Al^{3+} 水解，从而使酸化趋势明显。自 20 世纪 90 年代以来，我国华中酸雨区（长沙、株洲、赣州和南昌等地）已成为全国酸雨污染最严重的地区[35]。

2. 工业生产废物 化工厂在加工、合成某些化合物的过程中会产生许多中间代谢产物，这些代谢产物被排放到耕地、湖泊、河流中，造成水体和土壤污染。这些排放物中有些本身就是酸性物质，如化工厂排放的稀硫酸，可以直接造成土壤酸化。

3. 农业措施 农业措施主要包括化肥的施用、有机物料的投入、灌溉方式、轮作及其他农业措施，这些都在一定程度上影响着土壤的酸化。

（1）化肥的施用 化肥的大量施用显著地提高了粮食产量，但不合理的化肥施用严重影响了土壤健康和环境质量，特别是造成土壤酸化。不同种类、不同形态化学肥料对土壤的酸化能力存在较大差异，这与肥料自身特征（生理酸性肥料、生理碱性肥料）和土壤性质有关（表 1-2）。目前我国已经是世界上最大的化肥消费国，由于使用化肥比较方便，很多农民种地高度依赖化肥，氮肥的过量施用被认为是农田生态系统土壤酸化加速的主要诱因。

1）氮肥 目前的研究已经确认，化学氮肥的长期过量施用是我国农田土壤加速酸化的主要原因，并且土壤酸化是一个持续进行的过程（图 1-3），若仍广泛沿用目前的农田管理模式，我国热区农田土壤酸化问题将进一步加剧。

表1-2 不同肥料品种性状及酸化效应[25]

化学肥料	化学酸碱性	生理酸碱性	产酸量（H^+，kmol/hm²）	酸化当量
硫酸铵	弱酸性	酸性	110	2.60
氯化铵	弱酸性	酸性	79	0.86
硝酸铵	弱酸性	中性	−50	
尿素	中性	中性	79	0.86
过磷酸钙	酸性	酸性	8	0.48
重过磷酸钙	酸性	酸性	15	0.50
硫酸钾	中性	中性	−64	

注：酸化当量的单位是每100kg肥料所需的碳酸钙量（kg），负值表示具有石灰效应。

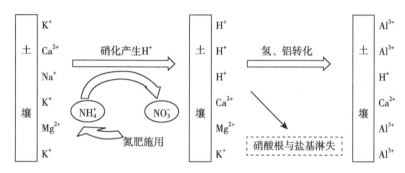

图1-3 土壤酸化与铝（Al^{3+}）活化示意图

人们通过田间研究发现，重施氮肥能导致土壤严重酸化，并显著提高土壤铝、铁含量，促进土壤交换性铝和可溶解性铝的活化。氮肥对土壤酸化影响的大小涉及氮的硝化、铵盐的吸收与同化以及氮的淋溶、氨的挥发几个方面。

①氮的硝化。铵氮肥料的施用是加速土壤酸化的重要过程之一。1份NH_4^+经硝化反应产生1份NO_3^-和2份H^+，如果硝化产生的NO_3^-全部被植物吸收，植物根系会释放等比例的OH^-，中和掉一半的H^+，另一半H^+留在土壤中。但如果硝化产生的NO_3^-随降雨淋失掉，那么2份H^+均留在土壤中，使土壤酸化。因此硝化作用导致的酸化的主要原理是氮投入量高于植物吸收的氮以及植物体有机态氮和硝化产物的淋溶导致土壤盐基离子的损失。尿素虽是中性肥，但它在土壤中很快氨化继而被硝化后也能酸化土壤，但酸化强度大大低于生理酸性肥料。

②铵盐的吸收与同化。当铵盐在土壤中发生氨挥发或在植物根部发生同化

时，1mol NH_4^+ 转化为 1mol $R-NH_2$（有机含氮化合物），产生 H^+。作物为保持体内酸碱度平衡，将解离出的 H^+ 释放到根际，导致作物根系表面和生长介质 pH 下降；而施用硝态氮时，在总吸收量中阴离子量大于阳离子量，根系分泌 OH^- 或 HCO_3^-，使根-土界面 pH 上升。

③氮的淋溶。进入农田系统的 NH_4^+ 会被土壤吸附，使土壤阳离子吸附位点减少，使盐基阳离子更易流失；NH_4^+ 硝化过程产生 NO_3^-，由于土壤带负电荷，NO_3^- 易淋失，而土壤中盐基离子（Ca^{2+}、Mg^{2+}、K^+、Na^+）易伴随 NO_3^- 淋失，导致土壤阳离子交换量和盐基离子含量降低，酸中和容量降低，加速土壤酸化进程。

④氮的挥发。我国氮肥施用量极高，造成氮利用率降低，未被作物吸收利用的氮肥以硝酸盐的形式被淋洗到土壤中，或以氨的形式被挥发到大气中，向土壤或大气中排放 H^+，使土壤 pH 下降。

不同形态的氮肥对土壤的酸化能力存在差异，主要与根系以何种方式吸收氮有关。一般认为，施用铵态氮时，由于总吸收量中阳离子量大于阴离子量，植物为了维持体内电荷平衡和细胞正常生长所需的 pH，根系分泌 H^+，使根-土界面 pH 下降；而施用硝态氮时，在总吸收量中阴离子量大于阳离子量，根系分泌 OH^- 或 HCO_3^-，使根-土界面 pH 上升。铵态氮肥中的 NH_4^+ 在土壤中发生硝化反应释放 H^+，也是该类肥料加速酸化的原因。通常不同氮肥品种的酸化能力表现为 $(NH_4)_2SO_4 > NH_4Cl > NH_4NO_3 > CO(NH_2)_2$、$NH_4HCO_3$。但在红壤等强酸性土壤中，由于红壤中含有大量的氧化铁，可以对 SO_4^{2-} 发生专性吸附，并释放 OH^-，部分中和了土壤中的 H^+，而 NO_3^- 则不能与红壤表面发生配位吸附，相同原因可以解释硫酸钾、硝酸钾和氯化钾三者相比，硝酸钾和氯化钾使 pH 降低得更为明显。

2）硫肥与氯肥　长期施用含硫和含氯肥料尤其是含硫肥料会造成土壤酸化，但 pH 下降有阶段性，遵循"平衡-突变-平衡"的规律[36]。在硫循环过程中有机硫的矿化会产生 H^+，但该过程会通过植物及微生物吸收和同化 $SO_4^{2-}-S$ 来平衡。单质态硫（单斜硫和斜方硫）施入土壤后通常发生缓慢氧化，转化为 SO_4^{2-}，对应产生等电荷量 H^+，SO_4^{2-} 在淋溶过程中也会携带等电荷当量的阳离子加速土壤酸化。而通常土壤中硫循环量约为氮循环量的 10%，这与单位物质的量的硫和氮因 SO_4^{2-} 和 NO_3^- 在土壤中反应的差异而不同，对于高度风化的土壤，SO_4^{2-} 被强力吸附，因此淋失量减少，而被植物吸收循环的量则大大增加。对于 NO_3^-，由于其易被淋失，因此 NO_3^- 淋失伴随盐基离子导致土壤的持续性酸化。

（2）有机物料的投入

1）秸秆类有机物料　秸秆通常是指小麦、玉米、水稻、薯类、甘蔗、棉花及其他农作物在收获籽实后的剩余部分。秸秆还田作为一种传统有机物料施用方式，可以降低土壤容重和土壤酸度，提高土壤水分利用效率，但关于施用秸秆类有机物是提高还是降低土壤 pH 还存在许多争议，有研究也指出秸秆等有机物料会造成土壤微生物与作物幼苗争夺养分、导致土体结构疏松和增加温室气体排放等，其主要原因与试验区土壤性质存在差异和不同秸秆的成分不同有关，秸秆分解程度、阴离子和阳离子的释放以及微生物的固定都影响土壤的pH。利用秸秆来消除土壤酸化的原理主要是秸秆中含有的丰富的碱基可以中和土壤的酸性，而豆科作物碱基含量往往比非豆科植物高，因此中和效果更好。秸秆类有机物料中含有的碱性物质及有机氮的矿化作用使得土壤 pH 升高，同时氮的硝化作用会导致 pH 降低，二者对土壤酸度的调节作用取决于上述过程的平衡，有机物组成成分的可变性和调节土壤酸度机制的不确定性导致其在改良土壤酸化的过程中存在一定的风险。

2）畜禽粪便类有机物料　我国畜禽粪便资源量巨大，畜禽粪便产生量从 1980 年的 6.9 亿 t 增加到 2002 年的 27.5 亿 t。畜禽粪便可以改善土壤肥力和为作物提供养分，是一种良好的酸性土壤改良剂，随着畜禽粪便等有机物料的施用，大量盐基离子被带入土壤中，释放溶解后极大地增强了土壤溶液的离子强度和阳离子交换量，使土壤碱化。但是施用畜禽粪便类物料对土壤酸化的影响可能与秸秆类有机物料类似，也可能会加速土壤酸化，其酸化趋势除受畜禽粪便本身携带的氮和有机物影响外，还受土壤本身理化性质（氮含量及含盐量）、初始 pH 和气候环境的制约。以 Cl^-、Na^+、SO_4^{2-} 为主要盐基组分的畜禽粪便的施用更容易导致土壤酸化加速，而以 Ca^{2+}、Mg^{2+}、SO_4^{2-} 为主要组分的畜禽粪便则可能减缓土壤酸化的进程，畜禽粪便携带的盐基离子对土壤酸化的趋势有重要影响[36-38]。盐基离子在土壤-植株-土壤水系统中的去向往往决定土壤酸化的速度，因此施入畜禽粪便后盐基离子淋溶及被植物吸收转移量若大于盐基离子补充量，则导致土壤盐基离子的减少，导致土壤酸化加速，反之则导致土壤 pH 及酸容量上升[36]。畜禽粪便等有机物的长期过量施用也会增加土壤重金属含量，增大作物吸收积累重金属的风险。

（3）轮作方式　不同作物施肥量、灌溉量的差异导致不同轮作方式下土壤酸化程度有所不同。农田系统中的豆科作物也通过碳和氮循环来影响土壤酸度[39]。豆科植物通过生物固氮增加土壤有机氮的水平，而土壤中有机氮的矿化和硝化及 NO_3^- 的淋失将导致土壤酸化。因此在小麦—羽扇豆和小麦—蚕豆两种轮作措施下土壤的酸化速度高于小麦-小麦轮作下土壤的酸化速度。

（4）灌溉方式　灌溉方式通过影响土壤盐基离子的渗漏影响土壤酸化。另外，水分的供给方式和数量影响土壤 pH 的空间变异。研究表明，大田和蔬菜保护地长期不同的灌溉方式下，滴灌和渗灌处理多年的土壤 pH 与原始土壤 pH 差异不显著，而沟灌处理土壤 pH 极显著地低于原始土壤，并低于滴灌和渗灌处理的土壤[40-41]。合理调控水、氮管理，减少 NO_3^--N 的淋失，提高水、氮利用效率是防控和缓解土壤酸化的有效措施之一。研究发现，控制土壤含水量在田间持水量的 60% 以下、施氮量在 $195\sim240kg/hm^2$，在保证冬小麦产量不下降的前提下，有效减少了土壤 NO_3^--N 淋失和硝酸盐在剖面下部的积累，进而直接或间接减缓硝酸盐淋失导致的潜在土壤酸化问题[25]。

（5）其他农业措施　在除草和防病治虫作业中过量使用农药，进入土壤的农药被黏土矿物或有机质吸附，其中有机质吸附的农药占土壤总吸附量的 70%～90%，成为导致土壤酸化、有机质含量下降等土壤质量恶化的重要因素[27]；农药的不合理使用导致土壤受到污染，影响了土壤微生物的种类和活性，影响了微生物对有机质的分解，加速了土壤酸化。

四、不同耕地土壤酸化的原因

近年来，随着蔬菜、果蔬等经济作物种植业的快速发展，有关水稻田、菜地、果园、茶园等土壤酸化的报道越来越多。

1. 水稻土酸化的原因　水稻土是一种独特的土壤类型，它是各种起源母土或其他母质经过平整造田和淹水种植水稻，进行周期性灌溉排水、施肥、耕作后逐步形成的，是一类具有水耕表层和水耕氧化还原层的熟化程度较高的农业土壤，它是我国最为重要且受人为因素影响最大的耕地土壤。南方地区是水稻土的主要分布区域，南方水稻土面积占全国水稻土面积的 90% 以上。我国南方水稻土集中分布在长江下游平原、珠江三角洲及四川盆地等地区，维持水稻土生产力的稳定输出对我国粮食安全和生态环境至关重要。有研究表明[42]，1988—2013 年我国南方水稻土显著酸化，土壤 pH 下降 0.590 个单位，平均每年下降 0.023 个单位。水稻土酸化具有明显的阶段性特征，1988—2002 年中水稻土 pH 急速下降，平均每年可下降 0.051 个单位，后来土壤 pH 趋于平稳。增施化肥特别是化学氮肥可导致水稻土酸化，化肥施用量与土壤 pH 均呈显著负相关关系（$P<0.01$），由此推算出化学氮肥每增施 $100kg/hm^2$，水稻土 pH 可下降 0.650 个单位。减少有机肥的施用也可引起水稻土酸化，有机肥施用量与土壤 pH 呈显著正相关关系，有机肥减少 $100kg/hm^2$，水稻土 pH 下降

0.510个单位。土壤全氮及碱解氮含量与pH均呈极显著负相关关系，土壤全氮和碱解氮含量每增加100mg/kg，水稻土pH约下降0.100个单位。

在种植水稻条件下，土壤中的铁、锰氧化物被还原消耗质子，可使溶液中的H^+浓度下降，因此，土壤酸化并不明显。水稻土酸化的主要原因[43]：①不合理的施肥，特别是生理酸性肥料的大量施用。20世纪80年代以来，我国氮肥用量相当惊人，在占世界9%的耕地上消耗了全球35%的氮肥，造成了水稻土酸化、保水保肥能力差、有机质含量下降、土壤板结等水稻土肥力退化问题，也引发了地表水富营养化、地下水硝酸盐积累和温室气体排放增加等生态问题。我国南方水稻土显著酸化，酸化具有明显的阶段性特征，施肥初期土壤pH显著降低。减少化学氮肥的施用和增施有机肥是控制水稻土酸化的重要措施。②水田改种旱作。近30多年来，我国土地利用方式发生了显著的变化，随着蔬菜、经济作物种植面积的不断扩大，大量的水田已由种植水稻逐渐转向种植旱作，土壤酸碱缓冲体系发生了明显的变化。同时，水田改为菜地后，土地复种指数增加、土地利用率提高和化肥投入量增加等加快了土壤的酸化。③工业污染。工业迅猛发展导致的"三废"增加已经成为局部地区土壤急剧酸化的重要原因。

2. 菜地土壤酸化的原因　蔬菜种植在我国农业生产中发挥着越来越重要的作用，蔬菜种植面积逐年扩大，蔬菜产量不断提高，蔬菜种类逐年增加，种植蔬菜已成为农民增收和致富的重要途径。但蔬菜的复种指数高，化肥和农药施用量大，生物产量大，而且还使用保护设施，使得我国蔬菜地土壤板结和酸化现象日趋严重，连作地块和棚室菜地更为严重。酸化成为蔬菜栽培中的"顽疾"，这不但制约蔬菜的生产，还可能使蔬菜发生青枯病等土传病虫害，导致蔬菜产品产量和品质明显下降，对环境污染和食品安全也会构成威胁。土壤酸化已成为蔬菜生产的主要障碍因子。

近年来，随着蔬菜种植规模的不断扩大和种植年限的不断延长，有关蔬菜地土壤尤其是温室大棚蔬菜地土壤酸化的报道越来越多[44-45]。据调查，pH<5.5的菜地占调查面积的29.6%，pH<6.0的菜园占54%以上。一般认为，大多数蔬菜适宜在中性或微酸性土壤上生长，在强酸性土壤（pH<5.5）上会生长不良，而且产量会大幅度下降。菜园土壤酸化的主要原因：①施肥不平衡，钙、镁等中量元素投入不足，而氯化铵、硫酸钾、氯化钾等酸性肥料施用比例过大，当氮、磷、钾等主要营养元素被作物吸收以后，在土壤中残留下SO_4^{2-}等离子。②施石灰、烧火粪等传统农业措施使耕地土壤养分失衡；使用未腐熟的有机肥或人粪尿，在腐熟与分解过程中产生各种有机酸，也会加速土壤的酸

化；一些硫化物、硝酸盐和无机盐残存在土壤中，造成土壤酸化。③南方菜园降水量大且集中，淋溶作用强烈，Ca^{2+}、Mg^{2+}、K^+ 等碱性盐基离子大量流失，并且近年来酸雨的增加和工业酸性水污染的水源有增无减，也使菜田土壤酸化加快。④大棚菜地内外气体流通受到限制，菜地内氧气不足，土壤含氧量下降，根系呼出的 CO_2 积累在土壤中与水形成碳酸，导致土壤酸度增加。pH 的下降可能会增加土壤溶液中 Ca^{2+} 和 Mg^{2+} 的淋溶，导致交换性 Ca^{2+} 和 Mg^{2+} 的减少，而 Ca^{2+} 和 Mg^{2+} 的淋溶又可能导致土壤 pH 的继续下降。⑤蔬菜的高产量从土壤中移走了过多的碱基元素，从而加重了菜地土壤酸化。

3. 果园土壤酸化的原因 江泽普等[46]对广西红壤上的柑橘、荔枝、龙眼和杧果的 4 种果园土壤环境状况进行了调查，并与广西第二次土壤普查资料进行比较发现，红壤果园土壤环境恶化。黄建昌等[47]对广东柑橘、荔枝、龙眼、李等果树主要产区的果园土壤酸化状况做了一些调查，测定了 140 多个果园的土壤样品，其耕作层土壤 pH 平均只有 4.51，变幅在 3.79～6.47，pH 在 6.50 以下的酸性、强酸性果园占 95%，其中 pH 小于 4.50 的强酸性果园和 pH 在 4.50～5.50 的酸性果园分别占样本总数的 44% 和 46%，两者之和达 90%，分别比 2004 年增加 21% 和 14%，pH 在 5.50～6.50 的弱酸性和 pH＞6.50 的中性果园的样本数比 2004 年减少，由此可见广东果园土壤的酸化现象较为严重且普遍。李歆博等[48]通过采集福建平和县 319 个蜜柚园的土壤样品分析了福建蜜柚园土壤 pH 的分布特征，发现平和县 319 个蜜柚园土壤 pH 平均值为 4.34（变幅为 3.26～6.22），有 89.97% 的果园的土壤 pH 低于柑橘生长适宜 pH 的下限（pH 为 5.00），其中 pH＜4.50 的强酸性果园占 67.71%，且亚表土层和底土层的酸化问题较表土层更为突出，说明平和县蜜柚园土壤酸化现象严重。吴小芳等[49]采集了海南 271 个果园土壤，并分析了土壤肥力指标，发现土壤为酸性（pH 为 4.50～5.50）的果园最多，占 53.1%，土壤为弱酸性（pH 为 5.60～6.50）的果园次之，占 25.5%，土壤为强酸性（pH＜4.50）的果园占 8.49%，土壤为中性（pH 为 6.50～7.50）和弱碱性（pH 为 7.50～8.50）的果园分别占 8.86% 和 4.06%，海南果园土壤酸化较为严重。

果园土壤酸化的主要原因：①土壤养分消耗过度。②肥料施加不合理，氮、磷肥施用过量，有机肥和微量元素施用相对不足。土壤酸化对果园和果树生长的危害[50]：①土壤酸化会严重影响果树根系对营养的吸收，原因是果园土壤酸化使土壤缓冲能力降低、土壤板结和表层土壤沙化，从而导致果树根系生长出现困难，进而不利于果树对水分和养分的吸收，导致果树的抗病能力下降。②土壤酸化会制约土壤中营养元素的转化和释放，使得土壤的透气性减弱，也容易使植物根系缺氧和滋生真菌，并且土壤中的 Ca^{2+}、K^+、Mg^{2+} 等碱性盐基离子减少容易导致果实生理性病害的发生，进而影响果树的生长。③土壤酸化容易导致土壤中酸性离子的溶解度增加，容易产生毒害作用，并且果园酸性土壤中的 H^+ 较多，会对果树所需的阳离子产生拮抗作用。④土壤酸化会导致果园土壤中的氮大量流失，使满足果树生长需要的元素减少。

4. 茶园土壤酸化的原因　茶树作为我国重要的经济作物之一，尤其是近年来作为脱贫攻坚的重要抓手，受到越来越多的重视，茶树种植面积不断扩大。2017 年我国茶园采摘面积和茶叶总产量分别达到 305 万 hm² 和 268 万 t，占到全球的 45.9% 和 35.5%。在茶产业快速发展的同时，也面临着茶园土壤酸化越来越严重的问题，茶园土壤酸化成为制约茶产业发展的一个重要因素。福建有 86.9% 的茶园土壤 pH 在 4.50 以下，江苏则有 80.9%，湖南甚至有 92.7% 的茶园土壤 pH 在 4.50 以下。土壤过酸会影响茶树吸收养分，从而影响茶树生长和茶叶品质。另外，强酸性土壤中，茶树对重金属元素的吸收量显著提高，从而造成安全隐患。颜鹏等[51]以我国主要产茶区土壤酸化情况为研究对象，筛选收集中国知网和 Web of Science 上 2000—2016 年发表的相关文献，利用加权平均的方法计算全国以及各产茶省份茶园土壤平均 pH 及其在各个区间的分布情况，发现全国茶园土壤平均 pH 为 4.73，各省份间存在很大差异。山东和河南两省茶园土壤 pH 超过 5.50，分别达到 5.76 和 5.54，江西茶园土壤 pH 最低，只有 3.86。从土壤 pH 在各区间的分布来看，只有 41% 的茶园的土壤 pH 在 4.50～5.50 这一最适宜茶树生长的范围。高达 52% 的茶园的土壤 pH 在 4.50 以下，属于不适宜茶树生长的强酸性土壤。与森林相比较，茶园土壤 pH 显著降低。种茶历史悠久的安溪县茶园土壤 pH 为 4.20，远低于水稻田土壤的 5.20 和果蔬地土壤的 6.20。在种茶历史相对较短的松阳县，茶园土壤 pH 为 5.10，也分别低于水稻田和果蔬地土壤的 5.20 和 5.40。我国茶园土壤酸化严重，全国茶园土壤平均 pH 为 4.73，超过 52% 的土壤的 pH 在 4.50 以下，属于不适宜茶树生长的强酸性土壤。后期应当加强茶园土壤酸化调控，以防止茶园土壤继续酸化，实现茶叶长期可持续发展。

造成茶园土壤酸化的因素有很多，主要包括：①茶树根系分泌 H^+、草酸、柠檬酸和苹果酸等有机酸类物质，这些物质解离产生有机酸根阴离子和 H^+，强降雨条件下有机酸根离子淋洗出土壤造成土壤酸化。②铝在茶树-土壤中的生物地球化学循环。一方面，茶树对铝的吸收累积能力强，在吸收大量铝的同时向土壤中释放 H^+ 造成土壤酸化。另一方面，土壤中的铝被吸收后随修剪枝叶返回土壤，而钾、钙、钠和镁等盐基离子淋洗出土壤，造成土壤中铝的累积，从而造成土壤酸化。③氮肥大量施用，尤其是 $NH_4^- - N$ 肥在茶园的大量施用。一方面，茶树在吸收 $NH_4^- - N$ 肥的同时释放 H^+；另一方面，$NH_4^- - N$ 肥在土壤中发生硝化反应并释放 H^+。此外，强降雨下 $NO_3^- - N$ 被淋洗出土壤的同时带走大量盐基离子，造成土壤酸中和能力的下降。大量研究表明，将有机肥与化肥配合施用或者长期施用有机肥可以通过维持土壤酸碱平衡而减缓土壤酸化，这主要是由于有机肥能够补充植物吸收带走的和伴随阴离子淋洗损失的土壤盐基离子，提高土壤缓冲能力。同时有机肥含有大量有机质，对土壤盐基离子具有很强的吸附能力，从而降低其淋洗损失，因此长期施用有机肥能够提高土壤阳离子交换量，提高土壤酸缓冲容量。而我国茶园普遍存在氮肥用量高、氮肥利用效率低而有机肥用量严重不足的问题，这进一步加剧了土壤酸化。因此，茶园生产管理中一方面要降低氮肥的施用量，另一方面要增加有机肥施用量，从而防止茶园土壤进一步酸化。

主要参考文献

[1] 袁宇志，郭颖，张育灿，等．亚热带典型小流域景观格局对耕地土壤酸化的影响 [J]．土壤，2019，51 (1)：90-99.

[2] 赵其国．中国东部红壤地区土壤退化的时空变化、机理及调控 [M]．北京：科学出版社，2002.

[3] 张福锁．我国农田土壤酸化现状及影响 [J]．民主与科学，2016 (6)：26-27.

[4] 邱婷．氧化钙对西瓜枯萎病的影响及其机理初探 [D]．长沙：湖南大学，2018.

[5] 陈绍荣，余根德，白云飞，等．土壤酸化及酸性土壤调理剂应用概述 [J]．化肥工业，2013，40 (2)：66-68.

[6] 郑超，郭治兴，袁宇志，等．广东省不同区域农田土壤酸化时空变化及其影响因素 [J]．应用生态学报，2019，30 (2)：593-601.

[7] 刘一锋．广东省主要土壤 pH 特征分析及酸性土壤改良对策 [D]．广州：华南农业大学，2017.

[8] 文星，李明德，涂先德，等．湖南省耕地土壤的酸化问题及其改良对策 [J]．湖南农业科学，2013 (1)：56-60.

[9] 李伟峰，叶英聪，朱安繁，等．近30年江西省农田土壤 pH 时空变化及其与酸雨和施肥量间关系 [J]．自然资源学报，2017，32 (11)：1942-1953.

[10] 周宏冀．江西省耕地土壤 pH 空间变异与管理分区研究 [D]．江西：江西财经大学，2019.

[11] 姚冬辉，吴建富，卢志红，等．江西省耕地土壤 pH 和养分状况调查 [J]．湖南农业大学学报（自然科学版），2020，46（5）：574－579.

[12] 姜冠杰，何小林，刘敏，等．江西省主要土地利用方式下土壤酸化现状探究 [J]．江西农业学报，2021，33（5）：46－55.

[13] 全国农业技术推广服务中心．测定配方施肥土壤基础养分数据集（2005—2014）[M]．北京：中国农业出版社，2015：428.

[14] 翁伯琦，吴良泉，林怡，等．福建省耕地土壤酸化改良面临的挑战及对策 [J]．亚热带资源与环境学报，2021，16（4）：32－37.

[15] 张世昌．福建耕地土壤 pH 空间分布及动态分析 [J]．中国农技推广，2019，35（2）：49－51＋32.

[16] 周洁莹．福建省耕地土壤潜性酸时空分异与信息系统研制 [D]．福州：福建农林大学，2019.

[17] 徐福祥．基于 GIS 技术的福建省耕地土壤酸化研究 [D]．福州：福建农林大学，2015.

[18] 黄至颖，刘鸿雁，冉晓追，等．贵州省土壤 pH 时空变化趋势分析 [J]．山地农业生物学报，2020，39（4）：21－29.

[19] 陆申年．发展土壤科学提高土壤生产力 [J]．广西农业大学学报，1992，11（3）：43－47.

[20] 黄文校，滕冬建，聂文光，等．广西耕地土壤质量调查与评价 [J]．广西农业科学，2006，37（6）：703－706.

[21] 李浩，石承苍．成都市耕地质量存在的几个问题及对策 [J]．西南农业学报，2008（4）：1033－1035.

[22] 张成，郑罗崇都，徐建，等．都江堰市耕地土壤酸化现状分析与对策 [J]．四川农业科技，2014（3）：43－44.

[23] 李珊，肖怡，李启权，等．近 30 年川中丘陵县域表层土壤 pH 时空变化分析：以四川仁寿县为例 [J]．四川农业大学学报，2015（4）：373－384.

[24] Zeng M F，de Vries W，Bonten L T C，et al. Model－based analysis of the long－term effects of fertilization management on cropland soil acidification [J]．Environmental Science and Technology，2017，51（7）：3843－3851.

[25] 金修宽．农田水氮碳调控土壤酸化及其作用效应研究 [D]．保定：河北农业大学，2018.

[26] 张永春．长期不同施肥对土壤酸化作用的影响研究 [D]．南京：南京农业大学，2012.

[27] 张忠启，茆彭，于东升，等．近 25 年来典型红壤区土壤 pH 变化特征：以江西省余江县为例 [J]．土壤学报，2018（6）：1545－1553.

[28] Guo J H，Liu X J，Zhang Y，et al. Significant acidification in major Chinese croplands

[J]. Science, 2010, 11: 1 - 4.

[29] Rengel Z. Handbook of soil acidity [M]. New YorK: Marcel Dekker AG, 2003: 57 - 65.

[30] Berner R A. Weathering, plants and the long - term carbon cycle [J]. Geochimica et Cosmochimica Acta, 1992, 56: 3225 - 3231.

[31] Welch S A, Ullman W J. Feldspar dissolution in acidic and organic solutions: Compositional and pH dependence of dissolution rate [J]. Geochimica et Cosmochimica Acta, 1996, 60: 2939 - 2948.

[32] Sposite G. The environmental chemistry of aluminum [M]. Michigan: Lewis Publishers, 1996.

[33] 张福锁. 环境胁迫与作物根际营养 [M]. 北京: 中国农业出版社, 1997.

[34] 王兴祥, 李清曼, 曹慧, 等. 关于植物对红壤的酸化作用及其致酸机理 [J]. 土壤通报, 2004, 35 (1): 73 - 77.

[35] 王文娟, 杨知建, 徐华勤. 我国土壤酸化研究概述 [J]. 安徽农业科学, 2015 (8): 54 - 56.

[36] 汪吉东, 许仙菊, 宁运旺, 等. 土壤加速酸化的主要农业驱动因素研究进展 [J]. 土壤, 2015, 47 (4): 627 - 633.

[37] 姚丽贤, 李国良, 何兆桓, 等. 连续施用鸡粪与鸽粪土壤次生盐渍化风险研究 [J]. 中国生态农业学报, 2007, 15 (5): 67 - 72.

[38] Omeira N, Barbour E K, Nehme P A, et al. Microbiological and chemical properties of litter from different chicken types and product ion systems [J]. Science of the Total Environment, 2006, 367: 156 - 162.

[39] 徐仁扣, Coventry D R. 某些农业措施对土壤酸化的影响 [J]. 农业环境保护, 2002, 21, 385 - 388.

[40] 虞娜, 张玉龙, 黄毅, 等. 保护地不同灌溉方法表层土壤 pH 小尺度的空间变异 [J]. 土壤, 2008 (40): 828 - 832.

[41] 李爽, 张玉龙, 范庆锋, 等. 不同灌溉方式对保护地土壤酸化特征的影响 [J]. 土壤学报, 2012 (49): 909 - 915.

[42] 周晓阳, 周世伟, 徐明岗, 等. 中国南方水稻土酸化演变特征及影响因素 [J]. 中国农业科学, 2015, 48 (23): 4811 - 4817.

[43] 李艾芬, 麻万诸, 章明奎. 水稻土的酸化特征及其起因 [J]. 江西农业学报, 2014 (1): 72 - 76.

[44] 敖礼林. 蔬菜田土壤酸化产生的原因及其综合防治措施 [J]. 科学种养, 2013 (8): 35 - 36.

[45] 暴淑贤, 佟德臣, 郭艳明, 等. 菜田土壤酸化的成因及防治措施 [J]. 农民致富之友, 2011 (5): 32.

[46] 江泽普，韦广泼，蒙炎成，等.广西红壤果园土壤酸化与调控研究［J］.西南农业学报，2003（4）：90-94.

[47] 黄建昌，肖艳，赵春香，等.广东果园土壤酸化原因及综合治理［J］.中国园艺文摘，2010，26（11）：168-169＋174.

[48] 李歆博，林伟杰，李湘君，等.琯溪蜜柚园土壤酸化特征研究［J］.经济林研究，2020，38（1）：169-176.

[49] 吴小芳，张振山，范琼，等.海南省果园土壤肥力综合评价研究［J］.热带作物学报，2021，42（7）：2109-2118.

[50] 郑甲辰，张宇平.果园土壤酸化对果树的影响及调理措施［J］.江西农业，2020（22）：29-30.

[51] 颜鹏，韩文炎，李鑫，等.中国茶园土壤酸化现状与分析［J］.中国农业科学，2020，53（4）：795-813.

第二章　热区耕地酸性土壤物理特征

我国热区主要地带性土壤有铁铝土纲的砖红壤、赤红壤、红壤和黄壤，淋溶土纲的黄棕壤，半淋溶土纲的燥红土。其中，铁铝土分布广泛，主要分布在我国水热条件最优越的地区，面积大，所处地形又以低山、丘陵、台地为主，故其开发利用价值高，是我国极为重要的土壤资源。热区高温多雨，土壤矿物质遭受强烈的风化，生物化学循环旺盛造就了热区土壤独特的物理特征。

第一节　土壤结构特征

土壤结构是指土壤颗粒或团聚体与孔隙组成的三维结构，决定土壤水、肥、气、热的储存和传输。土壤结构主要包括土壤孔隙和土壤团聚体。酸化增加土壤容重，降低土壤孔隙度和田间持水量，导致土壤板结严重、通透性极差。

一、土壤颗粒结构

土壤颗粒是土壤结构的基本构成单元，很大程度上由其母质及其风化的程度决定。土壤颗粒结构分类的依据是它的形态、大小和特性等，常见的土壤结构有块状结构、核状结构、柱状结构、片状结构、团粒结构等几种类型。

1. 块状结构　这类结构近立方体形（图 2-1），边面与棱角不明显，按其大小又可分为大块状结构、块状结构和碎块状结构。块状结构的内部孔隙小，土壤紧实而不透气，微生物活动微弱，植物的根系也难穿插进去。这类结构在质地比较黏重而且缺乏有机质的土壤中容易形成，在土壤过湿或过干情况下耕作时最易形成。

图 2-1　樱桃番茄地砖红壤块状结构体 800 倍镜下的微观结构

2. 核状结构　近立方体形（图 2-2），边面与棱角较明显，比块状结构小，一般多以钙质与铁质作为胶结剂，结构表面常有胶膜出现，具有一定的水稳性，在黏重而缺乏有机质的心、底土层中较多。

图 2-2　樱桃番茄地砖红壤核状结构体 1 000 倍镜下的微观结构

3. 柱状结构　这类结构纵轴远大于横轴（图 2-3），呈直立状态，按棱角明显程度分为柱状结构和棱柱状结构，在干湿交替的作用下形成，常在心、底土层中出现。

4. 片状结构　结构体的水平轴特别发达，即沿长、宽方向发展成薄片状（图 2-4），厚度稍薄，由流水沉积作用或某些机械压力造成，这类结构体不利于通气透水，而且会阻碍种子发芽和幼苗出土，还会加速土壤水分蒸发。在冲击性母质中常有片状结构，在犁底层中常有鳞片状结构。

图 2-3　樱桃番茄地砖红壤柱状结构体 1 000 倍镜下的微观结构

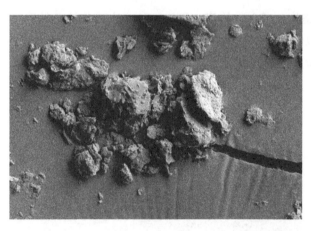

图 2-4　樱桃番茄地砖红壤片状结构体 1 000 倍镜下的微观结构

5. 团粒结构　该结构体近似球形（图 2-5），为疏松多孔的小团聚体，农业生产上最理想的团粒结构粒径为 2～3mm，根据其经水浸泡后的稳定程度分为水稳性团粒结构和非水稳性团粒结构。团粒结构多在有机质含量高、肥沃的耕层土壤中出现。我国旱地土壤耕作层大多数为非水稳性团粒结构，而热带地区土壤水稳性团聚体含量较高，主要原因为土壤中的游离铁铝氧化物等无机胶结物比较丰富。

二、土壤颗粒组成

土壤颗粒作为土壤结构体的基本组成单元，是评价土壤质量的重要指标之一，其组成影响着土壤的物理、化学、生物学等方面的特性。土壤颗粒组

图 2-5　樱桃番茄地砖红壤团粒结构体 600 倍镜下的微观结构

成直接或间接影响土壤的保肥性、保水性以及抗侵蚀能力。另外，土壤颗粒的粒级分布状况对养分和污染物的吸附能力起着重要作用。研究表明，土壤颗粒的粒径大小与比表面积呈负相关关系，因此，颗粒越小，对土壤养分、污染物及其他物质的吸附能力就越强。土壤颗粒的粒级分布状况主要受土壤母质的影响，而土壤植被类型、地形、气候等因素对土壤粒径分布也有不可忽视的影响。

　　热带、亚热带红壤地区高温高湿的生物气候条件促使母岩中的原生矿物彻底分解，形成大量次生黏土矿物，且以高岭石为主，土壤颗粒特点是粗粉粒（0.05～0.01mm）含量下降、黏粒（＜0.001mm）含量增加、土壤黏化趋势较明显。因此，土壤黏重是红壤的典型质地特征。对于具体的土壤来说，主要受母质类型及其风化程度的影响，同时，土壤侵蚀状况对土壤颗粒组成的影响极大。相比于红壤，砖红壤富铁铝化作用更加强烈，以海南土壤为例，其主要土纲土壤颗粒组成特征见表 2-1。

表 2-1　热带土壤主要土纲土壤颗粒组成[1]

热带土壤主要土纲	深度（cm）	不同粒径土壤的颗粒组成（g/kg）							
		2～1mm	1～0.5mm	0.5～0.25mm	0.25～0.1mm	0.1～0.05mm	0.05～0.02mm	0.02～0.002mm	＜0.002mm
潜育水耕人为土	0～20	58	54	70	148	120	113	277	160
	20～29	38	36	55	146	120	78	231	296
	29～50	26	34	37	138	113	62	230	360
	50～67	40	36	54	130	110	71	193	366

（续）

热带土壤 主要土纲	深度 (cm)	不同粒径土壤的颗粒组成（g/kg）							
		2～ 1mm	1～ 0.5mm	0.5～ 0.25mm	0.25～ 0.1mm	0.1～ 0.05mm	0.05～ 0.02mm	0.02～ 0.002mm	＜0.002mm
铁聚水耕 人为土	0～11	162	159	164	197	101	66	76	75
	11～18	157	158	159	218	110	49	76	73
	18～44	137	136	138	173	96	70	142	108
	44～62	138	139	138	170	95	51	165	104
简育水耕 人为土	0～15	78	77	115	320	180	70	51	109
	15～26	122	119	145	299	152	25	66	72
	26～51	105	100	133	304	178	47	102	31
	51～102	105	101	137	327	172	32	94	32
湿润玻璃 火山灰土	0～8	32	27	35	35	89	181	386	215
	8～19	97	32	48	48	74	145	374	182
	19～53	109	63	100	120	204	140	153	111
腐殖湿润 火山灰土	0～11	72	68	76	134	87	78	346	139
	11～39	50	50	56	101	73	48	357	265
	39～66	44	46	51	104	76	46	359	274
	66～110	119	118	116	125	60	62	195	205
暗红湿润 铁铝土	0～25	—	—	1	5	142	112	248	492
	25～52	—	—	5	5	41	114	313	522
	52～88	—	—	2	8	46	122	298	524
	88～128	—	—	1	10	34	131	216	608
	128～150	—	2	3	10	50	194	284	457
简育湿润 铁铝土	0～10	51	15	23	33	163	93	166	456
	10～27	41	41	77	101	77	75	157	431
	27～43	148	40	81	103	63	49	146	370
	43～60	57	33	51	66	101	45	131	516
	60～97	95	51	67	52	23	74	239	399
	97～140	61	46	63	73	260	21	78	398
潮湿正常 盐成土	0～20	—	—	—	—	168	144	480	208
	20～40	—	—	—	—	162	255	398	185
	40～85	—	—	—	—	152	206	457	185
	85～110	—	—	—	—	58	94	362	486

（续）

热带土壤 主要土纲	深度 （cm）	不同粒径土壤的颗粒组成（g/kg）							
		2～ 1mm	1～ 0.5mm	0.5～ 0.25mm	0.25～ 0.1mm	0.1～ 0.05mm	0.05～ 0.02mm	0.02～ 0.002mm	<0.002mm
简育干润 富铁土	0～16	120	121	121	151	94	103	152	138
	16～38	142	143	132	115	58	77	157	176
	38～70	115	109	111	112	66	85	202	200
	70～105	13	13	16	25	23	52	310	548
	105～135	3	4	6	10	13	91	420	453
简育常湿 富铁土	0～10	114	73	88	52	88	99	195	291
	10～23	94	91	92	71	65	93	189	305
	20～60	138	82	82	62	26	74	187	349
	60～85	146	57	57	47	48	50	152	443
	85～130	134	67	63	42	26	64	147	457
黏化湿润 富铁土	0～15	152	82	40	128	80	33	169	254
	15～30	123	65	46	130	26	70	145	311
	30～60	62	41	56	62	32	118	229	400
	60～90	20	20	130	46	86	137	274	371
	90～120	25	27	102	40	44	158	311	355
简育湿润 富铁土	0～15	99	31	33	60	78	164	240	295
	15～30	153	51	54	50	39	112	250	291
	30～60	75	36	36	27	16	191	319	300
	60～100	61	46	45	28	39	241	400	140
酸性湿润 淋溶土	0～16	124	72	123	98	74	123	205	181
	16～31	193	73	89	86	74	102	185	198
	31～58	232	62	57	36	22	105	192	294
	58～98	190	51	56	38	51	75	165	374
	98～140	147	47	58	48	48	130	250	262
铁质湿润 淋溶土	0～15	18	19	32	32	51	224	403	221
	15～30	19	16	16	22	47	204	345	331
	30～50	13	13	20	23	90	215	327	299
	50～80	27	25	27	33	102	156	390	240

（续）

热带土壤主要土纲	深度（cm）	不同粒径土壤的颗粒组成（g/kg）							
		2～1mm	1～0.5mm	0.5～0.25mm	0.25～0.1mm	0.1～0.05mm	0.05～0.02mm	0.02～0.002mm	<0.002mm
淡色潮湿雏形土	0～20	110	110	231	264	100	63	37	85
	20～50	130	103	219	232	99	68	39	110
	50～78	294	142	143	131	51	30	21	188
	78～110	258	80	145	43	55	24	25	370
铁质干润雏形土	0～22	130	128	136	209	101	63	88	145
	22～65	150	150	148	173	106	56	57	163
	65～110	187	181	122	234	83	32	29	132
铝质常湿雏形土	0～12	21	35	233	140	165	65	155	186
	12～37	21	21	247	185	95	84	153	194
	37～80	15	15	277	162	111	91	119	210
	80～105	26	26	271	174	94	89	142	178
	105～150	51	51	276	189	104	61	123	145
钙质湿润雏形土	0～15	48	25	40	45	65	121	371	285
	15～40	71	32	33	38	60	109	357	300
紫色湿润雏形土	0～9	15	10	16	152	192	273	185	157
	9～24	15	15	46	200	218	171	170	165
	24～40	41	13	30	142	262	179	174	159
	40～90	8	10	82	376	229	109	118	68
铝质湿润雏形土	0～11	312	89	110	77	46	63	124	179
	11～27	266	57	62	56	20	77	167	295
	27～48	211	67	41	104	11	40	170	356
	48～76	184	78	79	51	2	71	168	367
	76～150	258	114	90	44	18	63	226	187
铁质湿润雏形土	0～15	113	62	62	41	82	72	269	299
	15～40	185	46	46	38	51	93	215	326
	40～80	112	41	41	36	68	84	280	338
	80～110	144	66	66	42	74	95	281	232
	110～165	187	107	122	66	77	114	232	95

（续）

热带土壤主要土纲	深度（cm）	不同粒径土壤的颗粒组成（g/kg）							
		2～1mm	1～0.5mm	0.5～0.25mm	0.25～0.1mm	0.1～0.05mm	0.05～0.02mm	0.02～0.002mm	<0.002mm
潮湿砂质新成土	0～12	5	98	159	351	197	2	107	36
	12～58	1	2	8	742	175	—	—	—
	58～90	25	40	204	620	111	—	—	—
干润砂质新成土	0～6	35	346	536	38	27	1		17
	6～25	45	310	568	37	20	15	1	4
	25～100	3	251	701	27	8	—	2	8
潮湿冲积新成土	0～12	90	243	378	112	78	27	39	33
	12～66	101	135	146	74	103	50	153	238
	66～120	131	201	437	87	98	2	19	25
湿润正常新成土	0～17	165	223	223	74	40	44	79	152
	17～38	81	197	297	83	115	2	128	97
	38～100	184	197	203	76	66	30	79	165

三、土壤孔隙性

土壤为疏松的多孔体，其孔隙分为两类：一类是土壤颗粒间的孔隙；另一类是土壤团聚体间的孔隙，称为结构性孔隙。土壤孔隙影响土壤溶质、水分和气体的迁移转化，也是微生物运动和生存的场所。土壤孔性包括孔隙度（孔隙数量）和孔隙类型（孔隙的大小及其比例），前者决定土壤气、液两相的总量，后者决定气、液两相的比例。土壤的结构和质地决定土壤的孔隙状况，同一类型土壤中不同耕层和不同类型土壤的孔隙度差异较大。影响土壤孔隙状况的因素主要有土壤有机物质含量、土壤结构、土壤松弛度、土壤颗粒排列松紧程度等。土壤透水、通气、根系伸展等性能受土壤孔隙度影响，其在干旱、半干旱和热带高温高湿地区的影响作用尤为突出。

1. 土壤孔隙数量和类型　土壤孔隙是植株根系生长的直接影响因子，也是表层土壤水分运动的决定因素。土壤孔隙的数量一般用孔隙度（或孔隙比）表示，即单位容积土壤中孔隙容积占整个土体容积的百分比。土壤孔隙度反映土壤中所有孔隙的总量，等于土壤水和土壤空气两者所占的容积之和。根据土壤中孔隙的通透性和持水能力，可将其分为非活性孔隙（<0.002mm）、毛管孔隙（0.02～0.002mm）和通气孔隙（>0.02mm）。影响孔隙度大小及孔隙分布的因素主要有土壤质地、土壤结构和土壤耕作状况。一般来讲，越是黏重的土壤，总孔隙度越大，而通气孔隙度和毛管孔隙度越小；反之，总孔隙度越小，通气孔隙度和毛管孔隙度越大。

土壤孔隙状况与土壤保水通气能力密切相关。土壤疏松时，土壤保水与透水能力强；土壤紧实时，土壤蓄水少、渗水慢，尤其是在多雨季节容易产生地面积水与地表径流。但是，土壤疏松在干旱季节容易通风跑墒，不利于水分保蓄，故人们多采用耙、耱与镇压等办法，以保蓄土壤水分。由于土壤水、气含量受土壤松紧和孔隙状况影响，因此，土壤松紧和孔隙状况是土壤养分的有效性、保肥供肥性能以及土壤的增温与稳温性能的重要影响因素。生产实践表明，大多数作物适宜的土壤总孔隙度在 50％左右或稍高一些，毛管孔隙度与非毛管孔隙度之比以 1∶0.5 为宜。但是，因为各种作物如蔬菜、果树等的生物学特性不同，其根系的穿插能力不同，所以对土壤松紧和孔隙状况的要求也不同。例如，黄瓜的根系在土壤中的穿插力比较弱，尤其是当土壤容重为 1.45g/cm³、孔隙度为 45.5％时，根系不易透过；甘薯、马铃薯等作物在紧实的土壤中根系不易下扎，块根、块茎不易膨大，故在紧实的黏土上产量低且品质差。另外，不同的地区由于自然条件的差异，同一种作物对土壤的孔隙度和松紧状况的要求也是不同的。在干旱、半干旱和高温高湿的热区，孔隙度主要起到防止水土流失的作用，是决定保水、渗水等的主要因素。

2. 土壤密度 土壤密度是指单位体积的固体土粒（不包括粒间孔隙）的干重，其单位是 g/cm³ 或 t/m³。土壤密度的大小主要取决于组成土壤的各种矿物的密度。大多数土壤矿物的密度在 2.6~2.7g/cm³。由于土壤密度的测定较麻烦，且大部分土壤的矿物成分和土壤密度变化不大，所以土壤密度一般取平均值 2.65g/cm³，如果有特殊要求则需要单独测定[2]。土壤有机质的密度为 1.25~1.40g/cm³，表层的土壤有机质含量较高，所以，表层土壤的密度通常低于心、底土层。土壤结构和孔隙度状况保持原状而没有受到破坏的土样称为原状土，其特点是土壤仍保持其自然状态下的各种孔隙。

3. 土壤容重 土壤容重是指单位容积土体（包括孔隙在内的原状土）的干重，单位为 g/cm³ 或 t/m³。因为容重包括孔隙，土粒只占其中的一部分，所以，相同体积的土壤容重的数值小于土壤密度。土壤容重在 1.00~1.80g/cm³，其数值的大小主要受土壤质地、土壤结构、土粒排列、土粒松紧程度等内部性状的影响，还受降水、生产活动等外界因素的影响，尤其是耕层变幅。土壤容重大小是土壤肥力高低的重要标志之一。

土壤容重是一个十分重要的基本数据，在土壤工作中用途较广，其重要性表现在以下几个方面。

(1) 反映土壤松紧状况和孔隙度大小 土壤容重在土壤质地相似的条件下可以反映土壤的松紧度。容重小的土壤疏松多孔，结构性良好；容重大的土壤紧实板硬，结构性差。对农业土壤而言，容重过大过小都不合适：过大土壤太紧实，通气透水能力差；过小则土壤太疏松，通透性好但保水性差。另外，不同作物对土壤松紧度的要求不完全一样。大田作物、果树和蔬菜，由于生物学特性不同，对土壤松紧度的适应能力也不同。对于大多数植物来说，土壤容重在 $1.26g/cm^3$ 比较适宜，有利于幼苗的出土和根系的正常生长。

(2) 计算土壤质量和土壤中各种物质的量 可以根据土壤容重计算土壤中各种物质的量。

例如，已知土壤容重为 $1.15t/m^3$，则每亩耕层 $0\sim20cm$ 土壤的质量为 $667m^2\times0.2m\times1.15t/m^3=153.41t$。

所以，通常按每亩耕层土重 153.41t 即 153 410kg 计算。

在土壤分析中，可以根据土壤容重推算出每亩土壤中水分、有机质、养分和盐分等的含量，作为灌溉、排水、施肥的依据。如在上例中土壤有机质含量为 2%，则每亩耕层土壤有机质含量为 153 410kg×2%＝3 068.2kg。土壤的其他成分也可照此推理，如单位面积单位厚度土壤中的全氮量、全钾量、有效磷量等。

热区耕地包括砖红壤、赤红壤、红壤、黄壤、黄棕壤、燥红土、新积土、风砂土、石灰（岩）土、火山灰土、紫色土、粗骨土、潮土、沼泽土、滨海盐土、水稻土 16 个主要土壤类型[3]，其耕层土壤容重状况见表 2-2。热区耕层土壤容重分布在 $1.07\sim1.31g/cm^3$，大多数土壤孔隙状况良好，能够提供适合植株生长的水分入渗、运移和吸收环境。赤红壤、风砂土、黄壤、黄棕壤、燥红土和滨海盐土耕层土壤容重平均值处于较高水平，其次为石灰（岩）土、紫色土、潮土、砖红壤、红壤和沼泽土，而新积土、粗骨土和火山灰土耕层土壤容重平均值处于较低水平。

表 2-2 热区耕层土壤容重

土壤类型	样本数（个）	平均值（g/cm³）	标准差（g/cm³）	变异系数（%）	范围（g/cm³）
砖红壤	1 065	1.22	0.14	11.61	1.00～1.47
赤红壤	3 292	1.31	0.13	9.68	0.98～1.47
红壤	2 101	1.20	0.14	11.47	1.06～1.47
黄壤	610	1.29	0.12	9.11	1.06～1.47

（续）

土壤类型	样本数（个）	平均值（g/cm³）	标准差（g/cm³）	变异系数（%）	范围（g/cm³）
黄棕壤	251	1.29	0.15	11.87	1.10~1.47
燥红土	49	1.29	0.12	9.56	1.10~1.47
新积土	88	1.15	0.12	10.70	1.02~1.47
风砂土	111	1.30	0.06	4.79	1.16~1.50
石灰（岩）土	534	1.28	0.14	11.01	1.03~1.47
火山灰土	21	1.07	0.00	0.00	1.07~1.07
紫色土	355	1.27	0.12	9.28	1.06~1.47
粗骨土	22	1.11	0.00	0.00	1.11~1.11
潮土	327	1.27	0.06	4.77	1.01~1.35
沼泽土	5	1.20	0.06	5.25	1.16~1.31
滨海盐土	24	1.29	0.03	2.69	1.23~1.36
水稻土	134 704	1.18	0.16	13.40	0.59~1.50

四、土壤结构特征

土壤结构特征包括土壤颗粒或团聚体、颗粒（团聚体）间孔隙的排列与组合形式，对土壤的持水性、抗蚀性、农耕的难易程度、土壤水的移动性及根系舒展等性状有直接影响。因此，土壤合理利用的必要条件是创造并保持良好的土壤结构。

1. 剖面结构特征 土壤学将自然土壤剖面从上到下依次分为 O 层（有机层）、A 层（腐殖质层）、B 层（淀积层）、C 层（母质层）、R 层（基岩层）。不同的土壤剖面结构特征差异较大。

（1）砖红壤 一般都在 3cm 以上，剖面厚度大。在自然植被下，当年半分解的凋落物主要分布在 O 层；A 层为暗红色的腐殖质层，厚度为 25cm 左右，土壤主要为团粒结构或团块状结构，土壤疏松，作物根系主要分布在此层；B 层为砖红色，土壤紧实，主要为核状结构或核块状结构，土壤质地黏重；B 层下为深厚的网纹层；网纹层下为风化的母质层或岩层。

（2）赤红壤 剖面层次明显，具有 A 层、B 层和 C 层。A 层呈棕色；B 层呈棕红色，铁铝氧化物移动淀积较明显。

（3）红壤 在森林植被下，当年的凋落物主要在 O 层；暗棕红色的 A 层土壤结构主要为团粒结构，无外力破坏情况下厚度在 30cm 左右，土壤疏松；B 层主要为棕红色、红色，土壤结构多为核状或核块状，厚度为 0.5～1.0m，土壤比较紧实，质地较黏，铁结核分布较多。B 层以下有一个由红、黄、白三色交错而成的网纹层，网纹层较坚硬，不利于植物生长。

（4）黄壤 在森林植被下，当年半分解的凋落物也主要分布在 O 层；暗黄灰色的 A 层，其腐殖质层厚 25～30cm，土壤多为团粒结构或团块状结构；络合淋溶层在 A 层下部，颜色为淡黄灰色，土壤多为核状或核块状结构；B 层为黄色或红黄色，土壤紧实，核状结构或核块状结构，有少量铁结核。

2. 稳定性特征 土壤结构稳定性与土壤孔隙及抗蚀等性能密切相关，而水稳性团聚结构体的含量通常被作为评价土壤结构的主要指标，曾是热区耕地酸性土壤研究的热点。在热带或亚热带地区，发育良好的红壤都具有特殊的稳固结构，一般为铁铝的三氧化二物，它与氧化铁、氧化铝的胶结有关，同时也与高岭类黏土矿物的膨胀性较小密不可分。一般发育度较好的红壤在未被人类耕作利用前，其表层 0～5cm 的土壤含有较多有机质，且团粒结构丰富；随着土层深度的增加，土壤结构逐渐变成核块状结构；土层结构在 60cm 往下主要为核状结构，随着土层加深土壤结构体逐渐明显。农业活动使红壤表面出现 10～20cm 疏松层，容重约为 1g/cm³，孔隙度可达 60%；＞0.25mm 水稳性大团聚体含量大于 50%，因此，该层土壤颗粒不容易被雨水冲刷流失。综上所述，发育度良好的红壤 AB、B 层存在大量的水稳性结构，这些团粒结构机械稳定性高，颗粒坚硬而紧实，但不具有有机无机团聚体结构那样良好的孔隙分布和丰富的有机质，以氧化铝和氧化铁为主要胶结物质，属于红壤特有的性状。

一般情况下，这种胶结物质形成的结构不会出现在表土覆盖下的心土层中，由于其表现得非常紧实，以至于严重阻碍植物根系的生长。当表层土壤覆盖下的心土层表露时，形成的这些团粒结构会使土体变得疏松，有利于植物的生长。但是，这与含有较多有机无机团聚体的土壤比较，仍然不是良好的土壤结构体。在垦种、熟化过程中，受侵蚀红壤表层土壤团粒结构体被破坏，然后重新团聚化，表现特征为水稳性团粒结构的含量先急剧减少后逐渐增加，使得土壤结构体的质量在这个过程中得到改善，如土壤总孔隙度和通气孔隙度增加，有机胶结物质在结构体中的比例提高。因此，酸性土壤的肥力水平仅用水稳性结构体数量来判断是不全面的，只有团粒结构质量才能更真实和科学地反映土壤肥力水平。

3. 肥力特征 团粒结构是一种优良的土壤结构，长期的生产实践证明，团粒结构在调节土壤肥力的过程中起着良好的作用，其主要特点和肥力特征如下。

（1）具有良好的孔隙性质　土壤团粒结构有两种不同孔径的孔隙：一种是团粒体内部的毛管孔隙，保水力强，总孔隙度较高，经常被水充满；另一种是团粒与团粒之间的通气孔隙，主要起到通气、透水的作用，较粗的孔隙虽然不多，但保水力弱，经常无水而有气。所以，土壤的团粒结构能够提供作物生长所必需的水分和空气，调节土壤的氧化还原过程、有效养分的供应和有机质的保存。

（2）保肥与供肥相协调　土壤团粒结构能够较好地协调土壤养分的保存与供应。团粒表面和空气接触，有充足的氧供给，好气微生物活动旺盛，有机物质分解迅速，可供作物吸收利用；团粒内部（毛管孔隙）储存毛管水而通气不良，只有嫌气微生物进行嫌气性分解，有机质分解缓慢使养分得以保存。所以，团粒结构土壤中的养分是由外层向内层逐渐释放的，这样既能不断地供作物吸收，又能保证一定的积累。

（3）稳定土壤温度和调节土壤热状况　土壤团粒结构内部的小孔隙保持的水分较多，温度变化较小，可以起到调节整个土层温度的作用。因此，白天土层温度低于砂土，夜间土层温度高于砂土。

（4）易于耕作　团粒结构丰富的土壤比较疏松，宜耕时间长，其黏着性、黏结性都低，耕作阻力小，有利于提高耕作质量和农机具的效率，即使在旱地土壤也具有良好的耕层构造。

五、土壤微观结构测试方法

土壤微观结构测试被广泛应用于土壤肥力、环境、结构以及土地退化、地质灾害和材料变化等方面的研究。微观结构的概念最早于 1925 年由太沙基（Terzaghi）提出，土壤微观结构的研究至今已经开展了 90 多年。土壤微观结构研究通常是研究土壤的结构特性，主要研究内容包括形态学特征、几何学特征、能量学特征等。形态学特征即土壤结构组成、形状、数量、表面特征、单元体的大小等；几何学特征包括土壤结构单元体的空间大小及布局；能量学特征包括土壤结构连接和结构的总能量。近年来，随着科技的进步，电子显微镜技术也迅速发展起来，土壤微观结构的研究越来越受到各国学者的关注，如何从微观层面定量描述土壤的结构，从而实现土壤宏观层面特征的连接是各国学者正努力探讨的课题。从研究水平来看，土壤结构体的微观研究经历了从定性到定量的发展历程；从研究手段来看，可分为两大类，即直接法和间接法。直接法，如光学显微镜法、扫描电子显微镜法、压汞法、气体吸附法等；间接法，如 X 线衍射法、CT 计算机透析成像法等。

1. 光学显微镜法　光学显微镜可以放大微细部位，从而可对土样孔隙颗粒分布、土粒样貌进行研究。偏光显微镜通过偏光装置将普通光变成偏振光，通过测定光折射的各向异性来判断颗粒择优定向性。该法的关键技术是对土样的处理即制得易于测试和反映真实结构的土体薄片。

光学显微镜尺度介于微观扫描电镜与宏观力学试验之间，避免了扫描电镜观测区小和宏观力学试验假设不实际的缺陷，用于观察土样粗结构特征，如颗粒孔隙的分布特征、土样扁平状颗粒的定向程度。此外，偏光显微镜还可作为射线衍射的补充手段，设备简单、成本低。但是该法土样制备较麻烦，耗时长，不能满足定量的研究需求。

2. 扫描电子显微镜法 近几年来，扫描电子显微镜在土体微观结构研究方面发展迅速，成为目前最常用也比较有效的土体微观结构观察手段，通过扫描电子显微镜可获得大量直观的土体结构的形貌信息（图2-6）。基本原理是利用高能量电子束探针扫描土样，利用计算机技术处理收集到的电子束回馈信息，得到微观结构的定量信息。测试步骤主要包含土样制备、土体观测、数据处理三部分。

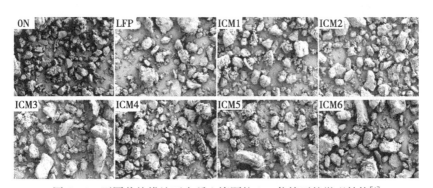

图2-6 不同栽培措施下水稻土壤颗粒200倍镜下的微观结构[4]

0N. 不施氮肥 LFP. 总施氮量（纯氮）为300kg/hm² ICM1. 总施氮量较LFP减少10% ICM2. 关键栽培技术为增密，其他同ICM1 ICM3. 关键栽培技术为精确灌溉，其他同ICM2 ICM4. 关键栽培技术为基肥增施菜籽饼肥，其他同ICM3 ICM5. 关键栽培技术为深翻20cm，其他同ICM4 ICM6. 关键栽培技术为基肥增施硅肥225kg/hm²、锌肥15kg/hm²，其他同ICM5

该方法的优点是适用范围广，可用于大多数土体，与计算机相关软件结合，具有强大的信息提取功能，如孔隙性状系数、颗粒或孔隙定向性、各向异性率及孔隙分型等。此外，还具有大倍数、强立体感、高分辨率等优点。但是，需要对土样进行干燥、镀膜处理，在图片处理中参数的设定受人为因素干扰明显。

3. 压汞法与气体吸附法　压汞法（MIP）与气体吸附法（BET）具有相似性，都被用于孔隙的研究，前者主要用于大孔隙，后者只能测定小孔隙且对纳米级孔隙研究很有优势。原理为通过测定土体在一定压力下的介质充入量来计算孔隙的各种特征参数。MIP可测孔径范围为几纳米到几百微米，范围较广，但汞有剧毒、易挥发，所测土壤样品必须干燥。"墨水瓶"状孔隙，即大孔隙通过小孔隙与表面相通的情况会造成小孔隙含量偏高和大孔隙含量偏低。BET对于纳米孔隙测定效果极好，缺点是使用范围小，测试周期较长。

4. X线衍射技术　X线衍射可分析土体成分和颗粒的定向度，测定结果具有统计性，测量的面积和深度较大，但是直观性差。

5. CT计算机透析成像法　该方法的原理是利用X线穿透土体，通过探测器接受并转化射线衰减信息来揭示土样中的微观结构，目前主要被用于特殊土体中，如膨胀土、黄土等，但是，CT计算机透析成像法还没有被推广于其他土体，适用范围不大，其空间分辨率和体积分辨率小，因而对于较小孔隙等无法进行有效观测。

六、良好土壤结构的培育

土壤新结构的形成和原有结构的破坏是同时进行的，又是相互依存的。培育土壤良好的结构必须采取适当的措施。

1. 精耕细作和增施有机肥　耕作主要通过机械外力作用使土壤破裂松散，最后变成小土团。对于缺乏有机质的土壤来说，增施有机肥是用地养地的重要方法，不仅能促进土壤中微生物的活动，还能增加土壤中的有机胶结物质。

2. 合理的轮作制度　正确的轮作倒茬能恢复和创造团粒结构。轮作可包含两方面：①粮食作物与绿肥或牧草作物轮作。②在同一田块每隔几年更换作物类型或品种。

3. 土壤结构改良剂的应用　土壤结构改良剂既有天然物质又有人工合成的物质。国内应用较为广泛的天然物质是胡敏酸、树脂胶、纤维素黏胶等。近年来我国广泛开展利用腐植酸类肥料，它是一种固体凝胶物质，起到很好的结构改良作用。中国热带农业科学院分析测试中心邓爱妮等[5]应用腐植酸类改良剂改良海南地区樱桃番茄酸性土壤，结果表明，腐植酸成分提高了土壤有机质含量，有机质可以使土壤形成团粒结构，使土壤疏松，>0.25mm的水稳定性团聚体含量显著高于单施复合肥处理，增加了土壤保肥性。

第二节　土壤水分特征

一、水分性质

土壤水文状况反映土壤水分在土壤剖面上的年周期变化，它体现了土壤的水量平衡情况和水分循环特征。热带、亚热带地区水分来源通常不受地下水的影响，主要为大气降水。丘陵红壤地区受季风气候影响，年均降水量为1 300～2 000mm，年蒸发量为1 000～1 200mm。故总的来说，水分是丰富的，但时空分配不均，有明显的干、湿季之分。1—3月降水量占全年的16%～21%；4—6月降水量占全年的42%～53%；7—9月降水量占全年的18%～27%；10—12月降水量占全年的10%～15%。在作物旺盛生长期，4—6月为降水高峰期，7—9月降水骤减，出现蒸发高峰期（占全年蒸发量的40%～50%），常导致严重的伏、秋干旱。因此，季节性干旱问题是热区耕地酸性土壤的主要肥力障碍之一。

二、水分移动

热区黏质酸性土壤通气孔隙以及稳定性团聚体较为丰富，使得其透水性较好、储水量高，即使较大强度的降水也不容易使土壤表面结壳。但是，雨滴的冲刷和红壤细颗粒的下移会堵塞土壤孔隙，容易造成地表板结，使得土壤渗透性变差，减缓土壤水分的移动速度，因此在降水高峰期不能使土壤出现储水高峰。低丘红黏土由于质地黏重、结构体小而排列致密，孔隙性差，水分下渗很慢。在10℃时，渗漏速度为每小时6cm，熟化度差的红壤旱地甚至为每小时2.9cm。

三、土壤持水性

土壤质地和土壤结构是影响土壤持水性的两大因素。首先，土壤的持水性和土壤质地相关，一般质地越细，持水量越高，但是，当水吸力较低时，情况略有不同。土壤的持水能力也会受土壤孔隙数量和特性等其他因素的影响。其次，土壤的持水能力受土壤结构的影响。

土壤水分常数为土壤的特征性含水量，主要包括饱和含水量、田间持水量、萎蔫系数和吸湿系数。饱和含水量，饱和时土壤的孔隙中充满了水分，土壤水分吸力为零。田间持水量通常指土壤在1/3标准大气压时的含水量，土壤被灌溉水或者降水充满，土壤水分经过一段时间后向下运移的速度几乎为零时所保持的水量。萎蔫系数通常以 15 个标准大气压下土壤含水量为代表，植物根系吸取的水分不能满足自身蒸腾作用需要而出现永久萎蔫时的土壤含水量。吸力为 31 个标准大气压时，吸湿系数约等于土壤所保持的水量。综上所述，各水分常数的水分对植物的有效性差异较大。

土壤中所持有的水分并不都是对作物有效的，其中有 1/3～1/2 是被土粒所束缚的高张力水，作物不能利用，通常把这一含水量叫凋萎湿度。凋萎湿度至田间持水量间的水量为土壤有效水范围。土壤结构不良、孔隙性差或物理黏粒含量高，凋萎湿度则增大，有效水范围相应缩小。

黏质红壤的颗粒组成以细颗粒为主，并且有较多的稳定性微团聚体，因而持水量很高。不同土层持水特性有一定差异，主要受结构和质地的影响。通常是随着深度的增加，土壤容重增加，孔隙度降低，田间持水量和凋萎湿度都相应增加。有效储水量只占田间持水量的 33％～52％。从不同植被来看，柑橘储水量和耗水量均较大，水分利用率较高；其次是茶园和杉木；农用地的水分利用率只有柑橘的 77％。

四、土壤水分的供应

在基质和重力势能等的作用下，灌溉水和降水进入各土层。当土壤水分处于饱和状态时，其余的水分在重力势能作用下向下渗漏，补充地下水；当土壤水分处于不饱和状态时，在势能的作用下水分向其他方向渗吸，补充土壤的水量。水分在土壤出现渗吸或者渗漏不良时会形成地表径流进而流失。渗吸结束后，即灌溉和降水停止，水分仍向下运动并进行再分配。此外，植物叶面的蒸腾作用或者地表蒸发也可将土壤中的水分返回到大气中。地下水盐分浓度较高时，水分的向上运动常会导致土壤盐渍化。土壤水分对植物根系的供应由土壤水分的水流速度和容量决定。水分容量主要包括土壤对植物根系吸收的比水容量和有效水含量。一般情况下，土壤吸力的增加导致土壤水的传导度和水容量的下降。风化程度高的砖红壤，其土壤水分处于有效水范围的下限且缺乏土壤深层的供水时，容易发生干旱[6]。因此，水分的保持对于热区等多雨地区土壤非常重要。

以江西红壤改良开发为例。江西为南方红壤丘陵区中心地带的地带性土壤主要由花岗岩、红砂岩和第四纪红黏土等母质发育而成[7-8]。由于区域降雨强度大、土壤质地易被侵蚀，再加上过度开发垦殖等人为活动的影响，江西一直是我国南方水土流失较为严重的省份。虽然江西降雨丰富，但是雨水分布不匀，春夏多雨、秋冬少雨，干湿季节明显。水是农业的血液，红壤丘陵区修建梯田有利于保水保肥，为稳产高产提供了充足的土壤和水分条件。研究发现，坡耕地改梯田后，蓄水效益可至 65％以上，保土效益则在 80％以上，径流量和泥沙侵蚀量也有相当程度的减少[9]。因此，保护红壤区土壤务必重视坡耕地改梯田的保水保土措施。

第三节 土壤耕性

土壤耕性是指土壤在耕作时所表现的特性，也是一系列土壤物理性质和物理机械性的综合反映。耕性的好坏应根据耕作难易、耕作质量和宜耕期长短三方面来判断，它与土壤物理机械性密切相关。

一、土壤物理机械性

土壤物理机械性是多项土壤动力学性质的统称，在农业生产中主要影响土壤耕性，它包括黏结性、黏着性、可塑性、胀缩性以及其他受外力作用（如农机具的切割、穿透和压板等作用）后而发生形变的性质。

1. 土壤黏结性 土壤黏结性是土粒与土粒之间由于分子引力而相互黏结在一起的性质。它主要反映了土壤团聚体抵抗外力破碎的能力，也是耕作时产生阻力的主要原因之一。土壤黏结性越强，耕作阻力越大，耕作质量越差，根系生长的阻力越大，反之亦然。影响土壤黏结性的因素主要包括土壤质地、水分和土壤有机质含量。一般来说，越是黏重的土壤，黏结性越强。土壤水分含量过高则黏结性下降，而水分含量下降，黏结性提高。土壤有机质可以提高质地较粗土壤的黏结性而降低质地黏重土壤的黏结性。

2. 土壤黏着性 土壤黏着性是指在一定含水量的情况下，土粒黏着农具等外物表面的性能。土壤过湿时进行耕作，土粒黏着农具，增加土粒与金属的摩擦阻力，使耕作困难。影响土壤黏着性的因素主要有土壤质地、土壤含水量和土壤有机质含量。土壤越细，接触面越大，黏着性越强。因此，黏质土壤的黏着性比较强，不利于耕作；砂质土黏着性弱，利于耕作。土壤干燥时无黏着性，随着水分含量的增加，黏着性逐渐增强，但是当水分过多时（一般认为大约超过土壤饱和持水量的 80％以后），由于水膜太厚而降低黏着性，直至土壤开始呈现流体状态时，黏着性逐渐消失。腐殖质可降低黏性土壤的黏着性，腐殖质的黏结力和黏着力都比砂土大，因而腐殖质可以改善砂质土过于松散的状况。

3. 土壤可塑性　土壤在一定含水量范围内可被外力任意改变成各种形状，当外力消失和土壤干燥后，仍能保持其变形的性能称为可塑性。土壤质地明显影响土壤可塑性，一般来讲，土壤中黏粒愈多，质地愈细，塑性愈强。在黏粒矿物类型中，蒙脱石类分散度高，吸水性强，塑性值大；高岭石类分散度低，吸水性弱，塑性值小。土壤可塑性主要影响土壤耕性，塑性指数大的土壤，耕作阻力大，耕作质量差，适耕期短，耕性较差，塑性指数小的土壤耕性较好。

4. 土壤胀缩性　土壤含水量发生变化时其体积的变化称为土壤胀缩性，一般是吸水后膨胀，干燥后收缩。土壤胀缩性主要影响土壤的通透性及对根系的机械损伤。土壤吸水膨胀后，由于体积膨大，部分底土上翻到表土，使植物根系受损；土壤干燥失水后，体积收缩，土体中产生较大的裂缝，易拉断植物根系。

二、土壤耕性的判断

土壤耕性的好坏直接影响土壤耕作质量及土壤肥力。农民把耕作难易作为判断土壤耕性好坏的首要条件，将耕作时省工、省劲、易耕的土壤称为"土轻""口松""绵软"，将耕作时费工、费劲、难耕的土壤称为"土重""口紧""僵硬"等。有机质含量低及结构不良的土壤较难耕作。

主要参考文献

[1] 漆智平．热带土壤学［M］．北京：中国农业大学出版社，2007：142-187.

[2] 张慎举，卓开荣．土壤肥料［M］．北京：化学工业出版社，2015.

[3] 农业农村部耕地质量监测保护中心．华南区耕地质量主要性状数据集［M］．北京：中国农业出版社，2018.

[4] 袁莉民，周天阳，陈良，等．不同栽培措施对土壤微观结构及水稻产量的影响［J］．生态环境学报，2020，29（10）：1994-2002.

[5] 邓爱妮，苏初连，王晓刚，等．碱性腐植酸改良液对露地酸化土壤理化性质及樱桃番茄品质的影响［J］．中国瓜菜，2020，33（10）：39-44.

[6] 聂国树．南方红壤特性问题及改良策略［J］．绿色科技，2020（22）：56-57.

[7] 赵其国，黄国勤，马艳芹．中国南方红壤生态系统面临的问题及对策［J］．生态学报，2013，33（24）：7615-7622.

[8] 徐铭泽，杨洁，刘窑军，等．不同母质红壤坡面产流产沙特征比较［J］．水土保持学报，2018，32（2）：34-39.

[9] 胡建民，胡欣，左长清．红壤坡地坡改梯水土保持效应分析［J］．水土保持研究，2005（4）：271-273.

第三章 热区耕地酸性土壤的化学特征

第一节 土壤酸度的特征

一、土壤酸度的表现

土壤的酸碱度取决于土壤中的酸性物质（如 CO_2、H^+、Al^{3+}、Mn^{2+} 等）和碱性物质（如 Ca^{2+}、K^+、Mg^{2+}、Na^+ 等）间的化学平衡状况。土壤溶液中的 H^+ 和土壤胶体中的交换性 H^+ 和 Al^{3+} 的存在会引起土壤酸性反应，凡是能增加 H^+、Al^{3+} 或者可以减少 OH^- 的物质均可影响土壤的酸碱度。土壤酸碱度是土壤性质的主要变量，对土壤的许多化学反应和化学过程都有很大的影响，对土壤中的氧化还原、沉淀溶解、吸附、解吸和配位反应起支配作用。

由于热区高温多雨，降水量大大超过蒸发量，土壤及其母质的淋溶作用非常强烈，土壤溶液中的盐基离子易随渗滤水向下移动，使土壤中易溶性成分减少。这时溶液中的 H^+ 取代土壤吸收性复合体上的金属离子，为土壤所吸附，使土壤盐基离子饱和度下降、H^+ 饱和度增加，引起土壤酸化。在交换过程中，土壤溶液中的 H^+ 可以由下述途径补给。

1. 水的分解 由于 H^+ 被土壤吸附而使水的解离平衡受到破坏，所以将有新的 H^+ 被释放出来。

$$H_2O \longrightarrow H^+ + OH^-$$

2. 碳酸的分解 土壤中的碳酸主要由 CO_2 溶解于 H_2O 生成，而 CO_2 是由植物根系和微生物的呼吸及有机物质分解产生的，所以土壤活性酸在植物根际要多一些（微生物的活动也较强）。

$$H_2CO_3 \longrightarrow H^+ + HCO_3^-$$

3. 有机酸的分解 土壤中各种有机质分解的中间产物有草酸、柠檬酸等多种低分子有机酸，特别在通气不良条件下及在真菌活动条件下，有机酸可能累积很多。土壤中的胡敏酸和富里酸分子在不同的 pH 条件下可释放 H^+。

$$有机酸 \longrightarrow H^+ + R\text{-}COO^-$$

4. 酸雨　pH<5.6 的酸性大气化学物质降落到地面主要有两种途径：一种是通过气体扩散将固体物降落到地面，称为干沉降；另一种是降水挟带大气酸性物质到达地面，称为湿沉降，习惯上称为酸雨。在燃煤、燃油、矿冶等工业化过程中，向大气排放的 SO_2 和氮氧化合物（NOx）不断增加，大大加速了雨水酸化的进程。20 世纪 80 年代以来，酸雨被认为是威胁全球的大气污染问题，我国酸雨的酸性程度、区域分布及降雨的频率均在不断增强和扩展。大气中的酸性物质最终都进入土壤，成为土壤 H^+ 的重要来源之一。

5. 其他无机酸　土壤中有各种各样的无机酸。例如，$(NH_4)_2SO_4$、KCl 和 NH_4Cl 等生理酸性肥料被施入土壤中，因为阳离子 NH_4^+、K^+ 被植物吸收而留下酸根离子。同时，硝化细菌的活动也可以产生硝酸。在某些地区有施用硫酸亚铁的习惯，可以产生硫酸。

$$FeSO_4 + 2H_2O \longrightarrow Fe(OH)_2 + H_2SO_4$$

根据土壤酸性表现的强弱程度，可将土壤分为强酸性土壤、酸性土壤和弱酸性土壤。

（1）强酸性土壤　在强酸性土壤条件下，交换性 Al^{3+} 与土壤溶液中的 Al^{3+} 处于平衡状态，通过土壤溶液中 Al^{3+} 的水解增强土壤酸性。土壤溶液中的 Al^{3+} 按下式水解，即

$$Al^{3+} + 3H_2O \longrightarrow Al(OH)_3 \downarrow + 3H^+$$

在强酸性土壤中，土壤活性酸（溶液中的 H^+）的主要来源是 Al^{3+}，而不是 H^+。这是因为在强酸性土壤中，一方面以共价键结合在有机胶体和矿物胶粒上的 H^+ 极难解离，另一方面腐殖酸基团和带负电荷黏粒表面吸附的 H^+ 虽易解离，但数量很少，对土壤溶液中 H^+ 的贡献小，但 Al^{3+} 的饱和度大，土壤溶液中的 1 个 Al^{3+} 水解可产生 3 个 H^+。据报道，pH<4.8 的酸性红壤中，交换性 H^+ 的量一般只占总酸度的 3%～5%，而交换性 Al^{3+} 的量占总酸度的 95%以上。

（2）酸性和弱酸性土壤　酸性和弱酸性土壤的盐基饱和度较大，铝不能以 Al^{3+} 形态存在，而是以羟基铝离子如 $Al(OH)^{2+}$、$Al(OH)_2^+$ 等形态存在。有的羟基铝离子可被胶体吸附，其行为同交换性 Al^{3+} 一样，在土壤溶液中水解产生 H^+。

$$Al(OH)^{2+} + H_2O \longrightarrow Al(OH)_2^+ + H^+$$

$$Al(OH)_2^+ + H_2O \longrightarrow Al(OH)_3 \downarrow + H^+$$

在酸性和弱酸性土壤中，除羟基铝水解产生 H^+ 外，胶体表面交换性 H^+ 也进入土壤，是土壤溶液中 H^+ 的第二来源。

综上所述，在强酸性土壤中以共价键结合的 H^+ 及 Al^{3+} 占优势；在酸性土壤中，致酸离子以 $Al(OH)^{2+}$ 和 $Al(OH)_2^+$ 等羟基离子为主；而在中性及碱性土壤中，土壤胶体上主要是交换性盐基离子。

H^+ 进入土壤吸收复合体后，随着阳离子交换作用的进行，土壤盐基离子饱和度逐渐下降，而 H^+ 饱和度逐渐提高。土壤有机矿物复合体或铝硅酸盐黏土矿物表面吸附的 H^+ 超过一定限度时，这些胶粒的晶体结构就会遭到破坏，一些铝八面体被解体，使 Al^{3+} 脱离了八面体晶格的束缚，变成活性 Al^{3+}，被吸附在带负电荷的黏粒表面，转变为交换性 Al^{3+}，这种转变的速度是相当快的。在有关我国南方红壤的一些试验中，0.5h 后，新制备的含氢黏土中交换性酸中的 H^+ 52%～58%转变为 Al^{3+}，6.0h 后，交换性 Al^{3+} 增加至 72%～98%，即矿物晶体负电荷结合的 H^+ 迅速地被晶格中的 Al^{3+} 交换。但不同黏粒的转变速度不同，一般蒙脱石表面的转变速度较高岭石高，因前者受破坏的表面积大于后者。

由上可知，土壤酸化过程始于土壤溶液中的活性 H^+，土壤溶液中 H^+ 和土壤胶体上吸附的盐基离子交换，盐基离子进入溶液，使土壤胶体上的交换性 H^+ 不断增加，并随之出现交换性 Al^{3+}，形成酸性土壤。

我国酸性土壤主要分布在长江以南的热带、亚热带的红黄壤地区，热区土壤是以红壤、黄壤和砖红壤为主的铁铝性土壤，海南以砖红壤、红壤为主要酸化土壤，广东、广西、湖南和福建等热区省份以红壤为主要酸化土壤类型，而云南、贵州、四川的干热河谷地带的酸化土壤类型以黄壤为主。广东、广西、四川等热区省份土壤酸化最为严重，pH＜4.50 的耕地土壤占该区域土壤的比例分别为 13%、7%和 4%。采集于广东徐闻县的玄武岩母质发育的砖红壤（0～30cm）pH 为 4.98[1]，广东茶园的第四纪红土红壤、花岗岩赤红壤、玄武岩砖红壤（0～20cm）pH 平均值分别是 3.83、4.30 和 4.83[2]。在湖南祁阳县采集的 3 种代表性红壤表层土壤第四纪红土、板页岩、红砂岩 pH 分别为 4.48、4.78 和 4.33[3]。广东耕地质量监测项目研究结果显示，广东耕地以酸性（pH 为 4.50～5.50）、微酸性（pH 为 5.50～6.50）为主，两者共占 90.57%，中性土壤耕地占 5.13%，碱性土壤耕地所占比例仅为 0.11%。按 pH＜5.50 的样品频率计算，酸性、强酸性排序是砖红壤＞黄壤＞水稻土＞赤红壤＞潮土＞粗骨土＞红壤＞滨海砂土＞石灰土＞紫色土。水田酸性土壤（pH＜5.50）样本的比例从 42.2%增加至 59.0%，旱地酸性土壤样本从

31.1%增加至56.4%。强酸性和酸性土壤的分布频率明显提高，比1986年分别增加5.2和10.9个百分点，呈现明显的酸化趋势[4]。有研究表明，20世纪80年代以来云南植胶区砖红壤胶园土壤pH比自然土壤下降了30.54%，海南橡胶园土壤pH下降了6.67%～16.16%。热区土壤种植橡胶树后酸度增加，与自然土对比pH下降了0.22，水果种植土壤也出现了不同程度的酸化。海南香蕉园土壤调查结果显示土壤pH在4.05～6.86，平均pH为5.42，其中pH<4.50的土样占16.92%，强酸性土壤占多数。李润堂等研究的湛江菠萝园土壤pH由20世纪80年代的5.00～5.50变为2007年的4.40～4.50，呈现酸化态势。因此不同种热区作物生存土壤酸化程度正在逐渐加深，酸化面积仍在不断扩大[5]。

二、土壤酸的类型

根据土壤溶液中H^+存在的方式，可将土壤酸度分为活性酸度和潜性酸度两大类型。

1. 土壤活性酸　土壤活性酸是指与土壤固相处于平衡状态的土壤溶液中游离的H^+。土壤活性酸度通常用pH表示，它是土壤酸碱性的强度指标。土壤溶液中的H^+主要来源于土壤空气中的二氧化碳（CO_2）溶于水形成的碳酸（H_2CO_3）和有机质分解产生的有机酸，以及氧化作用产生的大量无机酸（如HNO_3、H_2SO_4、H_3PO_4等）和无机肥料残留的酸根。此外，大气污染产生的酸雨所带来的大量的H_2SO_4会使土壤酸化，因此，大气污染影响土壤污染。

2. 土壤潜性酸　土壤潜性酸是指吸附在土壤胶体表面的交换性致酸离子（H^+和Al^{3+}），这些离子处于吸附状态时是不显酸性的，当它们被代换入土壤溶液后会增加H^+的浓度，便显示出酸性来，故称潜性酸。土壤潜性酸是活性酸的主要来源和后备，它们始终处于动态平衡之中，属于一个体系中的两种酸。

潜性酸可分为两类。

（1）代换性酸　用过量中性盐（KCl、NaCl等）溶液与土壤胶体发生交换作用，土壤胶体表面的H^+或Al^{3+}被浸提剂的阳离子交换，使溶液的酸性增强。测定溶液中H^+的浓度即得交换性酸的量。

（2）水解性酸　用过量强碱弱酸盐（CH_3COONa）浸提，土壤胶体上的H^+或Al^{3+}释放到溶液中所表现出来的酸性。CH_3COONa水解产生NaOH，pH可达8.5，Na^+可以把绝大部分的代换性H^+和Al^{3+}代换下来，从而形成CH_3COOH，滴定溶液中CH_3COOH的总量即得水解性酸度。

交换性酸是水解性酸的一部分，水解能置换出更多的 H^+。要改变土壤的酸性程度，就必须中和溶液中及胶体上的全部交换性 H^+ 和 Al^{3+}。在改良酸性土壤时，可根据水解性酸来计算所要施用的石灰的量。

三、土壤酸化的危害

土壤酸化后，土壤溶液中富含大量的游离 H^+，这些高浓度 H^+ 通过竞争作用使植物细胞稳定原生质膜结构的阳离子尤其是 Ca^{2+} 被交换下来，从而使质膜的醋化键桥解体，导致膜的透性增强，从而影响植物正常的生理功能[5]。

元素的淋溶及固定使得土壤肥力下降。如土壤磷的形态和有效性受土壤酸碱性的影响非常大，当 pH<6.0 时，随着 pH 的降低，磷的固定率直线上升，土壤中能被利用的有效磷减少，在热区的铁铝质砖红壤中此现象更为严重，铁铝的活化会进一步加重磷的固定。水溶性钼在酸性土壤中易转化为溶解度较低的氧化态钼，因此酸性土壤中钼的有效性降低。

第二节　酸性土壤的养分特征

一、土壤有机质概述

土壤有机质是土壤中各种含碳有机化合物的总称，指土壤中动植物残体、微生物体及其分解和合成的物质，是土壤的固相组成部分。土壤有机质在土壤中的含量虽低（多在5%以下），但对土壤的理化性质影响极大，而且是植物和微生物生命活动所需养分和能量的源泉[6]。

土壤有机质组成十分复杂，按化学组成可以分为碳水化合物、含氮化合物、木质素、含磷化合物、含硫化合物、脂肪、蜡质、单宁、树脂等。

土壤有机质包括两大类。

第一类为非特殊性有机质，为有特定物理化学性质、结构已知的有机化合物，其中一些是经微生物代谢后改变的植物有机化合物，而另一些则是微生物合成的有机化合物。主要是原始组织，包括高等植物未分解和半分解的根、茎、叶以及动物分解原始植物组织向土壤释放的排泄物和动物死亡之后的尸体等。因此，土壤植物和动物不仅是各种土壤微生物营养的最初来源，还是土壤有机部分的最初来源。这些物质主要由碳水化合物、蛋白质、氨基酸以及低分子量的有机酸等成分组成，能比较容易地被各种类型的土壤微生物分解转化，成为土壤物质的一部分，主要累积于土壤的表层，占土壤有机部分总量的

$10\%\sim15\%$。

第二类为土壤腐殖质，腐殖质的主体是经土壤微生物作用后，由多酚和多醌类物质聚合而成的含芳香环结构的、新形成的黄色至棕黑色的非晶型高分子有机化合物，及其与金属离子相结合生成的盐类。腐殖质与土壤矿物质部分密切结合，形成有机无机复合体，因而难溶于水。腐殖质是土壤有机质的主体，也是土壤有机质中最难降解的组分，它是由分子量从数百到数千的复杂有机化合物组成的，包括胡敏酸、富里酸和胡敏素，占土壤有机质的 $85\%\sim90\%$。腐殖质具有比土壤黏粒更强的吸持水分和养分离子的能力，因此少量的腐殖质就能显著提高土壤的生产力。土壤腐殖质对土壤物理化学性质和微生物活动的影响不仅对降低污染物质对土壤的危害起到巨大的作用，还对全球碳的平衡和转化有很大的作用。

土壤有机质一般约含碳 50.0%、氮 5.0%、磷 0.5%，在不同土壤中有较大的变幅。由于腐殖质含有各种功能团，所以它有相当大的阳离子交换量，可为 $100\sim400cmol/kg$，但通常为 $150cmol/kg$。此外，它可以和多价阳离子（如 Mn^{2+}、Cu^{2+}、Zn^{2+} 等）形成配位络合物。所以土壤溶液中的大部分铜和锌是以可溶性有机络合物的形式存在的。土壤中 95% 以上的土壤氮、$20\%\sim50\%$ 的土壤磷都是以有机形态存在的，所以有机质在养分供应上也有重大作用。

二、热区酸性土壤有机质含量概况

土壤有机质含量代表土壤肥力的高低，它能促使土壤形成团粒结构，改善土壤物理、化学及生物学过程的条件，提高土壤的吸收性能和缓冲性能。土壤有机质含量过低的土壤抗性低，易板结、酸化，不适合作物生长[7]。

华南地区 58.3% 的土壤有机质含量集中在 $1.0\%\sim3.0\%$，西南地区土壤有机质含量相对比较分散，60.6% 的土壤有机质含量集中在 $1.0\%\sim5.0\%$。戴万宏[8]等研究土壤有机质含量与酸碱度的关系时发现，土壤表层有机质含量和 pH 在不同地理区域间有明显差异；土壤有机质含量有随 pH 升高而降低的趋势，二者间呈极显著的负相关关系，其相关系数高达 -0.530。周晓阳[9]等监测我国南方水稻土发现，监测前 14 年长期施用化肥导致土壤 pH 下降约 0.7 个单位，监测后 10 年 pH 稳定，施用有机肥使得土壤有机质含量增加，有机质中大量的功能基团可提高水稻土的酸缓冲能力。

卢胜[10]等对土壤颗粒的物质组成与表面化学性质进行研究发现，随着纬度的增加土壤 pH 上升，不同土壤淀积层、母质层的有机质含量均下降，降低程度同样随着纬度的增加而增加；李东初[11]等对我国农耕区土壤有机质区域变化及其与酸碱度和容量关系的系统分析发现，有机质含量中等偏低的监测点位占比达 72.5%。不同区域耕层土壤有机质含量差异显著（$P < 0.05$），不同土壤利用方式对土壤有机质含量产生影响，水田耕层土壤有机质含量显著高于旱地；张芸萍[12]等研究云南富源红壤酸碱度与主要养分的关系时发现 pH 在有机质含量不同的分组间差异显著。王浩[13]等研究有机质积累和酸化对污染土壤重金属释放潜力的影响时发现，当 pH 在 5.0 以下或有机质积累达到很高水平时，有机质的积累降低了重金属的有效性。佘涛[14]等研究发现海南岛和广东珠三角地区水稻土有机碳含量较低，水稻土 pH 对有机碳含量的影响较小，年均降水量、年均气温和土壤 pH 是土壤有机碳含量分异的主要驱动因子，其中年均气温的影响最显著。

三、酸性环境对土壤有机质的影响

土壤酸化可造成土壤肥力下降，降低有机碳的溶解性，改变具有可变负电荷的热带土壤中有机物-矿质相互作用，影响有机质的合成和分解、营养元素的转化与释放以及土壤保持养分的能力等。在热带、亚热带高温高湿气候条件下，土壤原生矿物风化分解和淋溶作用强烈、铁铝氧化物明显富集，生物物质循环非常迅速，有机质含量偏低，腐殖质组成以富里酸为主。绝大部分砖红壤分布在南方热带、亚热带地区，海南砖红壤占比为 63.85%。砖红壤、赤红壤有机质含量范围是 1.00%～2.98%。在湖南祁阳县采集的 3 种代表性红壤表层土壤：第四纪红壤、板页岩、红砂岩有机质含量分别为 1.85%、1.03% 和 1.26%。2014 年的调查数据显示，长沙市土壤强酸化面积占耕地面积的 60%，还有进一步酸化的趋势，进而会影响作物生长、降低农产品品质。土壤有机质是影响土壤交换性铝活度的重要因素。研究表明，施用有机肥可以降低交换性铝的含量，减轻铝毒害，明显阻止土壤酸化，增加有机质含量，提高土壤肥力。

四、土壤中的氮

土壤氮是土壤肥力的一项重要指标。土壤中氮的形态可分为无机态和有机态。耕层土壤中的无机态氮只占全氮量的 1%～2%，主要为铵态氮（$NH_4^+ - N$）和硝态氮（$NO_3^- - N$），前者主要为交换态，能被土壤胶体吸附，不易流失，后者是土壤溶液的主要成分，也是能被植物直接吸收的速效养分，不易被土壤胶体吸附，极易随水流失。

耕层土壤中的有机态氮占全氮量的 90% 以上。按其分解难易可分为水溶性有机态氮、水解性有机态氮和非水解性有机态氮 3 类。

水溶性有机态氮一般不超过全氮量的 5%，主要包括一些简单的游离氨基酸、胺盐及酰胺类化合物。有的由于分子质量较大或结构较为复杂而不能被植物直接吸收利用，但因分散在土壤溶液中而很易水解，能够迅速释放 NH_4^+，成为植物速效氮的主要来源。

水解性有机态氮是经酸碱或酶处理能水解为较简单的易溶性化合物或直接生成铵化合物的一类有机态氮。按其化学组成不同可分为 3 类：①蛋白质多肽类，一般占土壤全氮量的 1/3～1/2；②核酸类，一般不超过全氮量的 10%；③氨基糖，占全氮量的 5%～10%。

非水解性有机态氮占土壤有机态氮总量的 30% 以上，既不溶于水，又不能用一般的酸碱处理使其水解。

有机态氮需要在微生物的作用下逐步水解成各种氨基酸，再通过氨化作用分解为氨和铵盐，供作物吸收利用。在通气良好时，氨在土壤中还能进一步经硝化细菌的作用生成硝态氮。有机态氮的矿化是作物所需氮的重要来源，矿化率与土壤 pH 的乘幂显著正相关（$y=0.003x^{4.67}$，$R^2=0.71$），矿化率随 pH 的提高迅速增加，红壤加入石灰后土壤 pH 上升了约 1.5 个单位，矿化率为不加石灰处理的 2.6～3.3 倍[15]。在土壤中还存在大量的气态氮，是土壤空气的主要成分，也是土壤中固氮微生物直接利用的氮的来源。

在降雨和农业灌溉作用下，土壤中的有机态氮和无机态氮均有随溶液流失的趋势。如土壤中无机氮的流失过程以 $NO_3^- - N$ 为主，NO_2 次之，$NH_4^+ - N$ 只占很小的比例。研究表明，尽管我国南、北方气候、降水等条件有差异，但对无机氮流失的形态的影响基本一致。南方丘陵区紫色土与坡耕地红壤氮流失严重，5° 的坡耕地氮流失量约为 $20kg/hm^2$，通过地表径流流失的氮以硝态氮为主。紫色土中 $NH_4^+ - N$ 易被土壤吸收，氮在紫色土中的淋失主要是 $NO_3^- - N$ 的移动。在红壤旱坡地的试验中，通过地表径流流失的 $NO_3^- - N$ 平均为 $NH_4^+ - N$ 的 414 倍。当水分达到一定条件后，氮肥的淋溶作用相当迅速，淋失氮的形态与施入氮肥的形态一致。硝态氮肥以 $NO_3^- - N$ 为主，占淋失氮总量的 94.9%；铵态氮肥以 $NH_4^+ - N$ 为主，占淋失氮总量的 79.1%；酰胺态氮肥以尿素态氮为主，占淋失氮总量的 84.8%[16]。NO_3^- 是化学氮肥在土壤中是否致酸的关键，若 NO_3^- 被作物根系吸收，植物根系可分泌 OH^-，中和之前产生的 H^+；若 NO_3^- 被淋溶出土体，硝化作用产生的 H^+ 未被中和，质子负荷增加导致土壤酸化，此外在 NO_3^- 的淋溶过程中还有土壤盐基阳离子的消耗。酸性土壤的酸碱缓冲能力相对较弱，土壤胶体上吸附的高价态阳离子更容

易被 H^+ 取代，在施用化肥后 pH 下降得更快[9]，加速了土壤养分的流失，使土壤肥力下降。

我国南方水稻土主要集中分布在长江下游平原、珠江三角洲及四川盆地等地区，占全国水稻土面积的 90% 以上。经过 25 年的常规施肥和水稻种植已显著酸化，水稻土 pH 由 1988 年的 6.64 下降至 2013 年的 6.05，25 年间土壤 pH 下降 0.59 个单位，平均每年下降 0.023 个单位。在南方 20 个水稻土长期监测点中，有 16 个监测点土壤显著酸化，且具有明显的阶段性特征。监测的 25 年间，施肥对水稻土 pH 变化有显著的影响。化学氮肥对水稻土酸化的贡献较大，长期过量施用化学氮肥是水稻土酸化的主要原因。土壤全氮及碱解氮与水稻土 pH 间存在极显著负相关关系[9]。监测的 25 年间水稻土全氮含量显著增加（$P<0.01$），平均每年增加 0.013g/kg 左右。水稻土 pH 随全氮的增加而降低，相关性分析结果显示土壤全氮每增加 0.1g/kg，水稻土 pH 约下降 0.099 个单位。水稻土碱解氮含量 25 年间显著增加（$P<0.01$），平均每年增加约 1.183mg/kg。水稻土碱解氮含量的增加使其 pH 显著降低，两者呈极显著的负相关关系，由此得知土壤碱解氮每增加 100mg/kg，土壤 pH 下降 0.098 个单位。王学寅[17]等对浙江瑞安耕作层土壤养分元素有效态空间变异特征及影响进行研究发现，研究区耕作层碱解氮为 174.0mg/kg。酸性或弱酸性和有机质含量较高的土壤有利于碱解氮和有效铁富集，碱解氮、有效铁等主要受成土母质、土壤类型及地形地貌等结构性因素影响。周晓阳[9]等研究探讨施肥量及土壤氮含量对水稻土酸化的影响发现，每增施 100kg/hm² 化学氮肥，水稻土 pH 可下降 0.650 个单位。减少有机肥的施用也可引起水稻土酸化，有机肥施用量与土壤 pH 之间呈显著正相关关系，有机肥每减少 100kg/hm²，水稻土 pH 下降 0.510 个单位。土壤全氮及碱解氮含量与 pH 均呈极显著负相关关系，土壤全氮和碱解氮含量每增加 100kg/hm²，水稻土 pH 约下降 0.1 个单位[18]。

五、土壤中的磷

土壤中的磷分为有机态磷和无机态磷两大类。

土壤有机态磷来源于植物、微生物残体及施用的有机肥料，主要有核蛋白、核酸等。有机态磷在有机质含量为 2%～3% 的耕作土壤中占全磷的 25%～50%，在有机质低于 1% 的耕作土壤中占全磷含量的 10% 以下。

土壤无机态磷根据溶解性不同可分为水溶性磷、弱酸溶性磷、难溶性磷 3 类。碱金属的各种磷酸盐和碱土金属的一代磷酸盐为水溶性磷，如 KH_2PO_4、

NaH_2PO_4、K_2HPO_4、Na_2HPO_4、$Ca(H_2PO_4)_2$ 和 $Mg(H_2PO_4)_2$ 等，可被植物直接吸收利用，但数量很少，一般每千克土壤中只有几毫克，且在土壤中极不稳定，容易转变成难溶性磷。

弱酸溶性磷主要为碱土金属的二代磷酸盐，如 $CaHPO_4$、$MgHPO_4$ 等，其在土壤中的含量比水溶性磷高，能被植物吸收利用。水溶性磷和弱酸溶性磷统称为有效磷。

难溶性磷占土壤无机磷的绝大部分，难被植物利用，属迟效磷。在中性或石灰性土壤中，主要是磷灰石和磷酸八钙、磷酸十钙等。在酸性土壤中，主要是盐基性的磷酸铁铝。另外，土壤中还有由氧化铁铝胶膜包裹的磷酸盐，称为闭蓄态磷。由于氧化铁铝的溶解度极小，所以这种形态的磷在未除去其外层铁质胶膜时很难发挥作用。闭蓄态磷在各种无机态磷中所占比例较大，如在强酸性土壤中往往超过 50%，在石灰性土壤中可达 30% 以上。难溶性磷在长期风化过程中或是在有机酸、无机酸的作用下可逐渐变成易溶性磷酸盐。

在作物根系分泌的有机酸和其呼吸过程中形成的碳酸的作用下，难溶性磷酸盐可转化为易溶性磷酸盐。

$$Ca_3(PO_4)_2 + H_2CO_3 \longrightarrow 2CaHPO_4 + CaCO_3 \downarrow$$

在有机质分解时产生的酸或施用生理酸性肥料所产生的酸的作用下，难溶性磷酸盐也可转化为易溶性磷酸盐。

$$Ca_3(PO_4)_2 + 2CH_3COOH \longrightarrow 2CaHPO_4 + Ca(CH_3COO)_2 \downarrow$$

$$Ca_3(PO_4)_2 + H_2SO_4 \longrightarrow 2CaHPO_4 + CaSO_4$$

土壤中的有机磷在磷细菌的作用下进行水解，逐渐释放出磷酸，供植物和微生物利用。生成的磷酸可以被植物或微生物直接吸收，也可以与钙、镁、钾、钠等结合形成磷酸盐，也可能发生固定作用变为植物不能利用的形态。

大气酸沉降、过量施肥以及不合理的耕作措施等因素都会导致土壤酸化，使土壤中的各种化学平衡遭到破坏。首先会导致土壤中的铝、铁、锰等金属的离子的溶解度增大，从而提供更多活性磷的吸附位点，促进磷的固定。研究发现磷的固定率会随着土壤 pH 的降低而显著升高，当土壤 pH 低于 6.0 时，铝、铁、锰等吸附的有效态的磷酸盐均会变成不可溶的盐类物质；随着 pH 的降低，针铁矿对磷的吸附由原来的双基配位变成单基配位，使得土壤矿物在低 pH 的作用下吸附更多的磷。如磷酸一钙与土壤溶液中或胶体表面吸附的铁、铝的离子作用后，生成磷酸铁铝沉淀。磷酸铁铝可进一步水解转化为极不易溶解的盐基性磷酸铁或盐基性磷酸铝等，更不易被作物吸收。我国南方酸性土壤经常发生铝和锰对多种植物的毒害作用以及普遍的严重缺磷现象。

在酸性土壤中，一些黏粒矿物的表面常有相当数量的氢氧离子（OH^-）群，它们能与磷酸二氢根离子（$H_2PO_4^-$）进行离子交换，而使 PO_4^{3-} 固定在黏粒矿物的表面。当土壤环境发生改变时，如土壤 pH 升高，被固定的 PO_4^{3-} 也能被重新释放出来。所以，对酸性土壤施用适量石灰可提高磷的有效性。

六、土壤中的钾

钾元素在土壤中以矿物态钾、缓效态钾和速效态钾等形态存在。矿物态钾主要以含钾矿物（如白云母、正长石等原生矿物）形态存在于土壤的粗粒中，占土壤全钾量的 90%～98%，属迟效性养分。缓效态钾包括层状黏粒矿物固定的钾和黑云母中的钾等，通常占全钾量的 2% 以下，不能被植物迅速吸收，但可以转化为速效态钾，并与速效态钾保持一定的平衡关系，对保钾和供钾起着调节作用。速效态钾占全钾量的 1%～2%，包括土壤溶液中的钾和吸附在土壤胶体表面的交换性钾，易被植物吸收利用。在速效态钾中，交换性钾约占90%，溶液中的钾约占 10%。

土壤全钾含量代表土壤钾的潜在供应能力。土壤速效态钾则是当季土壤钾供应水平的主要指标之一。各种形态的钾常处于相互转化之中，根据土壤条件的变化进行释放或固定。土壤中钾的释放是土壤中非交换性钾转变为交换性钾或水溶性钾的过程。在植物和微生物生命活动中所产生的各种无机酸和有机酸的作用下，难溶性钾可被分解而形成简单的可溶性钾盐，这个过程关系着土壤中速效态钾的供应和补给能力。土壤中钾的固定是速效态钾转化为作物难以利用的钾的过程。某些含有较多层状黏粒矿物的土壤，在频繁的干湿交替中，黏粒晶层可以随水分的多少而膨胀、收缩。当水分多、晶层间膨胀时，K^+ 可进入层间，陷入孔穴中；水分蒸发、晶层收缩后，钾被嵌入晶格而被固定，速效态钾就变成了缓效态钾。土壤中层状黏粒矿物数量越多，土壤溶液中 K^+ 浓度越高，对钾的固定也越严重。此外，微生物吸收钾作为营养，可以出现对钾的暂时固定现象。

受组成特性和气候特点影响，酸性土壤风化比较彻底，黏土矿物又以1∶1型的高岭石为主，因而阳离子交换量低，对阳离子的吸附能力弱。在湿润条件下，土壤发生强烈淋溶作用，造成 K^+、Ca^{2+}、Mg^{2+} 等矿质养分离子的大量淋失，其中 K^+ 尤为严重，这是我国南方酸性土壤地区严重缺钾的主要原因。

为了保证作物生长期间土壤中速效钾的充分供应，需要采取措施促进钾的有效化，并尽可能防止钾的固定和淋失。如根据作物生长发育的需要实行合理排灌、采用地面覆盖等可使土壤尤其是根际的土壤保持适宜的湿润程度，以减少钾的固定。对于水田，则应防止过度渗漏，避免干湿交替过于频繁，以减少钾的淋失和固定。

第三节　酸性土壤的交换性能

一、酸性土壤交换性能的特征

土壤胶体表面带负电荷，并吸附了许多阳离子，这些阳离子能与土壤溶液中的阳离子进行交换，此即阳离子交换作用。阳离子交换作用的特点：①可逆反应，即被土壤胶体吸收的任一阳离子，在适当的条件下都能重新被交换到土壤溶液中，并且能很快达到相对的平衡。②等物质量交换，如一个二价的 Ca^{2+} 可以交换两个一价的 K^+。

交换能力差的离子，在提高浓度以后，受质量作用定律支配也可以交换出交换能力强而浓度较小的离子。如通过施用石灰增加 Ca^{2+} 的浓度把 H^+ 交换出来，达到改良酸性土壤的目的。

离子的电荷价、离子的半径及水化程度等决定离子交换能力的大小。电荷价越高、离子受胶体电性吸持力越大，交换力也越强，所以离子的交换能力是三价＞二价＞一价。同价离子的交换能力则因其半径与水化程度而不同，同价离子半径大的，电荷密度小，电场强度弱，因而水化能力弱，即水化膜薄，离子水化半径就小，所以易接近胶粒，交换能力强，离子半径小的则相反。土壤中常见的阳离子交换能力顺序如下：$Fe^{3+} > Al^{3+} > H^+ > Ca^{2+} > Mg^{2+} > K^+ > NH_4^+ > Na^+$。其中，$H^+$ 半径极小，且运动速度快，很少被水化，以致交换能力比 Ca^{2+}、Mg^{2+} 等还强。

土壤的酸碱度影响阳离子交换量，酸性条件下土壤中的两性胶体带正电荷，而一般土壤胶体带负电荷，正负电荷中和后，剩余的负电荷较中性条件下胶体的负电荷少，所以阳离子交换量就减少。根据杨彩迪等的研究，土壤交换性 Ca^{2+} 和 Mg^{2+} 含量与 pH 呈正相关关系，交换性 K^+ 受成土母质中速效钾影响较大，Na^+ 极易受到淋溶。从土壤酸化本质来看，当土壤溶液中活性 H^+ 浓度增加时，一方面，H^+ 与土壤胶体上的盐基离子进行交换而被吸附在胶体表面成为交换性 H^+；另一方面，交换性 H^+ 又可以与矿物晶格表面的铝反应，

使晶格中的 Al^{3+} 迅速转化为交换性 Al^{3+} 或溶液中的活性 Al^{3+}，活性 Al^{3+} 也可以与土壤胶体上的盐基离子进行交换而转化为交换性 Al^{3+}。

我国南方土壤以高岭石和含水氧化铁、含水氧化铝为主，有机质少，又多属酸性反应，故阳离子交换量低，华南红壤的阳离子交换量甚至低到 1.78cmol/kg。土壤的盐基饱和度有自西北向东南逐渐减小的趋势。南方雨水充沛，温度高，土壤中有机质矿质化及矿物质的风化均很迅速，分解产生的盐基又易被淋溶流失，因而造成盐基离子缺乏，而胶体上的吸收性氢和铝又有较高的交换能力，从而把 Ca^{2+}、Mg^{2+} 等交换出来，使之淋失。因此，胶体上的吸收性 H^+（Al^{3+}）越来越多，形成了盐基饱和度小的 H^+（Al^{3+}）土壤。有研究添加辣椒秸秆生物炭改良酸化土壤发现，辣椒秸秆生物炭能显著提高酸化土壤 pH，降低土壤交换性 H^+ 和 Al^{3+} 含量，随着土壤 pH 的增加，土壤交换性 Na^+ 从被固定状态变为可以利用状态；在皖南红壤阳离子释放特征研究中发现，模拟酸雨作用下，第四纪红壤盐基离子的释放总量明显增加，在缓冲中起主要作用。

我国南方水稻土区域年降水量相对较高，土壤中盐基离子和 NO_3^- 的淋溶增加，且普遍为一年二季或三季，较高产量的作物收获后将带走土壤中大量的 Ca^{2+}、Mg^{2+}、K^+、Na^+ 等盐基离子，加速土壤酸化，交换性酸、交换性铝的增加及重金属元素有效性的提高严重影响土壤质量。研究认为南方土壤 pH 在施用化学氮肥 8～12 年后下降了 1.2～1.5 个单位，之后 pH 保持稳定是由于其土壤缓冲体系由交换性盐基转变为铝缓冲体系，而南方水稻土缓冲体系为交换性盐基缓冲体系，监测前 14 年长期增施化学氮肥导致土壤 pH 约下降 0.7 个单位，监测后 10 年 pH 保持稳定是由于土壤有机质含量显著增加，土壤有机质中大量的功能基团可提高水稻土的酸缓冲能力[9]。

二、土壤胶体对阴离子的吸收作用

土壤胶体一般带负电荷，对阳离子有交换吸收作用。但在酸性条件下，土壤胶体也可带正电荷，如含水氧化铁、含水氧化铝等两性胶体在酸性条件下带正电荷（在碱性条件下则可带负电荷），对阴离子有交换吸收作用。各种阴离子交换吸收的能力也不一样，一般来说，阴离子交换作用比阳离子交换作用要弱得多。

土壤阴离子交换因阴离子种类不同而不同，如对磷酸根（$H_2PO_4^-$、HPO_4^{2-}、PO_4^{3-}）、硅酸根（$HSiO_3^-$、SiO_3^{2-}）等的交换吸收作用最明显。磷酸根既可被土壤胶体吸持，又可与土壤溶液中的阳离子化合成难溶性磷酸铁

（$FePO_4$）和磷酸铝（$AlPO_4$），使磷无法被作物利用。

阳离子交换量的大小可以说明耕地土壤离子交换能力的强弱，也可表示土壤保肥性能的高低。当土壤中胶体含量高、有机质含量高时，阳离子交换量就大，反之则小。

我国土壤矿物胶体主要分为蒙脱石、高岭土和伊利石 3 种类型，这 3 种矿物胶体中蒙脱石的吸附性能最强，高岭石的吸附性能最弱，伊利石的吸附性能居中。高岭石在我国热区土壤中普遍而大量存在，无膨胀性，所带电荷数量少，胶体特性较弱。南方土壤中红壤、黄壤是以高岭石为主的黏土矿物胶粒，表面所带负电荷少，故对碱金属、碱土金属和重金属离子的吸附量低，仅为蒙脱石的 1/15～1/10。从黏土矿物胶体的特性和分布可以初步判断，南方的红壤和黄壤的离子交换性能较差，阳离子交换量较低。研究认为阳离子交换量是影响第四纪红壤、红砂岩、板页岩、花岗岩 4 种母质红壤酸化的主要因素，0～20cm 花岗岩红壤的阳离子交换量 [（18.45±0.32）cmol/kg] 显著高于其他母质红壤，其次为第四纪红壤 [（11.01±0.32）cmol/kg]、红砂岩红壤 [（11.08±0.49）cmol/kg]，板页岩红壤 [（7.70±0.13）cmol/kg] 的阳离子交换量最低。板页岩红壤属于粉砂质黏土，粉粒和黏粒含量相对较高，且酸碱缓冲容量较小，故阳离子交换量低。第四纪红壤、红砂岩红壤在成土过程中矿物化学风化、淋溶强烈，导致质地粗、组织结构松散，极易造成盐基流失，故阳离子交换量也不高。而花岗岩红壤上曾种植过茶树，施用的氮肥、有机肥等增加了土壤中的盐基离子，故阳离子交换量显著高于其他 3 种母质土壤。在皖南红壤阳离子释放特征研究中发现，模拟酸雨作用下，第四纪红壤盐基离子的释放总量明显增加，在缓冲中起主要作用[19]。

第四节　酸性土壤金属元素形态特征

金属元素一般以天然浓度广泛存在于自然界，但由于人类对土壤金属的开采、冶炼、加工及商业制造活动日益增多，造成不少重金属如铅、汞、镉、钴等进入大气、水、土壤中，引起严重的环境污染。酸沉降和酸降雨的频发加速了土壤的酸化，土壤中重金属的活性增加，生物毒性危害程度加重。研究表明，在模拟酸雨试验中，土壤中重金属离子的释放强度随 pH 的下降而增大。如土壤酸化使交换态镉的比例上升，锰、铬、铅等过量溶解为离子，使得植物对这些有害重金属的吸收量增加，危害人体健康。另外，土壤酸化使植物病害加剧，使植物多样性和土壤微生物多样性受到影响。植物中重金属含量与海南土壤中重金属锌、铅、铜和镉含量总量呈负相关关系，但与土壤中有效态重金属含量一般呈正相关关系。土壤中铅、铜、镉3种元素总量的平均值高于全国土壤总量的平均值，分别为全国土壤总量平均值的168％、160％和202％[20]。在不同母质发育的砖红壤剖面中，4种重金属元素铬、镉、铅、砷的含量差异较显著，在砂页岩砖红壤中，各元素的含量均超出了区域自然背景值；在滨海砂土剖面和海滩岩剖面中，4种重金属元素的平均含量普遍较低，除镉外其他3种元素含量均低于区域自然背景值。

土壤酸化使盐基离子的淋失速度加快，土壤中交换态的营养元素如钙、镁、钾、锰、铜、锌、铁等与土壤的结合能力会随着土壤酸度的增强而减弱，土壤胶体对阳性盐基离子的吸附量显著减少。因为当土壤pH下降时，土壤中阳离子会增加，而阴离子会减少，导致这些盐基离子大量溶入土壤溶液中而被淋失。随着土壤中盐基离子不断淋失的过程，土壤中各种养分也会不断地损失，最终容易使土壤肥力水平下降。酸雨浸泡后的土壤盐基离子总数低于浸泡前盐基离子总数。磷、钼等元素的含量随土壤pH的降低而降低，固定率上升，在酸性铁铝砖红壤中铁铝的活化会加重磷的固定。水溶性钼易转化为溶解度较低的氧化态钼，钼的有效性随之降低。

土壤酸化过程中处于稳定结构状态的铝、锰元素易被活化，溶解度上升并转化成交换态铝、锰，且随着土壤酸度的进一步增强，活性铝、锰的含量也会极速上升。由于土壤中溶出的铝离子能够通过作物根系被吸收，而被植物的根吸收的铝主要分布在根内，因此铝的富集对作物根系生长的影响最大，如当土壤溶液中可溶性铝离子浓度超过一定限度时，植物根系就会表现为根生长受阻，出现根短小、畸形卷曲、脆弱易断等典型的中毒症状。研究人员在研究土壤中铝对植物根系生长发育影响的试验中发现，在每千克土中加入4mg铝的孔穴内，侵入根的数量仅达到对照的26.5％，其根尖明显肿大，且没有侧根和根毛，很大一部分为死根。另外，在土壤酸化的过程中，土壤中的铁离子也会不断地由稳定状态变化为交换性状态，铁、铝等的活性离子易与磷酸盐生成难溶性沉淀，从而增强磷酸根的固定作用，使得土壤有效磷的活性降低。土壤中的微生物在土壤有机质类物质的分解和碳、氮、磷、硫等元素的循环中扮演着重要的角色，而土壤微生物的生命活动及种群数量会因土壤环境的酸化而受到抑制，从而影响土壤有机质的分解和碳、氮、磷等元素的循环[21]。

主要参考文献

[1] 蒙园园，石林．矿物质调理剂中铝的稳定性及其对酸性土壤的改良作用 [J]．土壤，2017，49 (2)：345 - 349.

[2] 郭荣发，刘腾辉．南方茶园土壤活性铝、锰和 pH 研究 [J]．土壤通报，1997，28 (1)：39 - 40.

[3] 梁文君，蔡泽江，宋芳芳．不同母质发育红壤上玉米生长与土壤 pH、交换性铝、交换性钙的关系 [J]．农业环境科学学报，2017，36 (8)：1544 - 1550.

[4] 刘一峰．广东省主要土壤 pH 特征分析及酸性土壤改良对策 [D]．广州：华南农业大学，2017：6.

[5] 孙海东．不同生物质物料对热区酸性砖红壤的改良效果研究 [D]．海口：海南大学，2015：5.

[6] 陈健飞．美丽中国之健康的土壤 [M]．广州：广东科技出版社，2014：63 - 65.

[7] 贾建丽，于妍，王晨．环境土壤学 [M]．北京：化学工业出版社，2012：33 - 37.

[8] 戴万宏，黄耀，武丽．中国地带性土壤有机质含量与酸碱度的关系 [J]．土壤学报，2009，46 (5)：851 - 860.

[9] 周晓阳，周世伟，徐明岗，等．中国南方水稻土酸化演变特征及影响因素 [J]．中国农业科学，2015，48 (23)：4811 - 4817.

[10] 卢胜．湖北几种地带性土壤颗粒的物质组成与表面化学性质 [D]．武汉：华中农业大学，2015：6.

[11] 李东初，黄晶，马常宝．中国农耕区土壤有机质含量及其与酸碱度和容重关系 [J]．水土保持学报，2020，34 (6)：252 - 258.

[12] 张芸萍，易克，谢春凤．云南富源红壤烟区酸碱度空间分布及其与主要养分关系研究 [J]．扬州大学学报，2020，41 (5)：113 - 118.

[13] 王浩，章明奎．有机质积累和酸化对污染土壤重金属释放潜力的影响 [J]．扬州大学学报，2009，40 (3)：538 - 541.

[14] 余涛，杨忠芳，侯青叶．我国主要农耕区水稻土有机碳含量分布及影响因素研究 [J]．扬州大学学报，2011，18 (6)：11 - 19.

[15] 李琴．农田土壤氮素循环及其对土壤氮流失的影响 [J]．安徽农业科学，2007，35 (11)：3310 - 3312.

[16] 习金根，周建斌，赵满兴，等．滴灌施肥条件下不同种类氮肥在土壤中迁移转化特性的研究 [J]．植物营养与肥料学报，2004，10 (4)：337 - 342.

[17] 王学寅，黄益灵，全斌斌．浙江省瑞安市耕作层土壤养分元素有效态空间变异特征及其影响因素 [J]．现代地质，2022，36 (3)：963 - 971.

[18] 赵凯丽，王伯仁，徐明岗，等．我国南方不同母质土壤 pH 剖面特征及酸化因素分析

[J]. 植物营养与肥料学报，2019，25（8）：1308－1315.

[19] 唐贤，梁丰，徐明岗，等. 长期施用化肥对农田土壤 pH 影响的整合分析 [J]. 吉林农业大学学报，2020，42（3）：316－321.

[20] 刘志伟. 海南岛砖红壤中 Cr、Cd、Pb、As 含量、分布及污染评价 [D]. 海口：海南大学，2011：6.

[21] 洪灿. 土壤改良剂对酸性土壤磷的生物有效性和土壤物理性质的影响 [D]. 杭州：浙江大学，2018：3.

第四章 热区耕地酸性土壤的生物学特征

第一节 酸性土壤的酶特性

一、土壤酶概述

土壤酶是土壤组分中最活跃的有机成分之一,是一种具有加速土壤生化反应功能的蛋白质,其含量和活性是反映土壤中各种生物化学过程动向和强度的重要指标,是土壤生物学特性的重要组成成分,参与土壤中碳、氮、磷等有机元素的生物化学循环,在关键元素生物地球化学循环、动植物健康维持、环境污染净化等方面起着不可替代的重要作用。

1. 土壤酶的来源 土壤酶是指土壤中的聚积酶,包括游离酶、胞内酶和胞外酶,主要来源于土壤中的植物、动物和微生物,其中微小动物对土壤酶的贡献有限,具体为土壤微生物、植物根系分泌物和动植物残体腐解过程中释放的酶。

高等植物的根系对土壤酶活性的贡献主要在于根系的纤细顶端在其整个生命过程中不断地往土壤中分泌酶,植物死后则将其酶器富集。总结众多植物生物学家的研究结果得知,在土壤里植物的根系能分泌氧化酶、过氧化氢酶、蛋白酶、淀粉酶和磷酸酶等多种酶。Siege 等研究发现小麦和番茄可向土壤中释放过氧化物酶[1];土壤动物区系也可以向土壤中释放酶类,但释放土壤酶的数量较少。最早的研究显示,1957 年,Kiss 等研究蚯蚓对转化酶的影响时发现,在草地和耕地的土壤表层,蚯蚓的排泄物对土壤转化酶活性的提高有显著的促进作用[2-3]。另外还有资料显示,除蚯蚓外,蚂蚁以及其他土壤动物,如软体动物、节肢动物等也会释放土壤酶。土壤微生物数量巨大且繁殖快,大量的资料表明,大部分微生物能产生胞外酶,真菌和细菌分泌纤维素酶、果胶酶和淀粉酶等胞外酶,库尔萨诺夫链霉菌可产生葡萄糖苷酶和壳多糖酶等具有水解功能的胞外酶，因此土壤酶主要来源于微生物。

2. 土壤酶的分类和功能 土壤酶是存在于土壤中的所有酶的总称，其种类繁多、来源不同，目前已经被鉴定出的土壤酶约有 60 多种，国际酶学委员会（International Enzyme Committee）为了方便研究与应用于 1961 年提出了一个分类系统，按照酶的催化反应类型和功能，将已知的酶分为 6 大类，分别为氧化还原酶、水解酶、转移酶、裂合酶、连接酶和异构酶，土壤酶主要包括氧化还原酶、转移酶、水解酶、裂合酶 4 类，最广泛存在的是氧化还原酶类和水解酶类。

氧化还原酶类主要包括脱氢酶、多酚氧化酶、过氧化氢酶、硝酸还原酶、硫酸盐还原酶等，此类酶催化的反应很多与能量的释放与吸收有关，因此在土壤的物质循环和能量流动方面起着重要的作用。氧化还原酶还参与了土壤腐殖质组分的合成过程，与土壤肥力及土壤发生等实质性问题有密切关联。转移酶主要包括转氨酶、转糖苷酶、己糖激酶、天门冬氨酸脱羧酶、谷氨酸脱羧酶、果聚糖蔗糖酶等，它们可催化某些化合物中化学基团的转移，参与蛋白质、核酸和脂肪的代谢循环，还参与激素和抗生素的合成与转化，同时与土壤中腐殖质、水溶性有机质和微生物数量等密切相关。水解酶类主要包括淀粉酶、脲酶（urease）、蔗糖酶、β-葡萄糖苷酶、磷酸酶、脂肪酶、纤维素分解酶和荧光素二乙酸酯酶等，水解酶能够水解大分子物质，从而形成易被植物吸收的小分子物质，对于土壤中的碳、氮循环具有重要作用，例如高等植物具有脲酶，能酶促有机质分子中肽键的水解。裂合酶主要包括天门冬氨酸脱羧酶、谷氨酸脱羧酶、色氨酸脱羧酶等，它们在土壤中也具有相关催化作用，但对于这类酶的关注和研究还相对较少。

3. 土壤酶的分布特征 土壤的一切生物化学过程都是在土壤酶的参与下进行的，随着科学研究的深入，越来越多的实验表明，土壤酶系统是土壤生理生化特性的重要组成部分，具有明显的分布特征。

（1）土壤酶的空间分布特征 土壤酶的垂直分布具有明显的规律性，它反映了各土层的营养状况，也在一定程度上反映了土壤肥力状况及其生产力水平。当然，研究区状况、研究对象等不同，同一种土壤酶活性的变化规律也有差异[4-6]，但总体来看土壤酶活性的垂直分布特征为随土层的增加呈逐步降低的趋势（表 4-1）。赵林森的研究表明脲酶、蛋白酶、转化酶、碱性磷酸酶的活性在垂直分布上都表现出上层高于下层的规律[7]；郭明英等的研究表明过氧化氢酶、蛋白酶和转化酶的活性随着土层深度的增加而降低[8]；杨梅焕等的研究表明脲酶活性随土层深度的增加而降低，而过氧化氢酶和多酚氧化酶活性无变化[9]；还有研究表明土壤蛋白酶、转化酶、过氧化氢酶活性均随土层的增加而逐渐降低，而脲酶活性随土层的加深而增加。根据王德理等研究，随着退耕区次生草地的自然恢复，土壤过氧化氢酶、蔗糖酶、脲酶和磷酸酶活性均表现出随土壤深度的增加而逐渐减小的趋势[10]，且 0～10cm 土层的酶活性在总酶活性中占有较大的比例，其原因是表层有少量的枯枝落叶和腐殖质可以提供营养和支持微生物的繁殖和生长，土壤表层温度条件适宜和通气状况良好，一旦遇到降雨，微生物旺盛生长和活性加强，代谢活跃，使表层的土壤酶活性显著提高，而对于干旱少雨的气候条件，自然降雨只能贮藏于土壤表层，随着土壤剖面的不断加深，土壤水分含量显著降低，土壤温度降低，高温缺水的条件限制了土壤微生物的正常活动及生命代谢活力，以上这些因素使得土壤酶活性呈现随着土层的加深而逐渐降低的趋势。

表 4-1　土壤酶垂直分布规律

文献	过氧化氢酶	脲酶	蔗糖酶	磷酸酶	蛋白酶	转化酶	多酚氧化酶	纤维素酶
赵兰坡等[11]				↓				
郭明英等[8]	↓	↑			↓	↓		
赵林森[7]	↑	↓		↓	↓	↓	↔	
杨梅焕等[9]	↔	↓					↔	
李林海等[12]		↑	↓	↓				
马瑞萍等[13]	↓		↓				↔	↓
罗珠珠等[14]	↓	↓		↓				
王群等[15]	↓	↓		↓				
文都日乐等[16]	↓	↓				↓		
秦燕等[17]	↓	↓	↓	↓				
南丽丽等[18]		↓						
吴旭东等[19]	↓	↓	↓					
高海宁等[20]	↓	↓		↓				
王理德等[6]	↓	↓	↓	↓				

注：↑表示土壤酶活性随土层的加深而升高；↓表示土壤酶活性随土层的加深而降低；↔表示土壤酶活性随土层加深变化规律不明显；未标出表示文献中未提及。

（2）土壤酶的季节动态分布特征　迄今为止，有关不同季节对各种土壤酶的影响结果不一。一些研究认为，田间土壤酶活性相对稳定，而有的则认为具有显著的季节性变化，还有的认为土壤酶活性受生长季节影响较大，但无明显的规律性。但综合前人的研究结果，最被认可的是土壤酶活性的季节变化主要是受土壤水分和温度共同影响，表现为土壤酶的活性在夏季较高，春、秋季较低，冬季最低，如张其水和俞新妥对不同类型混交林地的研究表明，土壤酶活性春季较高、夏季最高、秋季稍有下降、冬季最低[21]；张成霞研究发现草原土壤过氧化氢酶活性的季节动态呈抛物线型，在大多数群落中各土层的土壤过氧化氢酶活性的最大值均出现在 8 月，最小值出现在 11 月[22]；杨成德等研究祁连山不同灌丛草地发现脲酶的季节动态表现为从 5 月到 7 月上升，7 月之后下降，最大值出现在 7 月，最小值出现在 10 月或 11 月[23]；玛伊努尔·依克木等对古尔班通古特沙漠生物结皮土壤中酶活性的季节变化进行研究发现碱性磷酸酶、脲酶、多酚氧化酶、过氧化物酶的活性均呈单峰曲线变化，其峰值出现在 3—7 月[24]。总之，不同类群土壤酶的季节变化总体趋势与夏季较高，春、秋季较低，冬季最低这一结论相同或者相似。

（3）土壤酶的根际分布特征　土壤酶活性的根际分布特征为以植物根系为中心，向四周逐渐减小。赵林森和王九龄通过杨树刺槐混交林试验揭示了多酚氧化酶、过氧化氢酶、脲酶、蛋白酶、转化酶和碱性磷酸酶的活性表现出一定的水平的分布规律[7]，即土壤酶离植物根系越近，其活性越高，离根系越远，其活性越低；姚胜蕊和束怀瑞以平邑甜茶实生苗为试验材料，以根际箱为基本研究手段，发现脲酶、转化酶和中性磷酸酶等根际土壤酶活性大于非根际土壤酶活性[25]；梅杰和周国英对不同林龄的马尾松林根际和非根际土壤酶活性进行了对比分析，发现根际土壤脱氢酶、过氧化氢酶及脲酶的活性高于非根际土壤，这是由于土壤酶活性与土壤微生物分布高度相关，植物在生长过程中创造了一个微生物的特殊生境[26]，即土壤根系能够直接影响的土壤范围，根际微生物量总是高于非根际微生物量，当微生物受到环境因素刺激时，会不断向周围介质分泌酶，致使根际与非根际的酶活性产生较大差异。

4. 常见土壤酶的来源及关键影响因素　与其他土壤质量参数相比，土壤酶对土壤环境变化最为敏感，其活性也受土壤微生物、植物品种、土壤理化性质、农业措施等多方面的影响，不同土壤酶种类的主要影响因素也存在差异。根据前人的研究及总结，蔗糖酶主要来源于植物根系、酵母和链孢霉，其活性的主要影响因素是土壤温度、水分、含氮量、pH、微生物数量、土壤类型、植物生育时期；淀粉酶主要来源于植物根系、土壤微生物，其活性的主要影响因素是 pH、含水量、植物类型、耕作方式、种植方式；蛋白酶主要来源于植物根系，其活性的主要影响因素是土壤有机质含量、微生物数量、有效氮含量、蛋白质含量、耕作方式、土壤类型；核酸酶主要来源于土壤真菌、细菌和植物根系，其活性的主要影响因素是 pH；磷酸酶主要来源于植物根系、镰刀霉、细菌、变形虫，其活性的主要影响因素是含水量、有机质含量、有效磷含量、土壤类型、全氮含量、微量元素、无机肥料；土壤糖苷酶主要来源于微生物，其活性的主要影响因素是有机质含量、全氮含量、土壤类型；土壤纤维素酶主要来源于植物根系，其活性的主要影响因素是含氮量、含磷量、无机肥料、种植方式；土壤脲酶主要来源于真菌、细菌、植物根系，其活性的主要影响因素是全氮含量、微生物数量、pH、土壤类型、前季作物、种植方式、微量元素、耕作方式、农药化肥等；土壤硫酸酶主要来源于微生物、植物根系，其活性的主要影响因素是含水量、有机硫含量、有机质含量、微量元素；土壤过氧化氢酶主要来源于植物根系、微生物，其活性的主要影响因素是温度、pH、作物生育时期、土壤类型、耕作方式；土壤酚氧化酶主要来源于植物根系，其活性的主要影响因素是土壤类型；木聚糖酶主要来源于链霉菌，其活性的主要影响因素是耕作方式；土壤脱氢酶主要来源于植物根系、微生物，其活性的主要影响因素是含碳量、含氮量、含磷量、含钙量、pH 和微生物数量等。

二、土壤 pH 对土壤酶的直接影响

酶是有机体的代谢动力，在土壤中起重要作用，其活性大小及变化可作为土壤环境质量的生物学表征之一。土壤与酶结合形成复合酶，其酶活性自然也受多种土壤环境因素的影响，受土壤 pH 的直接影响，徐冬梅等的研究表明低酸度先对脲酶、中性磷酸酶产生一定的激活效应，进而转化为抑制，当土壤 H^+ 浓度为 0～55mmol/kg 时，外源酸对转化酶与酸性磷酸酶的活性表现为明显的激活效应[27]。有些酶对 pH 变化极其敏感，酶促反应只能在较窄的 pH 范围内进行，所有的酶促反应都具有一个或多个最适 pH。例如土壤脲酶有两个最适 pH 范围，分别为 6.5～7.0 和 8.8～9.0；土壤磷酸酶有 3 个最适 pH 范围，分别为 4.0～5.0、6.0～7.0 和 8.0～10.0，也被分别称为酸性、中性和碱性磷酸酶；过氧化氢酶受土壤 pH 的影响最大，当 pH＜5.0 时，过氧化氢酶活性几乎完全丧失。朱锐等的黑土模拟酸化对常见四大类土壤酶活性的影响试验结果表明，当土壤为中性时，脲酶和淀粉酶的活性最高，而当土壤 pH＜5.5 时，脲酶和淀粉酶的活性明显降低，土壤中淀粉的水解速率变慢[28]；土壤中过氧化氢酶的活性也随着 pH 的减小而降低，土壤的解毒功能随之下降。还有研究表明，土壤 pH 升高时蔗糖酶和转化酶的活性会受到抑制，其活性的变化呈现酸化激活、碱化抑制的现象，而土壤 pH 对纤维素酶活性的影响没有很明显的规律性；土壤 pH 的变化对过氧化物酶活性没有显著影响；王涵等研究 pH 变化对酸性土壤酶活性的影响发现，脲酶、过氧化氢酶、酸性磷酸酶、

碱性磷酸酶、脱氢酶、多酚氧化酶和蛋白酶活性大致呈现酸化抑制碱化激活的规律[29]；刘炳军等研究调节茶园土壤 pH 后土壤酶活性的变化发现经石灰调节酸性土壤 pH 提高 1～2 个单位，土壤过氧化氢酶、多酚氧化酶、脲酶活性增加[30]。

前人也深入研究了土壤 pH 对酶活性的影响机理，pH 变化对土壤酶的直接作用机理是通过改变酶空间构象而影响土壤酶催化活性，因为氨基酸作为酶合成和催化反应的基本要素，对 pH 较敏感，氨基酸残基在较高的 pH 条件下会去质子化，增强酶促反应的抑制效应。

三、土壤 pH 对土壤酶的间接影响

土壤 pH 对土壤酶活性的影响更多是间接的。一方面土壤酸化导致有机质含量下降、土壤理化性质恶化，土壤酶更易变性失活；另一方面土壤 pH 变化导致土壤微生物群落的结构组成和功能多样性发生变化而影响酶来源，进而影响土壤酶活性。总结前人的研究结果，发现土壤酸化影响水分、热量、温度、空气、团聚体、有机质进而调节土壤的活性及稳定性。水分含量过低或者过高都会限制土壤微生物的生长和繁衍，减少土壤酶的来源，从而降低土壤酶活性。当然，土壤酶种类众多，水分对酶活性的影响也因酶种类的不同而存在差异，如吴金水等研究发现风干土壤会显著降低纤维素酶和蛋白酶的活性，而对酸性磷酸酶、β-葡萄糖苷酶及脲酶的活性几乎没有影响[31]；Waldrop 等则发现土壤水分增加会降低土壤过氧化物酶和多酚氧化酶活性，水解酶活性降低不显著[32]；关松荫等研究发现脲酶和脱氢酶与土壤水分呈正相关关系[33]。通常土壤水分对土壤酶活性的影响有区间值，在一定区间范围内，随着土壤水分含量的增加土壤酶活性增强，但当超过一定范围、湿度过大时，酶活性则随之减弱。温度也很大程度上影响着土壤酶活性，土壤温度一方面通过影响微生物生命活动间接影响酶活性，另一方面通过影响酶促反应过程直接影响酶活性，温度对土壤酶活性的影响因酶和土壤的种类而异，但通常来说，在一定温度区间内酶活性会随着温度的升高而升高，但超过一定范围时，土壤酶可能会变性甚至完全丧失活性，如 Trasar－Cepeda 研究土壤脲酶时发现当温度由 10℃上升到 60～70℃时，其活性显著增加，然而随着温度的继续升高，脲酶迅速钝化，再继续加热到 150℃维持 24h，脲酶完全失活[34]。土壤空气状况对酶活性也有着重要影响，Fenner 等研究常年积水或季节性积水田地发现湿地土壤通气差，处于缺氧状态，在显著缺氧的状态下多酚氧化酶、磷酸酶、硫酸酯酶和 β-葡萄糖苷酶活性被抑制，且发现通常整体缺氧的泥炭沼泽土壤多酚氧化酶几乎失

活，而不需氧的水解酶类活性显著下降[35]。还有研究结果表明，林地土壤微气候对土壤酶活性有明显的作用，落叶松林冠间的土壤温度比林下的土壤温度高 6.2℃，相应的土壤酸性和碱性磷酸酶活性比林下土壤高 20％以上[36]。土壤有机质含量对土壤酶的活性也有很大的影响，其与每一种酶的相关性也不尽相同，邱莉萍等研究发现有机质与脲酶、碱性磷酸酶活性显著或极显著相关，与蔗糖酶、多酚氧化酶相关性不显著[37]。刘建新等的研究还表明，土壤养分与土壤脲酶活性的相关性最好，与磷酸酶和过氧化氢酶活性也存在显著相关性，但与转化酶和纤维素酶活性无相关性[38]。此外，陆梅等的研究表明土壤多酚氧化酶活性与有机质负相关，但相关性不显著[39]。

对于土壤酸碱间接影响土壤酶活性的研究，目前集中在通过相关土壤改良技术平衡土壤微生物区系，使土壤酶活性得到活化。有研究发现增施有机物料和微生物肥料有利于改良酸化土壤，使土壤理化性质和微生物区系得到改善，提高了土壤葡聚糖酶、转化酶、过氧化物酶、脲酶和磷酸酶的活性；木霉属（Trichoderma）和腐霉属（Pythium）增加了与碳、氮、磷循环有关的砂壤土的酸性磷酸酶和脲酶、碱性磷酸酶、纤维素分解酶、β-葡聚糖酶和几丁质酶的活性。

四、酸性土壤对酶活性的影响

酸化土壤中的酶的特性保持一致，呈现酸抑制碱激活的大致规律，王富国等研究酸化果园土壤时发现，蔗糖酶活性、过氧化氢酶活性及脲酶活性均随种植年限的增加和酸化程度的加剧而出现不同程度的下降，而磷酸酶活性只在一定范围内呈现波动趋势[40]；王涵等的研究表明随着土壤 pH 的变化脲酶和过氧化氢酶的活性大致呈现酸化抑制碱化激活的规律[41]，酸化土壤对土壤酶活性的影响除了以上直接影响和间接影响外，还有改变酶与土壤颗粒之间的结合状态使土壤酶活性发生变化以及影响相关微生物活性的影响。

五、土壤酶学发展与生态环境治理

随着土壤质量问题日益突出，国内外有关土壤质量的研究一直是热点。如何解决化肥、除草剂、杀虫剂、灭菌剂以及污灌等土壤有机污染物对农业生态环境的污染问题，已成为土壤学、环境学、生态学和农学所面临的最大挑战。土壤酶在降解有机污染物方面有特殊功能，一般而言，有机污染物的降解最终是在土壤酶的参与下进行的，土壤酶可参与有机化合物的降解，从而减轻农药、化肥等的危害。此外，酶是一种特殊的蛋白质，重金属离子能使其钝化，因而土壤酶活性对重金属污染特别敏感，所以利用土壤酶活性可以监测重金属污染状况，将其作为重金属污染土壤修复的生物活性指标和微生物降解污染物的指标。除此之外，土壤酶为环境生态的敏感性因子，一方面应寻求能降解和净化土壤中的农药、塑料等物质的新酶类，并提高其活性，以净化土壤环境，保护人们赖以生存的土地资源，另一方面应充分利用土壤酶的特性、发挥土壤酶的优势治理土壤环境污染和改良低产田以提高土壤肥力和肥料利用率，减少化肥、农药等化学用品的投入。在酸化土壤改良方面，应充分利用酶的优势，如脲酶可直接参与转化含氮有机物，催化酰胺中的碳氮键水解为 CO_2 和 NH_3，可有效改善土壤酸性环境。因此，将酶技术应用到污染土壤进行生物修复以及土壤酶的功能多样性在环境保护上价值极高、潜力巨大。

第二节　土壤酸化的生物特性

一、酸性土壤对植物的酸害特性

土壤酸化会对植物生长发育产生直接和间接的影响。土壤酸化直接导致耕地土壤质量下降，尤其是土壤理化性状变差、养分流失，原有的适宜植物生长的土壤生态环境条件被打破。

酸性土壤中生长的植物根系发育不良，根系丙二醛（MDA）含量增加，根系活力也不同程度地下降，从而影响根系对水分及矿质元素的吸收，进而影响整株植物的生长。当酸度达到一定的阈值时：一方面造成氢毒害，土壤中过多的 H^+ 进入植株根部细胞细胞质，使其 pH 下降、酶活性下降、生物自由基积累以及膜脂过氧化作用加剧，引起细胞解体和细胞的亚显微结构破坏，从而阻碍植株生长发育，最终导致植物产量和质量下降；另一方面是造成铝毒害，土壤酸化过程释放出大量的 Al^{3+}，根系是对铝毒危害最敏感的部位，在酸性土壤中，植物生长不良的主要原因是低 pH 和 Al^{3+} 的胁迫，二者在根系伸长区远端减少 H^+ 的流入或者是在根系成熟区增加 H^+ 的流出从而导致根际 pH 的降低。土壤溶液中铝可以多种形态存在，在 pH 小于 5.0 的土壤溶液中，Al^{3+} 的浓度较高；pH 在 5.0～6.0 时，$Al(OH)_2^+$ 占优势，而在 pH 大于 6.0 的条件下，其他形态的可溶性铝如 $Al(OH)_3$、$Al(OH)_4$ 数量很多。当土壤溶液中可溶性铝的浓度超过一定限度时，植物根系就会表现出典型的中毒症状，具体表现为根系生长明显受阻、根短小、出现畸形卷曲、脆弱易断，同时因为 Al 能使脱氧核糖核酸的复制出错，可使细胞分裂受阻、果树生长不旺盛、枝条卷缩、叶片暗淡缺素无光，在植株地上部往往表现出缺钙和缺铁的症状。

酸性土壤的主要障碍因子除了低 pH、氢毒和铝毒外，还有锰毒害，过量的锰积累一方面干扰植物对其他营养元素如镁、铁、钙、磷等的吸收、转运和利用，导致矿质营养失衡，另一方面，引起细胞抗氧化系统反应异常，如水解酶、抗坏血酸氧化酶、细胞色素氧化酶、硝酸还原酶以及谷胱甘肽氧化酶等的活性降低，导致自由氧急剧增加，破坏生物膜和叶绿素的正常结构，使植物代谢出现紊乱，影响光合作用等生命过程的正常进行。锰积累至过量时，植物体内吲哚乙酸氧化酶的活性大大提高，使生长素分解加速、体内生长素含量下降，使生长点质子泵向自由空间分泌质子的数量减少、细胞壁伸展受阻、负电荷电位减少，从而导致钙向顶端幼嫩组织的运输量减少，出现顶芽死亡等典型的生理缺钙等现象。同时，过量锰的供应还影响植物对氮、磷、钙、镁等矿质营养的吸收和分布。例如影响植物体内钙的分布，植株根中的含钙量高，而叶中含钙量较低，过量锰阻碍了钙从植物根向叶的长距离运输。Mn^{2+} 半径介于 Ca^{2+} 与 Mg^2 之间，且与 Fe^{2+} 相近，可能与 Ca^{2+}、Mg^2 和 Fe^{2+} 在植物根系具有相同的结合位点，所以过量的锰积累会抑制钙、镁、铁等微量元素的吸收，过量锰还抑制铁的吸收和干扰体内铁的正常生理功能。因为 Fe^{2+} 与 Mn^{2+} 的离子半径相近，化学性质相似，Fe^{2+} 与 Mn^{2+} 在根原生质膜上会竞争同一载体位置。因此，介质中过量的 Mn^{2+} 会抑制根系对 Fe^{2+} 的吸收，使植株体内含铁总量下降。已经进入植物体内的铁能否正常发挥其营养作用，还受植物体内锰含量水平的影响。一方面过量的锰会加速体内铁的氧化过程，使其具有生理活性的 Fe^{2+} 转化成无生理活性的 Fe^{3+}，从而使在植物体内铁总量不变的情况下，活性铁的数量减少；另一方面，由于 Fe^{2+} 与 Mn^{2+} 的化学性质相似，植物体内高浓度的 Mn^{2+} 占据 Fe^{2+} 的作用部位，有时会造成植物缺铁。

二、酸性土壤的动物分布影响和伤害特性

土壤动物是土壤中的一个重要生物类群，主要由线虫、蚯蚓、蚂蚁等组成。这些动物在土壤中可以疏松土壤，改善土壤结构、土壤通气和排水状况，提高土壤含水量和保水率；土壤动物的排泄物含有丰富的氮、磷、钾等养分，能被土壤微生物和作物吸收利用。同样，土壤动物结构和分布也受土壤物理化学特性的影响，前人的研究表明，土壤动物群落多样性受土壤 pH 影响，李涛等研究土壤污染对农田土壤动物群落结构分布的影响时发现，土壤 pH 与土壤

动物群落多样性呈正相关关系，相关系数高达 0.76。

　　大多数土壤动物最喜爱中性到弱碱性的土壤，土壤 pH 过低影响土壤动物的数量和活性，最典型的就是土壤过酸将使线虫的数量和危害大幅度增加，破坏作物根系，导致植株扎根不牢、容易倒伏、无法正常地吸收养分，地上部分也无法正常生长和发育。pH 对土壤动物的影响有直接影响和间接影响两种。直接影响表现在对土壤动物生理上的影响，例如，强酸性或强碱性液体刺激部分或全部躯体浸渍在土壤水中的动物（大多数的小型土壤动物、线虫及蚯蚓等湿生动物），这些动物直接在躯体上予以回避；而气生动物所取食物 pH 不同，这些食物在消化道中发生的作用也不相同。间接影响是 pH 对植物及微生物的分布有很大的影响，而这些又是土壤动物的营养来源。

三、酸性土壤的微生物特性

　　土壤微生物以群落的形式存在于自然界，它们既是土壤养分循环和转化的动力，又是土壤肥力、土壤结构与植物健康的忠诚守护者。微生物的数量、分布和活性等是衡量土壤肥力和养分的重要指标。微生物群落的生态特征可分为结构特征和功能特征，结构特征指的是微生物群落的组成、丰度及其在不同环境条件下的更替。而微生物功能特征则是指群落的行为底物代谢过程与其自身及环境的相互作用以及对外界干扰的反应等，微生物的群落结构及其相互作用决定着微生物的生态功能，土壤中细菌、真菌和放线菌是土壤生命过程和功能发展的重要体现，它们占土壤中所有微生物总量的 4/5 以上，不同地区土壤微生物数量的分布规律表明，大多数地区土壤中细菌占绝对优势，其次是放线菌，真菌数量最少，三者生活在不同的酸碱环境中，细菌主要生活在中性环境中，真菌主要生活在酸性环境中，放线菌则适合生活在中性至微碱性环境中。

　　目前有关土壤 pH 对微生物的影响的研究甚多，人们普遍认为土壤 pH 对土壤微生物量大小的影响效应至少和土壤碳和土壤氮对土壤微生物量的影响效应同等重要，土壤 pH 与土壤微生物量的负相关关系比较常见，pH 通过改变土壤微生物群落的结构而影响土壤微生物量，即随着 pH 的降低，细菌生物量降低，而真菌生物量增加，最终造成土壤总生物量的降低；前人进一步研究解释了 pH 对土壤微生物量的影响机理：低 pH 影响土壤有机碳的溶解，提高了土壤溶液中交换性 Al^{3+} 的生物毒性，而低 pH 下 Al^{3+} 生物毒性的提高将降低碳从植物向土壤中的释放，并降低植物碳转化为微生物碳的效率，因而影响了微生物群落结构，降低了土壤微生物量。

　　土壤 pH 对土壤中的微生物群落的影响是相当复杂的，因为其对营养的利用、微生物吸附、胞外酶的产生和分泌都会产生不同的影响。不同微生物的适合生长值也有差别,中性环境(pH 为 7.0)最有利于土壤微生物数量的增加,细菌、放线菌适宜生长在微碱性条件下。根据前人的研究,土壤 pH 为 7.3 左右时细菌数量达到最大,而真菌适合生长在酸性条件下,在大多数酸性土壤中真菌数量相对较多。综合来说,土壤酸化后,微生物数量减少,且生长和活动受到抑制,会影响土壤中有机质的分解和矿质元素的循环,将导致土壤供肥能力下降,进而影响植物的正常生长。土壤微生物中的放线菌适宜生活在中性至微碱性的土壤环境中,当土壤 pH 过低时,它们的活性会受到严重影响,使得土壤矿化速率下降,而真菌一般比较耐酸,因此,酸性土壤易滋生真菌,使作物的根际病害增加。

土壤 pH 影响微生物活性和微生物数量,可利用石灰改良酸性土壤。有研究表明,酸性土壤施用石灰后,土壤放线菌、细菌数量分别提高 32.9%～73.3%和 32.7%～115.8%,真菌数量降低 25.0%～51.9%。土壤 pH 为 4.5时,土壤微生物活动由于土壤铝毒害和强酸环境而受到了抑制,并且酸化土壤施用石灰提高土壤 pH 后,土壤微生物生物量碳、微生物生物量氮含量也随之提高。土壤酸化制约微生物生长繁殖和数量,主要通过几个方面影响微生物的生命活动:①通过改变细胞中的生物大分子的电荷影响细胞的活性;②引起微生物的细胞膜表面所带电荷的反常,使细胞对营养物质的吸收受到影响,也可描述为通过影响微生物代谢的酶活性及细胞膜的稳定性影响微生物对环境中营养物质的吸收;③改变生物体所处环境中营养物质的可利用性及有害物质的毒性。

1. 酸性土壤细菌群落特征 细菌是土壤微生物中数量最大、种类最多且功能多样的类群,其在土壤形成、凋落物分解和养分循环中均具有重要作用。

(1)酸性土壤细菌群落优势类群 在不同的酸性土壤中,某些门类水平菌株(如酸杆菌门和绿弯菌门)能够适应一定的 pH 环境并生长得较好,因而在该环境中为优势菌门。而对 pH 敏感的菌株由于生长受到限制,在酸性环境中不能正常大量繁殖,因而处于劣势地位。大量研究结果表明,土壤 pH 为陆地生态系统中影响细菌变化的关键因子。对不同 pH 的高山森林土壤微生物群落结构的分析结果表明,土壤细菌群落结构组成与土壤 pH 密切相关;研究典型植被类型土壤细菌群落组成和多样性随海拔的分布规律,发现土壤 pH 是土壤细菌分布的重要影响因子;曾薇等研究指出,pH 影响土壤微生物的群落结构及其优势菌类群,当 pH 为 4.0 时,变形菌门为优势菌种,当 pH 提高到 10.0时,厚壁菌门转为优势菌种[42];王怡等研究发现 pH 解释了土壤总细菌变异

的最多程度，与变形菌门（Proteobacteria）和酸杆菌门（Acidobacteria）细菌
负相关，且在酸性土壤生境中，变形菌门、酸杆菌门和绿弯菌门为优势菌门，
三者占样品土壤总细菌的 70% 以上，放线菌门、芽单胞菌门及拟杆菌门为次
级优势菌门细菌[43]；樊帆等探究云南热区咖啡种植地红壤细菌多样性差异时
发现，其红壤优势细菌主要为变形菌门、酸杆菌门、放线菌门、绿弯菌门、芽
单胞菌门、拟杆菌门、浮霉菌门、疣微菌门和厚壁菌门[44]；陈庆荣等分析红
壤性稻田根际土壤微生物时发现变形菌门、酸杆菌门、绿弯菌门、疣微菌门、
芽单胞菌门、放线菌门、硝化螺旋菌门、厚壁菌门和浮霉菌门占总菌量的
89.88% 以上，其中变形菌门约占 33.96%，酸杆菌门占 28.81%[45]；王超等
研究微生物肥料对云南热区红壤有机农田土壤微生物群落的影响时发现，有机
农田红壤细菌主要包含放线菌门、变形菌门、酸杆菌门、绿弯菌门、芽单胞菌
门、厚壁菌门、拟杆菌门等菌群，且放线菌门、变形菌门和酸杆菌门的相对丰
度较高[46]。由此可见，变形菌门、酸杆菌门、放线菌门和变形菌门在热区红
壤微生物中具有重要的地位，也是热区红壤细菌群落组成的特征之一。

（2）酸性土壤对细菌群落结构和功能的影响　对于酸性土壤环境而言，影
响总细菌的群落结构和功能多样性的并不只是某种单一的环境因子。大多数红
壤 pH 在 4.50～5.50，偏酸的环境抑制了细菌和放线菌的生长，但真菌对土
壤 pH 的适应范围较细菌和放线菌大，红壤中真菌与细菌的比值一般较高。土
壤 pH 影响土壤基质的化学形态、组成和有效性（如交换性钙、交换性镁、总
磷含量、总氮含量和有效铝等环境因子与门水平细菌相对丰度有相关性）。酸
性红壤中的硝化作用明显受到抑制，酸性土壤中的氨主要以 NH_4^+ 的形式存
在，氨氧化细菌进行亚硝化作用所需要的底物 NH_3 含量较低导致红壤中氨氧
化作用相对较弱。土壤酸度显著影响氨氧化细菌（AOB）和古菌（AOA）的
丰度和群落结构变化。对强酸性红壤的研究发现，氨氧化古菌中的古菌主导土
壤氨氧化过程，且随着土壤 pH 的降低，土壤有效态氮含量逐渐下降，当土壤
pH 低于 5.50 时，土壤中硝化细菌和亚硝化细菌的活性都受到抑制，土壤中
硝态氮含量降低，且土壤 pH 对有效态氮的吸收速率也影响较大，尤其是植物
幼苗期的氮吸收速率。随着土壤 pH 的变化，作物对铵态氮和硝态氮的吸收也
表现出差异，pH 为 4.00 时作物对硝态氮的吸收速率比 pH 为 6.00 时快，但
对铵态氮的吸收表现出相反的趋势。对豆科作物而言，pH 过低会抑制根瘤菌
的侵染，降低其固氮效率；变形菌门是反硝化细菌的组分，此菌门丰度的提高
可能会导致氮发生反硝化作用的概率变大，导致氮损失。侯建伟等研究发现花
椒根区土壤 pH 由 4.57 提升到 6.93 时，土壤变形菌门的相对丰度增加了

4.8%~10.9%，pH 为 6.93（高 pH 区）时的相对丰度最大，低 pH 和中 pH 区变形菌门的相对丰度较小且大小相当[47]，证明了土壤 pH 还是影响土壤反硝化细菌的重要环境因子，酸性条件有利于抑制土壤反硝化作用、固持氮并减少土壤氮损失。除了土壤性质影响酸化土壤细菌群落外，气候类型也是关键因素之一，气候条件影响了土壤的水热状况，从而影响了土壤微生物的生态分布。气温变化改变了土壤的理化特性，不同微生物对土壤温度和湿度的耐受力有差异，因此土壤温度和湿度的变化对土壤微生物群落的结构组成和功能多样性的影响趋势可能不一致。与暖温带相比，亚热带水分、热量条件充分，红壤中微生物生长繁殖旺盛、代谢活性较高。

（3）酸性土壤细菌的多样性　为了较全面地反映不同环境中土壤细菌群落的结构特征，α 多样性常被用来反映不同样品微生物群落的丰度和多样性，其中 Shannon 和 Simpson 能综合反映群落丰度和均匀度。

前人通过 qPCR（荧光定量）技术和高通量测序技术分析了不同 pH 试验田中的细菌群落结构，发现土壤 pH 作为细菌生长的限制性因素，决定了细菌群落的结构和多样性；侯建伟等研究花椒根区土壤细菌群落结构的影响发现，不同 pH 土壤的细菌群落结构和多样性具有明显的差异，土壤 pH 显著影响花椒根区土壤细菌 16S rRNA 基因拷贝数，高 pH 花椒根区土壤细菌 16S rRNA 基因拷贝数较中、低 pH 根区土壤分别增加了 20.0% 和 68.4%，高 pH 根区土壤的 Chao、ACE、Shanon 和 Simpson 4 个指数均最高，认为土壤 pH 是影响细菌 16S rRNA 基因拷贝数的主要环境因子，提高花椒根区土壤 pH 能够增加细菌群落的相对丰度和多样性、提高花椒园土壤质量；李虹等对热带土壤微生物区系与土壤 pH 的相关关系进行了研究，结果证明酸碱度是影响土壤微生物群落的重要因素，提高热带酸性土壤 pH（pH 为 6~7）能够显著增加细菌和放线菌的多样性[48]。

（4）酸性土壤的放线菌资源　在酸性土壤中，放线菌群中受关注度最高的为嗜酸放线菌，嗜酸放线菌广泛分布于酸性环境中，早在 1928 年 Jensen 就从酸性土壤中分离到 4 株嗜酸放线菌，并把它们描述为放线菌属的一个新种：嗜酸放线菌（Acidophilic actinomycetes）。它们产生耐酸的胞外酶，如几丁质酶、淀粉酶、蛋白酶等，在酸性土壤有机物的降解循环中起着重要作用，分为两大类群，即中度嗜酸放线菌和严格嗜酸放线菌。中度嗜酸放线菌可以在 pH 为 3.5~7.5 的条件下生长，而严格嗜酸放线菌的生长 pH 范围为 3.5~6.5，最适生长 pH 范围为 4.5~5.5。在热区普遍的酸化环境中，中度嗜酸放线菌的数量远大于严格嗜酸放线菌，其中链霉菌是绝对优势类群。近年来，国内外的研究表明，酸性土壤中稀有的嗜酸放线菌具有丰富的生物多样性。

2. 酸性土壤的真菌群落特征 土壤真菌是所有在土壤中存在的真菌类群，也是土壤微生物的主要成员，并与其他微生物一起推动生态系统的能量流动和物质循环，维持生态系统的正常运转，是生态系统重要的组成部分。一方面它们是土壤生态结构的重要组成部分，通过分解有机物为有效的营养形式供植物体吸收、促进植物生长，同时也利用植物的根际分泌物调节自身的生长和繁殖，是一类有益菌；另一方面它们以病原菌的形式出现，入侵植物，对植物的根、茎、叶造成危害，导致黄萎病、枯萎病、根腐病、灰霉病、叶斑病等，引起农作物减产或者品质下降。土壤真菌多样性及其群落结构组成都对生态系统产生深远的影响，对农作物生产、生态系统的平衡起着重要的作用。

（1）酸性土壤真菌群落优势类群 土壤真菌是评价土壤质量的关键指标，是指在土壤中存在的真菌类群，包括接合菌、担子菌、子囊菌和半知菌，一般半知菌类居多。土壤真菌分为土壤习居菌和寄居菌。王超等研究红壤有机农田土壤微生物群落特征发现，云南蔬菜田红壤中子囊菌门（Ascomycota）、担子菌门（Basidiomycota）、接合菌门（Zygomycota）为优势菌群；于冰等研究湖南红壤微生物群落特征时发现子囊菌门、担子菌门共占总群落的96.1%，分别占85%和11.1%[49]；曾敏等发现福建省长汀县河田镇红壤侵蚀退化土壤真菌群落门水平主要菌群是子囊菌门（Ascomycota）、担子菌门（Basidiomycota）、接合菌门（Zygomycota）、壶菌门（Chytridiomycota），优势菌门为子囊菌门、担子菌门[50]；季凌飞等研究云南热区酸性土壤茶园真菌群落特征时发现子囊菌门、担子菌门、接合菌门是试验茶园土壤中的三大优势真菌门，三者相对丰度总和达90%以上[51]；陈丹梅等研究长期施肥条件下土壤真菌种群结构时发现化肥改变了土壤生态环境，使土壤逐渐酸化，有益于真菌生长繁殖，使真菌种群增加、密度增大、优势种群突出，导致土壤真菌化，土壤真菌群落主要由子囊菌门、担子菌门、接合菌门、壶菌门组成，子囊菌门占绝大多数[52]；乔莎莎等研究森林土壤真菌群落结构与遗传多样性特征时发现，土壤真菌群落结构特征中，5个样地真菌群落结构组成上共有7个真菌门和33个优势真菌属，其中，子囊菌门和担子菌门的丰度最大[53]；贺根和等研究铝胁迫对酸性红壤中真菌种群多样性的影响时发现，热区省之一江西的酸化森林土壤和农田土壤样品中的真菌类群79.2%属于子囊菌门、担子菌门和球囊菌门，20.8%属于未分类的簇（Unclassified fungi），其中担子菌门真菌在两种土壤中具有明显的优势。综上可知，热区多省酸化土壤真菌群落优势菌群特征为以子囊菌门和担子菌门为主，不同研究区的微小差异在于壶菌门、接合菌门以及未定义分类的种群占比不同[54]。

（2）酸性土壤对真菌群落结构和功能的影响　随着社会的进步、人口的增长和资源的紧缺，环境所受的压力增大，土壤真菌多样性一定程度上受到影响。生态系统中，植被种类和农业管理方式等都与土壤真菌多样性密切相关。在农业管理和耕作方式上，作物轮作、翻地、施肥是现代农业常用的管理和耕作方式，轮作田比连作田表现出更丰富的土壤真菌组成，免耕土壤真菌群落的多样性和均匀度指数均较高，免耕能提高土壤真菌群落结构和功能多样性。前人研究传统耕作、减耕和免耕3种耕作方式对玉米地真菌群落的影响时发现，耕作方式可以调节土壤丝状真菌密度和曲霉属的分离频率，认为通过耕作可以减少对玉米产生毒素的真菌危害的发生，休地可以提高土壤真菌的功能多样性，耕作会破坏原有优势群落，对致病菌占优势的种群起到一定的减弱作用。在植被类型上，植物对真菌群落的影响：①植物通过自身代谢影响真菌群落。研究表明植物有20％～50％的光合同化产物转移到地下部，其中大部分以有机和无机分泌物的形式释放到根区，不同的植物会产生不同的分泌物，这会影响土壤微生物群体的组成。②部分土壤真菌与植物共生或形成菌根菌，形成种间合作提高合作土壤真菌的竞争能力，而有限的资源就相对地抑制了其他真菌种类的生命活动，因此影响土壤真菌的结构和功能。在环境条件方面，土壤真菌所处的物理环境条件如土壤质地，pH、C/N、光照、水分、温度、纬度等对土壤真菌群落产生一定的影响，与细菌菌群相似，酸性土壤条件下，真菌多样性气候条件、植被类型与土壤性质有关，它们或是单个因子起作用或是多个因子共同起作用影响着土壤真菌的群落组成。于冰等通过长期定位（24年）实验发现湖南红壤施肥措施改变了土壤的pH和养分循环，施用有机肥提高了土壤的pH，而施用无机肥降低了土壤pH，pH与红壤微生物群落特征密切相关，与真菌种群多样性和群落结构显著正相关；对云南热区酸性茶园土壤真菌群落进行分析发现在0～10cm和10～20cm土层，土壤总有机碳、总氮、总钾含量以及C/N是主导茶园土壤真菌群落结构产生变化的因子，而速效钾在10～20cm土层中也发挥一定的作用，因此，不同土层之间的真菌群落结构受到土壤理化性质的影响。巨天珍等对天水小陇山红豆杉林土壤真菌的研究结果表明，影响土壤真菌数量和多样性的最主要因素是土壤pH，其次是土壤中的有机质和水分含量[55]；Paul等研究亚南极洲的乔治亚岛到南极洲南部沿海的亚历山大岛之间2 370km的纬度梯度间土样的真菌群落组成时发现，真菌群落特征与纬度无关，与土壤真菌群落变化有关的是C/N，次要的因素是土壤pH[56]；季凌飞等研究不同施肥方式对酸性茶园土壤真菌群落的影响时发现土壤 pH 降低会导致真菌物种总数降低；于冰等分析湖南红壤驱动真菌群落变化的环境因子得知，pH、SOC、NH_4^+ 和全氮显著影响着真菌的群落结构；还有研究发现若尔盖高寒湿地土壤真菌丰富度指数和 Shannon 均随水分的增加呈现明显的上升趋势，而土壤 pH 没有明显的作用，由此可见，不同的生境中存在主要的限制因子或者多个限制因子，而这个主要限制因子在影响环境有效性的同时限制了真菌多样性。真菌适应的土壤 pH 范围较广泛，存在单个或多个环境限制因子，因此酸性土壤中的微生物群落通常以真菌为主。

（3）土壤真菌功能多样性

1）分解者　真菌群落分布广泛而起着重要的分解作用，有力地促进物质循环，如青霉菌能分解纤维素、木质素、半纤维素、淀粉、果胶等，接合菌能分解糖类和简单多糖，如毛霉菌属、根霉菌属、被孢霉菌属，而毛壳属、镰刀属、木霉属真菌是土壤中常见的纤维素分解者。

2）生物防治　生物防治是目前众多学者关注的绿色安全的病害防治方法，生防真菌防治作用机制主要表现为代谢产物抗生作用、竞争作用和重寄生作用等。目前报道最多的生防真菌是木霉属真菌，其抗生机制研究比较完善，人们普遍认为木霉对植物病原菌的生防作用包括营养竞争、重寄生和挥发物抗生作用等。哈茨木霉（*Trichoderma harzianum*）对花生立枯病菌、水稻恶苗病菌、水稻纹枯病菌、辣椒炭疽病菌、玉米叶斑病菌、白术白绢病菌、棉疫菌、棉花枯萎病菌等有明显的拮抗作用，绿色木霉菌株对棉花枯萎病也有明显的抑制作用。木霉对大豆根腐病菌、黄瓜枯萎病菌、香蕉枯萎病菌、立枯丝核菌和终极腐霉菌都有拮抗作用。此外，也有根据木霉对病原菌的拮抗作用和对农药的抗性将其与农药混用从而降低化学药剂的使用量、延缓病菌抗药性的报道。

除木霉外其他土壤真菌也表现出良好的病害防治作用：毛壳菌对山杨根腐菌锐顶镰孢菌有拮抗作用；淡紫拟青霉（*Paecilomyces lilacinus*）次生代谢物质对尖胞镰刀菌孢子生成的抑制率极高，高达 90％左右，还可通过与镰刀菌活体间的营养竞争以及产生细胞壁降解酶或多糖性质的拮抗物质抑制病原菌繁殖和生长；球孢白僵菌（*Beauveria bassiana*）对棉花枯萎病菌和棉花红腐病菌有明显的抑制作用，抑菌活性物质主要是糖类和蛋白质。说明土壤真菌具有广泛的开发潜力，需要更深入的研究。在酸化土壤治理上，我们应更多地关注对于真菌治理潜力的开发，结合目前有关酸化土壤真菌功能多样性差异的研究进展，深挖更多治理酸化土壤的真菌资源。

3）农药降解　土壤中的残留农药造成生态环境的严重退化，更严重的是被农作物根系吸收后导致农产品残留超标，超标农产品随食物链进入人体，危害人体健康。目前我国已有学者研究丝状真菌对农药的生物降解作用，但是报道不多。刘玉焕等分离到1株华丽曲霉（*Aspergillus ornatus*），发现其具有机磷农药降解酶，深入研究发现该酶对所试的有机磷农药都有较好的降解作用；田连生等从耐药性木霉菌株的诱变选育过程中得到1株能在含2 000mg/L多菌灵的培养基上生长的变异菌株，在最适降解条件下，该菌株对多菌灵、腐霉利和三唑酮这3种常用化学农药的降解率均高达85%以上。

4）重金属吸附和富集　在重金属污染治理方面，有关土壤真菌对重金属的吸附和耐性也有报道，土壤真菌在酸化土壤重金属污染治理方面表现出一定的潜质。从重金属污染区分离到的真菌往往都对重金属具有抗性，而且真菌对重金属的耐受性在一定程度上可以驯化。樊霆从重金属尾砂中分离筛选出1株对 Cu^{2+} 和 Zn^{2+} 具有高抗性的富集真菌黄曲霉菌（*Aspergillus flavus*）[57]；靳治国等从重金属污染的土壤中分离到对铅、镉有较好耐受性的淡紫拟青霉菌菌株[58]；Castro 等在重金属污染区分离到的丝状真菌曲霉菌、青霉菌、镰刀菌、链格孢菌（*Alternaria*）和地霉菌（*Geotrichum*）对铅、铬、铜和锌都有一定的抗性，而对于镉，只有青霉表现出耐性；湛方栋等对废弃铅、锌矿区植物根际真菌的研究显示从含重金属离子 Cd^{2+} 和含 Pb^{2+} 的马丁氏培养基中分离的根际真菌的 Cd^{2+}、Pb^{2+} 耐性强于从常规马丁氏培养基中分离的菌株[59]；Radka Sudová 对被锰、铅污染和无污染的土样中分离的 AM 真菌（*Glomus intraradices*）的重金属耐受作用进行比较后发现从污染土壤中分离的有重金属耐受性的真菌应该继续在有金属胁迫的环境中培养才能保持它们的耐受能力[60]。

土壤酸化增加了重金属污染的风险，真菌对重金属的抗性水平也取决于整体生存环境，菌株对环境的良好适应性和耐受能力是重金属污染地区生物修复的基础，丰富真菌物种和基因资源在酸化土壤上开发更安全的种植技术意义深远。

主要参考文献

[1] Siegel B Z. Plant peroxidases：an organismic perspective [J]. Plant Growth Regulation, 1993, 12：303 - 312.

[2] 刘善江，夏雪，陈桂梅，等. 土壤酶的研究进展 [J]. 中国农学通报，2011, 27 (21)：1 - 7.

[3] Kiss I. The invertase activity of earthworm easts and soils from anthills [J]. Talajtan

Agrokem, 1957 (6)：65 - 85.

[4] 关松荫. 我国主要土壤剖面酶活性状况 [J]. 土壤学报，1984，21 (4)：368 - 381.

[5] 杨万勤，王开运. 土壤酶研究动态与展望 [J]. 应用与环境生物学报，2002，8 (5)：564 - 570.

[6] 王理德，姚拓，何芳兰，等. 石羊河下游退耕区次生草地自然恢复过程及土壤酶活性的变化 [J]. 草业学报，2014，23 (4)：253 - 261.

[7] 赵林森，王九龄. 杨槐混交林生长及土壤酶与肥力的相互关系 [J]. 北京林业大学学报，1995，17 (4)：1 - 8.

[8] 郭明英，朝克图，尤金成，等. 不同利用方式下草地土壤微生物及土壤呼吸特性 [J]. 草地学报，2012，20 (1)：7.

[9] 杨梅焕，曹明明，朱志梅. 毛乌素沙地东南缘沙漠化过程中土壤酶活性的演变研究 [J]. 生态环境学报，2012，21 (1)：69 - 73.

[10] 王理德，王方琳，郭春秀，等. 土壤酶学研究进展 [J]. 土壤，2016，48 (1)：10.

[11] 赵兰坡，姜岩. 土壤磷酸酶活性测定方法的探讨 [J]. 土壤通报，1986 (3)：138 - 141.

[12] 李林海，邱莉萍，梦梦. 黄土高原沟壑区土壤酶活性对植被恢复的响应 [J]. 应用生态学报，2012，23 (12)：3355 - 3360.

[13] 马瑞萍，安韶山，党廷辉，等. 黄土高原不同植物群落土壤团聚体中有机碳和酶活性研究 [J]. 土壤学报，2014，51 (1)：104 - 113.

[14] 罗珠珠，黄高宝，蔡立群，等. 不同耕作方式下春小麦生育期土壤酶时空变化研究 [J]. 草业学报，2012，21 (6)：94 - 101.

[15] 王群，夏江宝，张金池，等. 黄河三角洲退化刺槐林地不同改造模式下土壤酶活性及养分特征 [J]. 水土保持学报，2012 (4)：133 - 137.

[16] 文都日乐，张静妮，李刚，等. 放牧干扰对贝加尔针茅草原土壤微生物与土壤酶活性的影响 [J]. 草地学报，2010，18 (4)：517 - 522.

[17] 秦燕，牛得草，康健，等. 贺兰山西坡不同类型草地土壤酶活性特征 [J]. 干旱区研究，2012，29 (5)：870 - 877.

[18] 南丽丽，郭全恩，曹诗瑜，等. 疏勒河流域不同植被类型土壤酶活性动态变化 [J]. 干旱地区农业研究，2014，32 (1)：134 - 139.

[19] 吴旭东，张晓娟，谢应忠，等. 不同种植年限紫花苜蓿人工草地土壤有机碳及土壤酶活性垂直分布特征 [J]. 草业学报，2013，22 (1)：245 - 251.

[20] 高海宁，张勇，秦嘉海，等. 祁连山黑河上游不同退化草地有机碳和酶活性分布特征 [J]. 草地学报，2014，22 (2)：283 - 290.

[21] 张其水，俞新妥. 杉木连栽林地营造混交林后土壤微生物的季节性动态研究 [J]. 生态学报，1990，10 (2)：121 - 126.

[22] 张成霞，南志标. 放牧对草地土壤微生物影响的研究述评 [J]. 草业科学，2010，27

(1)：65-70.

[23] 杨成德，龙瑞军，陈秀蓉，等．东祁连山高寒灌丛草地土壤微生物量及土壤酶季节性动态特征 [J]．草业学报，2011，20 (6)：135-142.

[24] 玛伊努尔·依克木，张丙昌，买买提明·苏来曼．古尔班通古特沙漠生物结皮中微生物量与土壤酶活性的季节变化 [J]．中国沙漠，2013，33 (4)：1091-1097.

[25] 姚胜蕊，束怀瑞．有机物料对苹果根际营养元素动态及土壤酶活性的影响 [J]．土壤学报，1999，36 (3)：5.

[26] 梅杰，周国英．不同林龄马尾松林根际与非根际土壤微生物、酶活性及养分特征 [J]．中南林业科技大学学报，2011，31 (4)：4.

[27] 徐冬梅，刘广深，许中坚，等．模拟酸雨组成对棉花根际土壤水解酶活性的影响 [J]．土壤通报，2003，34 (3)：3.

[28] 朱锐，孔凡建，王继红．模拟酸化后对黑土酶活性影响的研究 [J]．吉林农业：学术版，2012 (2)：3.

[29] 王涵，王果，黄颖颖，等．pH 变化对酸性土壤酶活性的影响 [J]．生态环境，2008，17 (6)：6.

[30] 刘炳军，杨扬，李强，等．调节茶园土壤 pH 对土壤养分、酶活性及微生物数量的影响 [J]．安徽农业科学，2011，39 (32)：19822-19824.

[31] 张文菊．三江平原典型湿地生态系统有机碳积累及影响机制研究 [D]．中国科学院大学，2003.

[32] Waldrop M P, Firestone M K. Altered utilization patterns of young and old soil C by microorganisms caused by temperature shifts and N additions [J]. Biogeochemistry, 2004，67：235-248.

[33] 关松荫，孟昭鹏．不同垦殖年限黑土农化性状与酶活性的变化 [J]．土壤通报，1986 (4)：157-159.

[34] Trasar - Cepeda C, Gil - Sotres F, Leiros M C. Thermodynamic parameters of enzymes in grassland soils from Galicia, NW Spain [J]. Soil Biology & Biochemistry, 2007, 39 (1)：311-319.

[35] Fenner N, Freeman C, Reynolds B. Observations of a seasonally shifting thermal optimum in peatland carbon - cycling processes：Implications for the global carbon cycle and soil enzyme methodologies [J]. Soil Biology & Biochemistry, 37：1814-1821.

[36] 陈少杰．邓恩桉林地土壤酶活性与土壤养分关系研究 [J]．安徽农学通报，2009，15 (15)：171-183.

[37] 邱莉萍，刘军，王益权，等．土壤酶活性与土壤肥力的关系研究 [J]．植物营养与肥料学报，2004，10 (3)：277-280.

[38] 刘建新．不同农田土壤酶活性与土壤养分相关关系研究 [J]．土壤通报，2004，35 (4)：523-525.

[39] 陆梅，田昆，陈玉惠，等．高原湿地纳帕海退化土壤养分与酶活性研究 [J]．西南林学院学报，2004，24（1）：34－37.

[40] 王富国，宋琳，冯艳，等．不同种植年限酸化果园土壤微生物学性状的研究 [J]．土壤通报，2011，42（1）：5.

[41] 王涵，王果，黄颖颖，等．pH 变化对酸性土壤酶活性的影响 [J]．生态环境，2008，17（6）：6.

[42] 曾薇，郭京京，纪兆华，等．pH 对剩余污泥微氧水解酸化溶出物及微生物群落结构的影响 [J]．应用基础与工程科学学报，2018，26（3）：12.

[43] 王怡，常彬河，刘月，等．基于 MiSeq 测序分析酸性农作物土壤细菌群落结构与多样性 [J]．环境科学研究，2019，32（9）：9.

[44] 樊帆，李正涛，李世钰，等．云南热区咖啡种植地红壤细菌群落多样性分析 [J]．中国农业科技导报，2020，22（8）：178－186.

[45] 陈庆荣，王成己，陈曦，等．施用烟秆生物黑炭对红壤性稻田根际土壤微生物的影响 [J]．福建农业学报，2016，31（2）：5.

[46] 王超，陈刘军，田伟，等．高通量测序解析微生物肥料对红壤有机农田土壤微生物群落的影响 [J]．江苏农业科学，2019，47（2）：6.

[47] 侯建伟，邢存芳，邓晓梅，等．pH 对花椒根区土壤细菌群落结构的影响 [J]．西北农林科技大学学报：自然科学版，2020，48（5）：8.

[48] 李虹，李汀贤，赵凤亮，等．香蕉枯萎病发生区域土壤改良：间作对热带土壤微生物区系和 pH 相关关系的影响 [J]．园艺与种苗，2017（9）：7.

[49] 于冰，宋阿琳，李冬初，等．长期施用有机和无机肥对红壤微生物群落特征及功能的影响 [J]．中国土壤与肥料，2017（6）：8.

[50] 曾敏．植被恢复过程中芒萁对侵蚀红壤微生物群落组成和多样性的影响 [D]．福建师范大学，2018.

[51] 季凌飞，倪康，马立锋，等．不同施肥方式对酸性茶园土壤真菌群落的影响 [J]．生态学报，2018，21（1）：128－132.

[52] 陈丹梅，段玉琪，杨宇虹，等．长期施肥对植烟土壤养分及微生物群落结构的影响 [J]．中国农业科学，2014，47（17）：3424－3433.

[53] 乔沙沙，周永娜，柴宝峰，等．关帝山森林土壤真菌群落结构与遗传多样性特征 [J]．环境科学，2017，38（6）：11.

[54] 贺根和，王小东，刘强，等．铝胁迫对酸性红壤中真菌种群多样性的影响 [J]．农业环境科学学报，2014，33（9）：25.

[55] 巨天珍，陈源，常成虎，等．天水小陇山红豆杉 [*Taxus chinensis*（Pilg.）Rehd] 林土壤真菌多样性及其与生态因子的相关性 [J]．环境科学研究，2008.

[56] Dennis P G, Rushton S P, Newsham K K, et al. Soil fungal community composition does not alter along a latitudinal gradient through the maritime and sub-Antarctic [J].

Ungalecology, 2012, 5 (4): 403 - 408.

[57] 樊霆. 真菌对重金属的抗性机制和富集特性研究 [D]. 长沙：湖南大学，2009.

[58] 靳治国. 耐铅镉菌株的筛选及其在污染土壤修复中的应用 [D]. 重庆：西南大学，2010.

[59] 湛方栋，何永美，李元，等. 云南会泽废弃铅锌矿区和非矿区小花南芥根际真菌的耐镉性 [J]. 应用与环境生物学报，2010，16 (4)：572 - 576.

[60] Radka S, Anna J, Katarzyna T. Persistence of heavy metal tolerance of the arbuscular mycorrhizal fungus Glomus intraradices under different cultivation regimes [J]. Symbiosis, 2007, 43: 71 - 81.

05 热区耕地酸性土壤质量障碍特征

第一节　酸性土壤质量主要障碍特征

酸性土壤地区普遍高温多雨，受气候条件影响，植物生长快速。据估计，我国酸性土壤地区面积占总耕地面积的 27%，养活了全国 43% 的人口。全球范围内，虽然酸性土壤面积很大，但仅有 5.4% 被开发种植农作物，酸性土壤种植农作物面积仅占世界农作物总面积的 12%，这表明大面积的酸性土壤中的潜在可耕地未被开发和利用，酸性土壤中蕴藏着农业发展的巨大潜力。酸性土壤有明显的酸、毒、板、瘠、漏的特点，存在诸多限制植物生长的障碍因子。其中，对酸性土壤影响较广、危害较大的是土壤酸化、次生盐渍化和土传病害三个方面，其形成原因主要是长期的高强度农业生产活动、化肥农药的滥用以及环境气候的变化。

一、土壤酸化

土壤中 H^+ 增加或土壤酸度由低变高即表示土壤酸化。除成土母质风化产生的盐基成分淋失、土壤微生物代谢产生有机酸等天然因素外，工业引起的酸雨和不正当的农业措施（如生产过程中氮肥的过量施用、大水漫灌等）也是加剧土壤酸化的重要因素。由于耕作过程中过量施用铵态氮肥，铵态氮转化为硝态氮的过程中产生 H^+，而土壤胶体与 H^+ 的能力高于 Ca^{2+}、Mg^{2+} 等盐基离子，在热区高温多雨条件下，Ca^{2+}、Mg^{2+} 等离子极容易伴随着硝酸根一起被淋失，使得 H^+ 在土壤表层积累。另外，其他因素如作物残茬没有还田、少施或不施有机肥等也加剧了农田土壤酸化过程。我国约有 23% 的酸性土壤区域分布在南方地区，土壤酸化不但会影响土壤养分转化，造成盐基淋失，引起土壤铝毒和重金属活化，还会导致土壤有益微生物数量和群落的减少以及病害微生物的增加。因此，土壤酸化是制约我国热区农业生产的重要因素。

二、土壤盐渍化

设施栽培过程中，大量氮肥及生理酸性肥料的施用及过剩肥料的累积使土壤发生盐渍化。土壤被设施覆盖，缺少雨水淋洗，如果土壤的地下水位较高，所需灌溉水较少，少量灌溉水不足以将土壤中累积的可溶性盐淋洗出耕作层，而设施内的强烈蒸发和蒸腾作用将地下水中的矿物质成分带到耕作层，使土壤发生次生盐渍化。土壤盐渍化除受气候干旱、地下水埋深浅、地形低洼以及海水倒灌等自然因素影响外，还与灌溉水水质、灌排制度以及重施化肥轻施有机肥等人为因素密切相关。在我国，干旱、半干旱和半湿润地区的土壤易出现盐渍化。在国内主要设施菜地的表层土壤中，轻度和中度盐渍化土壤分别占38.2%和4.7%，主要盐分离子按占比大小排列为 $NO_3^- > SO_4^{2-} > Ca^{2+}$，且设施菜地连作次生盐渍化程度高于露天菜地。复种指数高、长期种植单一蔬菜种类极容易导致设施连作次生盐渍化的发生，致使植株根系对偏嗜好离子的选择性吸收，最后造成特定离子的过分富集或缺乏。

三、土壤生物学障碍

由于土地资源短缺、环境条件影响、种植习惯与经验、过量水肥投入、经济利益驱动等原因，热区农田同一地块或同一种作物的连续种植现象比较普遍，导致出现土壤微生物结构破坏、酶活性降低、作物抗性下降等生物学障碍。土壤微生物区系和多样性的失调从细菌型逐步向真菌型转化，酶活性降低，连作产生的自毒物质累积增加了土传病害威胁，使植株生长和发育受阻，对维持生态平衡和系统的稳定性产生不利影响，从而导致减质减产等问题。热区酸性土壤存在生物学障碍的现象较普遍，在集约化生产的设施蔬菜中更为严重，极大部分设施菜田土壤都存在上述生物学障碍。

第二节　土壤酸化与耕地土壤肥力

一、土壤酸化与氮转化和淋失

土壤中氮可分为有机态氮和无机态氮，有机态氮不能被植物直接利用，需要经过微生物矿化为无机态氮，主要是铵态氮和硝态氮（$NH_4^+ - N$ 和 $NO_3^- - N$）才能被植物吸收利用。有机态氮是土壤氮存在的主要形式，占土壤全氮的

95％以上。研究表明，红壤地区土壤氮矿化与土壤 pH 正相关，且土壤酸化阻碍了土壤有机质分解，减少了氮的净矿化量；相反，pH 升高则促进氮的矿化。氮的矿化强度在土壤 pH 为 7.00 时最大，在 pH 为 3.00 时最低，可能是因为土壤中微生物在 pH 为 7.00 时活性最大，促进氮的矿化作用，而过高的土壤酸度则抑制了土壤微生物活性，致使矿化作用受到负向影响。土壤不同 pH 对硝化作用的影响表现为当 pH 在 4.60～5.10 时，土壤硝化作用微弱，提高到 5.80～6.00 时，硝化作用较缓慢，继续提高 pH 至 6.40～8.30 时，硝化作用明显提高。其他研究也表明，土壤 pH 从 4.70 增加到 6.50 时，硝化速率提高了 3～5 倍；土壤 pH 在 3.45～4.40，硝化作用与 H^+ 浓度呈负线性相关关系；当 pH 低于 3.45 时不再产生硝酸盐。土壤酸化降低了土壤中硝酸盐的含量，在相同施肥处理下，土壤 $NO_3^- - N$ 的淋失量随着酸雨 pH 的增加而增加。也有研究认为，pH 对土壤 $NO_3^- - N$ 淋失的影响因土壤类型而异[1]，表现为酸雨 pH 越低，$NO_3^- - N$ 淋失量越大，但是酸雨 pH 对酸性紫色土 $NO_3^- - N$ 淋失的影响不明显。随着酸雨 pH 的降低，$NH_4^+ - N$ 淋失量也增大，与 H^+ 呈显著正相关关系。

在酸性土壤中，如果输入的 $NH_4^+ - N$ 被硝化，就可能导致 $NO_3^- - N$ 大量向下迁移淋失，污染地下水体；加速土壤酸化，引起盐基离子淋失，从而导致土壤肥力下降；甚至导致 H^+ 的直接淋失，进一步影响地下水体。当前，对国内大部分位于热带、亚热带的地区而言，铵态氮肥的施用和大气沉降 $NH_4^+ - N$ 是活化氮输入土壤的主要途径。由于气候条件与成土母质等的差异，热带、亚热带地区的土壤氮转化特征有别于温带地区。提高 $NH_4^+ - N$ 水平对热带、亚热带酸性土壤硝化能力的影响因土壤类型与土地利用方式的不同而存在很大差异。对于微酸性黄棕壤，$NH_4^+ - N$ 的添加极大地促进了硝化作用；与此相反，砖红壤几乎不发生硝化反应，可能的原因是砖红壤中较低的全碳含量与较高的黏粒含量导致土壤微生物代谢活性降低。尽管土壤酸度被认为是影响热带、亚热带酸性土壤硝化作用的主要因素之一，在培养研究中发现，加入 $NH_4^+ - N$ 促进了较低 pH（4.18）旱地红壤的硝化作用，而并未促进酸性（pH 为 4.97）林地砖红壤的硝化，这可能是因为旱地红壤长期的耕种制度改善了微生物群落结构，并在一定程度上提高了微生物活性，从而提升了土壤硝化能力[2]。

二、土壤酸化与磷转化和淋失

土壤酸化会降低磷的淋失阈值，增加土壤不稳定态磷的含量，增加磷的迁移淋失风险。有研究表明，土壤 pH<6.0 时，土壤磷淋失阈值随土壤 pH 的

升高而提高。不仅如此，土壤酸化会使沉淀态磷酸盐转化为可溶态并随水淋失，土壤酸化前后，磷的淋失量可增加 22.18%。与氮的淋失原因相同，土壤磷的损失也受酸雨 pH 的影响。pH 为 3.5 与 pH 为 5.6 的酸雨相比，雨水酸度增加，土壤中磷的累积释放量显著增加，酸雨增进红壤磷释放的原因是酸雨使土壤铁、铝浓度增加，从而导致土壤电解质浓度增加，土壤电解质浓度越高，磷越容易从固相中解吸出来。

三、土壤酸化与盐基离子淋失

土壤 pH 降低导致土壤中的正电荷增加、净电荷减少，盐基离子的淋失量因 pH 而变化。Ca^{2+}、Mg^{2+}、K^+、Na^+ 等阳离子与土壤胶体的结合能力随 pH 的降低而下降，导致这些阳离子容易随水淋失，最终土壤胶体对阳离子的吸附量减少。采用室内模拟淋洗土柱的实验方法，研究了棕壤、褐土的酸淋溶特征，结果表明 4 种盐基离子（Ca^{2+}、Mg^{2+}、K^+、Na^+）淋失总量和酸雨的 H^+ 浓度呈极显著的正相关关系，淋失量顺序为 $Ca^{2+}>Mg^{2+}>Na^+>K^+$。长期进行酸雨淋洗可以使红壤中的盐基离子大量淋失，淋失的盐基离子量随酸雨溶液 pH 的降低而增加。盐基离子的大量淋失导致红壤阳离子交换量降低、保蓄养分的能力退化，导致红壤养分缺乏与失衡。

第三节　土壤酸化与土壤有害金属元素的累积

一、铝的溶出与毒害

1. 活性铝溶出　土壤中的铝有各种化学形态，有聚合态铝、难溶态铝、有机络合态铝、无机铝化合物、无机离子态铝等。土壤中大部分铝为固定态，对植物和环境均无毒害作用，只有离子态铝才会对环境产生毒害作用。土壤中离子态铝非常牢固地吸附在黏土颗粒上或土壤的交换位点上，土壤酸化促进铝从黏土颗粒或交换位点上脱落下来，从土壤中溶出。土壤活性铝的溶出与土壤酸化程度显著相关，随着土壤 pH 的降低铝的溶出量增大。当酸雨 pH 为 4.5 时，土壤活性铝的溶出不明显；酸雨 pH 为 3.5 时，土壤活性铝的溶出明显增加；酸雨 pH 为 2.5 时，土壤活性铝的淋失快速增加。研究结果表明，土壤活性铝的溶出与酸雨 pH 存在阈值，只有当土壤酸化到一定程度时，才能使土壤活性铝的溶出明显增加。另外，铝的活性也与土壤 pH 有关，当土壤 pH<5.0 时，难溶性铝转化为交换性铝，主要为 Al^{3+}、$Al(OH)^{2+}$、$Al(OH)_2^+$。

　　土壤活性铝的溶出又会加速土壤酸化的进程。有研究指出，使用 1mol/L KCl 分别浸提酸性土壤和非酸性土壤中的铝，从酸性土壤中能浸提出一定量的交换态铝，而从非酸性土壤中则不能浸提出铝或铝的浸提量甚微，说明铝的溶出和土壤类型、土壤酸度有一定关系。有研究表明，根据土壤淋出液 pH 的不同，铝淋溶释放量可分为两个区域：①pH 大于 4.5 时，铝溶出量明显降低；②pH 小于 4.5 时，铝溶出量骤然升高，其突变 pH 为 4.0～4.5，而这一突变值恰恰是土壤缓冲体系转入铝缓冲范围的值，证明铝的溶出量与土壤 pH 密切相关。此外，环境温度、土壤中 SO_4^{2-} 的含量等对土壤铝的溶出也有一定的影响。30℃时土壤活性铝溶出浓度比 10℃时高 30%～46%，说明在酸雨 pH 相同的条件下，随着环境温度的升高，土壤中溶出的铝也增多。研究表明，在适当的条件下，土壤溶液中的 Al^{3+} 和 SO_4^{2-} 可形成 Al‐SO_4 化合物，它们可作为缓冲作用范围内铝迁移的中间产物。

　　2. 土壤铝毒害　铝毒害是热区酸性土壤可持续利用的主要限制因子之一。土壤中的铝毒害与可溶性铝浓度及其形态紧密相关，土壤 pH 高低决定土壤铝的形态、含量及比例。土壤 pH<5，铝以 Al^{3+} 形式存在；pH 为 6.0～7.0 时，主要以 $Al(OH)^{2+}$ 和 $Al(OH)_2^+$ 的形式存在；pH 为 7.0～8.0 时，铝以 $Al(OH)_3$ 或三水铝石等形式存在；pH>8.0 时，以聚合羟基铝或铝硅酸盐形式存在。研究表明，当土壤交换性铝含量大于 2cmol/kg 时，植物会出现铝毒害症状，主要表现为破坏根尖结构，抑制根系的伸长和影响根系的吸收功能，进而影响植物生长和产量。吴道铭等[3]研究发现土壤活性铝含量为 4.4cmol/kg 时，大豆生长明显受抑制，根系变短，根冠表皮脱落、结构坏死，叶片出现脉间失绿白化的综合缺素症状。通过分析广东主要酸雨区的森林土壤交换性铝含量，发现受调查森林土壤的交换性铝含量均大于 2cmol/kg，变化幅度为 2.3～8.4cmol/kg，其中赤红壤的交换性铝含量普遍高于红壤和砖红壤。根据土壤对作物产生铝毒害的临界值范围，土壤交换性铝饱和度为 30%～80% 时对作物普遍有毒害[4]，海南岛交换性铝饱和度为 30%～80% 范围内的土壤占全岛土壤总面积的 49%[5]，而富铝化过程显著的砖红壤地区主要分布在海口、临高、陵水、三亚、乐东北部等冬季瓜菜生产区[6]，这说明土壤中的铝对海南冬季瓜菜的种植有一定的毒害作用。铝在对植物产生直接毒害的同时，也间接影响了植物对 Ca^{2+}、Mg^{2+}、K^+ 等离子的吸收，降低了植物对营养元素的吸收效率。龚子同[7]等在分析海南岛土壤中铝、钙的含量和形态时发现，交换性铝的增多会加剧土壤交换性钙的淋失和钙的缺乏。因此，酸性土壤上的植物需要同时克服这些共存胁迫因子才能良好生长。

土壤酸化和铝毒害加重，导致热区酸性土壤生产力和作物质量下降，不利于酸性土壤地区生产的可持续发展。目前，关于热区酸性土壤铝毒的报道不是很多，这可能与社会对铝毒害的认识和重视不够有关，其原因大致有以下 4 个方面：①铝毒害直接表现为影响植物根系生长，生产上影响植物根系生长的因素很多，而铝毒害作用容易被忽视；②铝毒害导致作物产量和质量下降的原因是铝影响植物根系生长进而间接影响作物对养分的吸收，在植物上没有表现出固定的外观性状，通常与某种元素（如镁、钙）或者多种元素缺乏症状相似，从而导致农民误将铝毒害认为是土壤中某些元素的缺乏；③除少数铝富集植物外，植物将吸收的铝大部分累积在根系，将较少部分运输到地上部，累积到果实和籽粒中的铝更少。再加上铝对人体健康的影响不及某些重金属严重，以致社会对铝毒的关注较少；④Al^{3+} 是砖红壤酸化过程中一个重要的致酸因子，目前大部分研究只关注 Al^{3+} 的致酸作用而缺乏对 Al^{3+} 对植物的毒害作用的认识。

二、土壤锰毒害

除铝毒害外，土壤酸化还能引起锰毒害。在富铁土壤中，pH 为 6.0 时便可能发生锰毒害[8]。不同植物或同一植物的不同基因型对锰毒害的耐受力也不尽相同。如 Horst 等[9]发现芸豆在锰溶液浓度超过 $0.5\mu mol/L$ 时表现出锰毒害症状，而水稻在叶片锰浓度高达 5 000mg/kg 时仍未表现出明显的毒害症状[10]。一般认为，植物锰毒害的临界浓度为 $5\sim10\mu mol/L$[9]。土壤酸化会显著活化土壤中的可溶性锰，一般来说，土壤 pH 每降低一个单位，有效锰含量会升高 100 倍[8]。锰毒害主要通过破坏植物体内的氧化酶、降低 ATP 含量和呼吸速率影响植物生长。锰很容易被植物根系吸收并转运至地上部，因此，锰毒害症状多表现在植株地上部[11]。但是，当锰浓度继续增加时，根系的生长也会受到伤害[12]。

三、重金属的溶出与毒害

1. 重金属的溶出 土壤中的金属元素活性比较低，受土壤 pH 影响比较大，随着土壤 pH 的降低，金属元素的生物有效性显著升高。如果这些金属元素是植物的必需营养元素，那么其生物有效性的升高可以促进植物生长；但是如果是一些重金属元素，则会对周边水体和农产品质量安全存在潜在威胁。土壤重金属活性会随着土壤酸度的提高而增加，土壤酸化增强有毒重金属元素如铅、镉、铜、锌、锰、镍等的活性，这是因为在低 pH 下，这些有毒金属离子的溶解度增大，从土壤固相中溶出，并提高了其在土壤溶液中的浓度。不同类型重金属元素对土壤酸化的敏感度不同，镉和锌对土壤 pH 的变化很敏感，当土壤 pH 下降至 6.0 时，其溶解度明显增加；而当土壤 pH 下降至 5.0 时，铜、铅和铬的溶解度也明显增加。研究表明，植物镉的累积量与土壤镉总量无关，主要取决于土壤有效镉含量，而土壤有效镉含量及其在植物体内的累积又取决于土壤 pH。在 pH 为 5.5 的土壤上种植菜心和胡萝卜（连续种植 3 年），两者的平均镉含量较种植在 pH 为 6.6 的土壤上的高出 46%；菜心内累积的镉与土壤 pH 呈负相关关系，pH 从 4.5 上升至 7.2 时，菜心积累的镉下降82.73%～97.38%；另外，植株根际的碱性环境能显著降低土壤中镉的生物有效性。

耕地土壤重金属污染严重影响农业生产，近年来我国已有 11 个省份的 25 个地区的土壤受到重金属镉的污染，污染的农田面积达到 $2.0 \times 10^7 hm^2$，约为全国总耕作面积的 20%。重金属是农作物中的主要污染物之一。福建沿海地区的 10 个市县的重金属镉的调查结果表明，土壤中镉的最大含量为福建土壤背景值的 3.86 倍。云南沘江耕地中重金属的积累富集现象较为严重，锌和镉的超标率分别为 91.67% 和 100%。海南是我国热带经济作物、反季节作物及水果的主要来源地，以无公害瓜果蔬菜闻名，随着海南经济和旅游业的发展，该地区土壤和水环境中的重金属含量不断升高，农作物也受到重金属污染的胁迫。研究表明，海南岛 26 个农业土壤中镉的分布情况为土壤剖面不同岩层中镉的含量差异较小，且均低于全球土壤平均值（0.35mg/kg），土壤剖面中残渣态镉的含量最高，而有机态镉含量在淋溶层、淀积层、母质层中分别占0.48%、0.32% 和 0.18%，所占比例最低。文昌和琼海两市 7 个胡椒种植地中，琼海的一个种植地镉的含量较高，在 0.21～0.30mg/kg，其余 6 个研究区镉含量均低于绿色食品产地标准中的限定值。琼北第四系冲松散沉积物区8 种重金属中的镉的含量较其他元素高，基性火山岩区 5 种不同母质农田土壤个别样点也存在轻微超标现象。海南瓜果及蔬菜也不同程度受到重金属污染影响，儋州地区各类野菜和莴苣叶中镉的平均含量为 0.05～1.33mg/kg，高于国家食品卫生标准。根据前期对琼北地区农田重金属水平的调查结果，发现该地区农田中部分点位镉含量高于国家土壤环境质量标准。土壤酸化将会增加上述土壤中镉的溶出以及在土壤-作物体系中的迁移，最终导致农产品中镉含量超出安全限值。

2. 重金属的毒害　以镉为例。镉不是植物生长必需的元素，当作物受到镉的危害时，其代谢过程紊乱、无法正常生长。镉能影响光合酶的活性和叶绿体的合成，导致光合作用减弱，也能破坏线粒体的结构，最终干扰植物的呼吸作用。植物体内镉浓度过高会使其细胞质膜无法选择性透过元素，导致膜受损，膜内部物质外渗，重金属进入植物体内；植物体内活性氧平衡被破坏，累积大量的氧基团，导致一些不饱和物质被氧化，即膜脂过氧化过程；并能使可溶性蛋白含量降低，脯氨酸等渗透调节物质的合成量减少，最终使植物的抗逆能力下降；镉胁迫还会抑制植物根系吸收矿物元素，导致植物营养缺失。

镉可通过食物链进入人体，严重危害人体健康。镉会导致肺部和肾脏受损，镉对肾脏的毒性作用相对较大，镉会在肾脏中大量积累且不可逆。同时，镉还会与人体内的负离子结合，交换出 Ca^{2+}，造成骨骼中钙严重缺失，继而导致骨质疏松，日本的"骨痛病"就与镉污染有关。另外，镉会抑制微量元素的吸收和代谢，阻碍血红蛋白的合成。因此，重金属元素严重威胁人体健康，重金属污染应引起人们的重视。

第四节　土壤酸化与植物生产力

一、土壤酸化对植物生长的影响

1. 土壤酸化破坏根系土壤微生物结构平衡　根系土壤中栖息着数量、种类繁多的微生物，它们参与了根系生长发育的全过程，对耕作的影响十分大。中性的土壤环境最有利于根际有益微生物的生长，偏碱性的环境较适合放线菌的生长，偏酸性条件下真菌的繁殖能力较强。土壤酸性较强时，有益菌的活性受到抑制，有害菌、真菌、病毒等活性增强，从而影响植物的生长发育。

2. 土壤酸化危害植物根系发育　根系不仅是将植物固定于土壤中的重要工具，还是从土壤中摄取水分和养分以及为植物的生长发育提供必要的物质基础的重要器官。在耕作的土壤生态系统中，各种自然、人为因素的改变都会对根系的生长产生影响，根系发育形态与空间分布是植物适应土壤环境的结果，从而直接影响根系在土壤中对水分、养分的摄取。土壤酸化会直接导致土壤养分流逝、重金属活化、铝活性增强，从而影响植物根系发育。土壤酸化通过抑制植物根系生长而影响植株正常生长发育。苹果根系生物量、根尖数量、根长度、根表面积在土壤 pH 为 3.82 时最低；土壤 pH 为 6.00 时上述指标值最高[13]；当土壤 pH 从 6.83 降低到 3.82 时，苹果植株的地上部分干重和植株总干重下降，并且土壤 pH 越低其下降程度越大[14]。当土壤 pH 为 4.50 时，玉米根系生长发育受阻，导致地上部叶面积指数降低和光截获能力减弱，地上部分干重减少 30%[15]。土壤中溶出的大量铝影响植物根系细胞分裂，抑制有丝分裂和 DNA 的合成，破坏激素平衡；影响酶活性，破坏膜结构、功能；影响植物根系对养分元素的吸收和代谢。由于铝和酶底物 ATP 可以形成 Al－ATP 复合物，大量的铝抑制玉米和小麦根系质膜上 Ca－ATP 酶和 Mg－ATP 酶的活性。

3. 土壤酸化影响植物吸收养分　土壤酸化影响植物对养分的吸收。与其他作物相比较，烟草适应酸性土壤的能力较强，但是土壤过酸也不利于烟草对氮、磷的吸收和利用。在土壤 pH 为 3.50 时，各品种烟草对氮、磷的吸收量和烟草含氮、磷的量均为最低[16]。在土壤 pH 为 5.00 时种植的玉米植株与在土壤 pH 为 5.50 时种植的玉米植株相比，磷的含量显著降低；在土壤 pH 为 5.00 时，由于土壤中铝含量过高，抑制了玉米对磷的吸收和运输，且玉米地上部分和地下部分对氮、磷、钾、钙、镁的吸收值最低；玉米养分吸收量随土壤 pH 上升到 7.00 时显著增大，可见土壤酸化抑制了玉米对养分的吸收[17]。

4. 土壤酸化影响植物生理代谢

（1）土壤酸化影响植物活性氧代谢　植物在逆境条件下，如土壤酸化时，会发生膜脂过氧化，导致膜结构破坏、有害活性氧类物质累积且无法被正常清除。丙二醛（MDA）为膜脂过氧化的产物之一，其含量大小与膜受损程度有关，可以表征植物膜的伤害状态[18]。过氧化物酶（POD）、过氧化氢酶（CAT）和超氧化物歧化酶（SOD）是植物体内保持活性氧类物质动态平衡、维持膜的稳定和保证植物正常生长的重要酶系统。植物受到逆境胁迫时，可通过调节这些酶的活性保护机体。保护酶活性与 pH 密切相关，pH 过低将会导致保护酶系统受到伤害。例如，苹果（平邑甜茶）叶片中 SOD 的活性在 pH 为 6.44 时最高，SOD 的活性随着 pH 的下降而降低，pH 为 3.82 时最低；当 pH<5.00 时，苹果叶片中 SOD、POD、CAT 活性均显著下降，MDA 含量显著增加，说明土壤过酸会导致膜脂过氧化水平提高，使保护酶系统受到损害。同时，植物 SOD 和 CAT 活性还可作为植物适应土壤 pH 的指标，不适宜的土壤 pH 会导致植物 SOD、CAT 活性下降[19-20]。

土壤酸化不仅影响植株保护酶活性，还影响植株非酶系统。刘少华等[21]的研究表明，杂交稻根系谷胱甘肽（GSH）和抗坏血酸（ASA）含量在根系 pH 为 6.00 时最高，在根系 pH 为 4.00 时最低，说明酸化也会抑制非酶系统的活性。因此，在低 pH 的环境中，植物的酶系统和非酶系统都会参与调节活性氧类物质的平衡,以维持植物的正常生长代谢[22]。

(2)土壤酸化影响植物光合作用 在土壤酸胁迫条件下,植物叶片叶绿素的荧光参数会发生改变,导致植物叶片光合速率下降,破坏植物光合系统,使光合活性降低。土壤 pH 为 4.5 时与 CK(pH 为 7.5)相比,牡丹的净光合速率显著下降,气孔导度下降,胞间 CO_2 浓度上升[23]。根区酸化(pH 为 3.0和 pH 为 4.0)使叶片放氧复合体(OEC)的结构和功能发生了改变,荧光参数上升,光化学猝灭系数和光化学性能指数下降,说明根区酸化不仅影响叶片光系统 PSⅡ 的光合结构和功能,还影响 PSⅡ 受体侧的电子传递[24]。与 pH 为6.0 处理相比,pH 为 3.0 处理柑橘叶片叶绿素 a、叶绿素 b 和类胡萝卜素含量均显著下降,放氧复合体受到破坏,叶片光系统 PSⅡ 受体侧受到伤害,使柑橘叶片 PSⅡ 复合体受到损伤[25]。

二、土壤酸化对农产品产量、质量的影响

土壤酸化加速了土壤 pH 的下降,直接导致养分流失、有害菌活跃,使部分有毒重金属元素活化,导致土壤肥力下降,进而影响作物的正常生长发育,对农产品的质量、产量有直接的影响。因此,土壤酸化已成为热区耕地限制作物保质增产的重要因素之一。

1. 土壤酸化对农产品产量的影响 适宜种植作物的土壤 pH 应在 5.5～7.5,过度施用化肥可以使土壤 pH 降至 4.0 以下。在一些蔬菜基地,酸化造成土壤板结,即使浇水水分也很少渗透进土壤,必然会影响植物对土壤中养分的吸收,影响产量。以小麦为例,在酸性土壤中播种小麦种子,能够生根、发芽和出苗。轻度酸化麦田的小麦,3 片叶以后开始发黄,4 片叶以后分蘖迟缓,冬前分蘖少;重度酸化麦田的小麦出苗以后就发黄,分蘖困难,冬前常会出现单根独苗。"黄、稀、矮"是酸化麦田冬前和早春的典型症状,被形象地称为"斑秃"。后期小麦群体小,减产率为 20%～50%,严重者会绝收。茶叶同样受酸化影响,当土壤 pH 为 5.3 时,茶叶产量为 6 000kg 左右[26],而当土壤pH 为 3.3 时,春茶和秋茶的产量在 3 000kg 左右。水稻是耐酸性较强的作物,但在土壤酸化程度不断加剧的情况下,水稻的生长也受到明显的影响。酸性土壤改良是提产增收的当务之急,相对于酸性土壤,改良后的土壤栽培出的琯溪蜜柚春梢粗壮,叶片厚度与单叶重量有增加,植株性状健康,同时琯溪蜜柚的产量有一定的增产效果,每亩增产 137.9～160.6kg[27]。

适宜的土壤 pH 是作物生长发育的基础。以山东文登花生耕地为例,1982—2015 年,土壤 pH 平均值由原来的 6.4 降至 5.5,下降了 0.9 个单位,

土壤酸化已成为该地花生产量的主要障碍因子[28]。土壤 pH 降低影响了土壤氮、磷、钾等元素的矿化、固定和吸收。土壤的酸碱度对土壤养分的转化，特别是对磷和微量元素的有效性有很大影响。在酸性土壤和石灰性土壤中，磷常被铁、铝等元素固定为无效态。在酸化条件下，磷、钼的活性也大大降低，不能被花生正常吸收利用。而磷、钼等元素对花生生长发育起着重要作用，如果缺乏，则造成花生荚果秕、小甚至空壳，严重影响其产量[29]。提高土壤 pH 可使土壤中磷、钼的有效性提高[30]，利于花生的吸收利用，从而提高花生的饱果率，达到增产的目的。通过施用生石灰提高土壤 pH，花生产量可增加 439.5kg/hm²，增产 12.3%[31]。

2. 土壤酸化对农产品质量的影响

土壤酸化导致某些重金属的生物有效性显著升高。重金属元素通过根吸收从土壤进入植物体内，可通过干扰细胞正常的代谢途径以及物质在细胞中的运输过程，尤其是干扰植物的光合作用、呼吸作用和抗氧化系统抑制植物的生长发育，对植物造成明显的伤害。

土壤酸化造成植物不同程度的重金属超标，进而威胁食品安全。酸化的根本原因是土壤中盐基离子 Mg^{2+}、Ca^{2+} 等流失，导致铅、镉、铬等重金属的活性增强。1993 年廖自基等的研究表明，植物不同部位吸收和积累的镉量有所不同，镉主要积累在新陈代谢旺盛的器官内（根和叶），而在营养贮存器官则相对较少，即镉在植物各部位的分布为根＞叶＞枝花＞果实＞籽粒。叶类蔬菜对某些重金属元素有较强的富集能力，存在于土壤中的重金属可能通过污染蔬菜进入食物链，进而进入人体，人类长久食用，会慢性中毒，身体健康受到威胁。

土壤酸化使大棚蔬菜线虫病发生广泛、恶性杂草臭莎大量生长。另外，香蕉裂果、苹果粗皮病、果树流胶病等都是由土壤酸化造成的。要解决这些病虫害问题，往往需大量施用农药，如杀虫剂、杀菌剂或除草剂，导致农产品农药残留超标风险大大增加。

陈晓婷等的研究表明，在不同酸度土壤上种植新的茶树后，茶叶品质有明显不同，茶叶中茶多酚、茶氨酸、氨基酸、咖啡因等的含量随着 pH 的升高而升高，当 pH 为 5.32 时达到最高。同时茶素组分的含量也呈同样的趋势。另外，研究还发现对土壤施加腐植酸后，可改善土壤酸化环境，显著提高大田白菜产量，降低病死率，同时还使白菜中的钙、磷、钾等营养元素的含量都显著增加[26]。

三、酸性土壤上植物的耐铝机制

在富铝酸性土壤上生长的植物，在长期的进化过程中，已形成了各种各样的耐铝机制。铝毒是热区酸性土壤植物生长的主要障碍因子，不同植物种类或者同一植物的不同品种对铝毒的响应能力差异很大。植物的耐铝机制分为内部忍耐机制和外部排斥机制，内部忍耐机制是植物在外部机制效率不高时，将吸收的铝以无毒或者毒性较小的化合物的形式贮存使其失活，或以主动运输的方式将活性铝转移到细胞质外，从而减轻铝对植物的毒害；而外部排斥机制主要是指植物通过改变自身生长的外部环境以保护自己外部敏感部位不受到毒害或阻止 Al^{3+} 进入植物体内或细胞内的敏感代谢部位。

1. 植物耐铝的外部排斥机制 植物耐铝的外部排斥机制包括根系分泌物调控、细胞壁的作用、质膜的选择透过性、根际 pH 屏障。

（1）根系分泌物调控 根系分泌物是植物在生长发育过程中通过根系不同部位向外界环境中释放的各类有机化合物质的总称。植物根系分泌有机酸被认为是植物抵抗酸化土壤中铝毒的最重要的一个自我保护机制。研究认为，在酸性土壤中，植物耐铝性能和根系分泌的有机酸具有相关性（表 5-1），有机酸能够和铝螯合形成对植物无毒的铝-有机酸复合物，降低土壤中活性铝对植物的毒性。另外，根系分泌的无机磷和酚类物质等也是部分植物抵抗酸性土壤中铝毒的主要机制。在大量铝溶出的土壤环境中，无机磷可以在植物根系表面、质外体或根际与土壤中的活性铝结合成铝-磷复合物，降低了根际 Al^{3+} 活度，达到提高根际 pH 的效果。铝还能诱导根系分泌一些酚类物质，这些物质可以和 Al^{3+} 在中性条件下形成稳定的化合物以缓解植物体内的铝毒害。然而，在酸性条件下，Al^{3+} 和 H^+ 共同竞争酚类化合物的结合位点，所以与酸性溶液中的大多数有机酸相比，酚类物质对金属的结合能力较低。有研究认为，根尖细胞分泌的黏胶物质与植物抗铝性有一定的关系。研究者发现，酸性土壤中的铝胁迫可诱导菜豆根尖的黏胶物质分泌量增大，且可在植物根表形成一层黏胶层，耐铝性菜豆根表的黏胶层厚于敏感性菜豆。去除根尖黏胶物质后发现豇豆根尖铝的累积量增加，且植物的耐铝性变弱，说明植物根尖的黏胶物质与铝具有很强的亲和力，证实了根表细胞分泌的黏胶也是植物排斥铝毒的耐性机制之一。根尖黏胶主要由多糖、葡萄糖和多糖醛酸等物质组成，其抗铝毒害的原因可能是 Al^{3+} 在进入植物根系的过程中与根尖黏胶结合形成了铝-糖复合物，从而阻止了 Al^{3+} 向植物根表以上运输，以使植物免受铝的毒害。

表 5-1　铝诱导不同植物有机酸的分泌

植物	分泌的有机酸
芋	草酸
烟草	柠檬酸
荞麦	草酸
萝卜	柠檬酸、苹果酸
油菜	柠檬酸、苹果酸
菠菜	草酸

资料来源：沈仁芳，2007，铝在土壤-植物中的行为及植物的适应机制。

(2) 细胞壁的作用　作为植物防御酸化土壤环境的第一道屏障，细胞壁在植物耐铝毒机理中的作用备受关注。根尖细胞壁是最先接触和感受 Al^{3+} 的部位，大多数土壤 Al^{3+} 进入植物根系后均被结合到了根尖细胞壁上，Al^{3+} 通过与植物细胞壁和质膜作用抑制根细胞伸长和分裂，因此大量 Al^{3+} 在根尖细胞壁上积累，对植物根尖产生毒害。细胞壁的组分有果胶、纤维素、半纤维素及一些功能性蛋白，果胶是初生细胞壁的主要成分之一，存在于相邻细胞壁的胞间层。研究认为由于细胞壁果胶中大量的游离羧基具有许多高负电荷，是铝在细胞壁上的主要结合位点，因此果胶对植物细胞壁的耐铝性有一定作用。铝胁迫会改变果胶、木质素、半纤维素、细胞壁多糖蛋白等根系细胞壁组分及相关酶的代谢，使细胞壁加厚、变硬、延展性降低，从而阻碍根的伸长。水稻耐铝试验表明，在没有铝的外排机制作用下，敏感型水稻根尖（0～10mm）比耐铝水稻积累更多的铝，而其细胞壁上多糖（果胶、半纤维素Ⅰ和半纤维素Ⅱ）含量、果胶甲基酯酶活性、果胶酸自由残基含量均明显大于耐铝型水稻根系。通过对比拟南芥细胞壁各组分吸附铝的能力（半纤维素Ⅰ＞果胶＞半纤维素Ⅱ）可知，细胞壁的半纤维素是铝的主要结合部位，半纤维素会参与细胞壁 Al^{3+} 的结合与积累。

(3) 质膜的选择透过性　铝进入植物体的第二道屏障为质膜，植物可以通过降低质膜的流动性改变其选择透过性，进而阻碍铝进入植物体内。研究表明，在土壤铝胁迫下，耐铝型小麦抗铝的主要机制为细胞膜能维持正常的膜势和离子吸收。对植物根系原生质体 Zeta 电位势和耐铝性的相关性进行分析发现，铝与膜蛋白的结合差异决定了植物的耐铝性，耐铝植物的膜蛋白与铝的结合较松。此外，膜脂成分的改变也被认为是植物质膜抗铝的另一种机制，研究显示铝胁迫可以诱导合成 $1，3-\beta-D-$葡聚糖（胼胝质）来改变质膜的性质，植物根尖铝含量与铝诱导合成的胼胝质浓度显著正相关，而胼胝质的浓度与植物耐铝性密切相关。

（4）根际 pH 屏障　植物根际 pH 的升高也是植物耐铝的重要机制之一。研究证明，pH<4.5 的酸性土壤中，活性铝对植物产生毒害作用。根际土壤 pH 的上升会产生一道屏障，阻碍铝进入植物根系，活性铝（主要为 Al^{3+}）会发生水解或聚合反应，由有毒形态转变为无毒形态，提高植物耐铝能力。研究发现，大豆培养液 pH 由 4.5 上升至 4.6 时，根际铝浓度就会降低 26%。目前，研究认为耐铝型植物在铝胁迫下提高溶液 pH 的途径主要有以下几种：①植物自身吸收 H^+ 增加根尖 H^+ 内流。如拟南芥耐铝突变体 Alr‑104 可以通过吸收土壤 H^+ 增加根尖的 H^+ 内流，使根系周围的 pH 升高 0.10～0.15 个单位，使根际环境中活性 Al^{3+} 转变为对植物毒害作用较小的稳定态铝。②植物分泌无机磷并排出细胞，并且和环境中的质子结合，使植物根冠 pH 升高。③硝酸还原酶催化 NO_3^-‑N 代谢反应，如耐铝型水稻在铝胁迫下根系的硝酸还原酶活性和 NO_3^-‑N 的代谢速率比铝敏感型水稻高，根际 pH 得到显著提高。推测原因为硝酸还原酶催化 NO_3^-‑N 代谢反应，在植物根际产生了 OH^-，OH^- 又被转移到根际表面，以提高根际 pH。④植物根尖细胞膜上的 H^+‑ATPase 具有调控植物根际 pH 的功能，H^+‑ATPase 主要通过吸收根际的游离 H^+ 进入细胞内，达到提高根际 pH 的目的，耐铝型小麦品种 ET8 根尖的细胞质膜 H^+‑ATPase 活性和根际 pH 都显著高于铝敏感型 ES8，且质膜 H^+‑ATPase、根际 pH 与根尖铝含量极显著相关。⑤铝处理可以使植物通过使净 OH^- 流出根系提高外界 pH，使铝沉淀、络合在植物体外；铝处理后，耐铝型小麦比铝敏感型小麦更能维持较高的根系 pH。

2. 植物耐铝的内部忍耐机制　过量 Al^{3+} 对自然界大多数植物是有毒的，但也存在一些植物，体内积累了大量的铝却并不表现出毒害症状，更有些植物只有在适当铝浓度下才能正常生长。如绣球花（*Hydrangea*）叶片中铝的含量达 3mg/g，茶（*Camellia sinensis* L.）叶片中的铝含量高达 30mg/g，荞麦（*Fagopyrum esculentum*）叶片中铝的含量则接近 15mg/g，这些植物的叶片中积累了如此多的铝却能正常生长，人们认为这些植物具有内部耐铝机制。内部耐铝机制即植物将已经吸收的铝通过自身调节转化成毒性很小或无毒的铝结合态贮存在细胞内使其失活，或者以主动运输的方式将其转移到细胞质以外，进而缓解铝的毒害作用。内部耐铝机制主要包括铝在细胞质内的螯合、逆境蛋白的产生、耐铝酶的产生和液泡的区隔化。

（1）铝在细胞质内的螯合　通过细胞液内的螯合剂对铝进行螯合，可大大降低活性铝对植物的毒害，细胞液中的螯合剂有低分子量的有机酸、酚类化合物等。研究发现耐铝型荞麦叶中可积累高达 15 000mg/kg 的铝，其叶和根部的铝主要以 1∶3 的铝-草酸复合物存在，而在韧皮部则以铝-柠檬酸复合物的形式存在；耐铝型绣球花叶片中的铝（15.66mmol/kg）有 77％位于细胞液中，且主要以 1∶1 的铝-柠檬酸复合物的形式存在，用铝-柠檬酸复合物对玉米进行胁迫，玉米根的伸长并不会受到抑制，也不会降低其细胞的活性，但是用同样浓度的单体铝对玉米进行胁迫就会抑制玉米的生长。研究认为荞麦耐铝的机制为铝胁迫下的荞麦叶中铝大部分存在于液泡中，且 80％的铝以 1∶3 的铝-草酸复合物存在，且认为荞麦根系中的铝-草酸复合物在向茎运输的过程中转化为铝-柠檬酸复合物，当其被转运至叶片时又转化为铝-草酸复合物并且大量存贮于液泡中。在其他以内部耐受为主要耐铝机制的植物中也发现了该机制，说明通过细胞液溶质（主要是有机酸）与进入细胞中的铝形成螯合物以达到降低铝对细胞器的毒害的目的是内部耐受植物的主要耐铝机制。细胞液内可以螯合铝的除有机酸外，一些酚类化合物对铝也有一定的螯合作用。耐铝型茶树中铝以茶酚- Al^{3+} 的形式存在于叶片细胞内，大大降低了铝对茶树的毒害作用；有研究通过对^{27}Al -核磁共振分析，也证实了茶叶细胞中的铝以茶酚-Al^{3+} 的形式存在；而玉米的抗铝性与植物体内黄酮素、儿茶素及奎宁含量有较高的相关性。

（2）逆境蛋白的产生　植物在受到铝胁迫后会诱导产生分子量较低的金属结合蛋白（Mt）和植物螯合肽（PC），这些蛋白的合成对于降低植物铝毒害有一定的作用。研究发现，铝胁迫会诱导耐铝性小麦 PT741 合成 51ku 蛋白质，而在铝敏感品种中该蛋白却未被发现；在对小麦耐铝机制进行研究时发现，铝敏感型小麦 ES8 的根尖蛋白受到显著影响，但耐铝型小麦 ET8 的根尖蛋白几乎没受到影响。铝胁迫下耐铝性苜蓿品种会产生一种 18.7ku 的蛋白，而铝敏感苜蓿品种则没有；植物体内存在对铝有再分布作用的转运蛋白，可以把铝分隔在对铝不敏感部位以抵抗毒害，在拟南芥中发现了可以将铝运入液泡的两种转运蛋白 ALS1 和 ALS3，ALS1 是存在于植物微管系统和根尖的蛋白，ALS3 是在铝诱导下产生在植物叶片韧皮部、叶排水细胞质膜和根皮层的转运蛋白。

（3）耐铝酶的产生　酶系统作为维持植物生长发育的重要物质，在植物体受到外界环境刺激时会产生应激响应，在铝诱导下，某些耐铝型植物体内相关酶活性会增强，研究者认为诱导耐铝酶系的形成也是植物内部耐受机制的一部分。铝胁迫可以提高细胞内的 ADP/ATP 转位酶、烯醇化酶、葡萄糖淀粉酶等的活性；南瓜可以通过增强抗坏血酸酶系统的活性来提高自身耐铝能力；花生可以通过增强硝酸还原酶（NR）和谷氨酰胺合成酶（GS）的活性来提高自身耐铝能力。铝胁迫下的水稻体内 SOD、APX 两种酶活性显著增加，以减轻铝毒害引起的 ROS 对细胞的毒害。也有研究发现植物体在遭受铝毒害时，POD、CAT、SOD 等的活性也会升高。

（4）液泡的区隔化　液泡是一个由膜包被的泡状细胞器，是高等植物、真核细胞与动物细胞的主要标志。液泡相对独立地参与了植物体内的细胞的渗透调节和细胞内物质的运输、累积及代谢活动。液泡的区隔化被认为是内部耐受植物另一个重要的耐铝机制，通过把铝分隔在对铝不敏感的部位（如液泡）以降低铝的毒害作用。对铝超积累茅类植物 *Richeria grandis* 的叶片进行了 X 射线微分析发现，铝能够在该叶片的液泡中有效积累；对耐铝植物叶片铝的亚细胞分布研究发现，80％以上的 Al^{3+} 在植物叶片中与小分子有机酸结合聚集在原生质体中而后被固定在液泡内；通过核磁共振技术发现小麦叶片中的铝多以稳定的磷-铝化合物形态存在于液泡中，从而降低铝的毒害作用。

第五节　土壤酸化与生态环境

一、土壤酸化对微生物体系的影响

土壤 pH 影响微生物的活性和数量，且对不同种类的微生物有不同的影响。中性环境（pH 为 7.0）最有利于土壤微生物数量的增加；pH 为 6.3 左右的土壤，细菌数量达到最大值；偏碱性环境适合放线菌生存，而真菌则适合在偏酸性环境中生存[32]；土壤酸化导致微生物数量减少、生长和活性受到抑制，影响土壤中有机质的分解和矿质元素的循环[33-34]。果园土壤酸化程度随着种植年限的增加而加剧，尤其是 15 年以上的果园，土壤放线菌和细菌由于土壤酸化而大量减少、活性降低，而真菌受土壤酸化的影响较小[35]。土壤酸化制约微生物的生长繁殖，细菌数量与土壤酸度密切相关。唐明等[36]施用石灰改良酸性土壤，结果表明，向酸性土壤施用石灰后，土壤放线菌、细菌数量分别提高 32.9％～73.3％和 32.7％～115.8％，真菌数量降低 25.0％～51.9％。土壤 pH<4.5 时，土壤微生物活动由于土壤铝毒害和强酸环境而受到了抑制，并且酸化土壤施用石灰提高土壤 pH 后，土壤微生物量碳、微生物量氮也随之增加[37]。土壤酸化不仅影响微生物数量，还影响微生物种群繁衍，明显抑制放线菌中链霉菌的繁衍，不利于细菌的主要菌属假单胞菌属和棒杆菌属的生

存。相反，偏酸性条件有利于真菌中根霉菌、曲霉、青霉、木霉种群的扩大[38]。酸雨作用下，溶杆菌属和产黄杆菌属的相对丰度明显提高，而马赛菌属的丰富度则明显降低，说明溶杆菌属和产黄杆菌属为酸性条件下的主要菌属，马赛菌属则为受酸性环境影响最大的主要菌属[32]。

二、土壤酸化对生态的影响

土壤酸化时，土壤固相铝会被解吸到土壤溶液中或以交换性铝的形态吸附于土壤胶体上，使土壤毒性铝活性增强[39]。虽然我国南方地区水热资源丰富，但是由于铝毒、锰毒、酸害及一系列养分胁迫因子的存在，土壤的生产潜力难以发挥[40]。酸化对植物群落结构的影响不容小觑。研究发现，虽然亚热带湿润森林系统在酸性土壤环境中拥有最大的物种丰富度，但是，相比于其他森林生态系统，亚热带湿润阔叶林系统对进一步的土壤酸化更加敏感[41]。这对我国南方酸性土壤区域森林系统的保护具有警示作用。刘芳等[42]在内蒙古典型草原上连续5年施用氮肥，发现施肥引起的土壤酸化降低了草原微生物碳、氮及微生物活性，改变了土壤微生物碳代谢群落结构多样性[43]，长期的氮沉降致使草原酸化后，草原植物物种丰富度显著降低[44]。对长白山土壤不同海拔梯度下裸足肉虫的群落分布特征进行研究发现，裸足肉虫的丰富度和多样性均与土壤 pH 呈极显著的正相关关系。大棚蔬菜酸性模拟试验结果也表明，土壤酸化会显著影响微生物群落组成[45]。土壤细菌对土壤酸化比较敏感，而土壤真菌对土壤酸化不太敏感[46]。不同的氨氧化微生物对低 pH 的响应也不一样，氨氧化细菌比氨氧化古菌对低 pH 更加敏感[47]。由以上分析可知，土壤酸化对植物、动物和微生物都有影响，这必将改变酸性土壤的整个生态系统特征。

三、土壤酸化对环境的影响

土壤酸化的本质是土壤本身化学性质的变化。一般情况下，土壤中的金属元素随着 pH 的上升活性较低[48]，易被土壤颗粒吸附。当土壤 pH 降低时，一些元素特别是金属元素会被溶解、释放或转化为可被植物吸收利用的有效态，增加了这些元素的生物有效性[49]。植物缺乏的营养元素生物有效性的提高可以改善植物生长。而如果是重金属等毒害元素的有效性提高，则会对动物、植物、微生物的生长、农产品品质、地下水环境造成严重危害。酸性土壤重金属对农产品品质和地下水环境的影响是一个值得重视的课题。例如，在 pH 小于6.0 时，土壤中镉的离子交换态比例升高，能达到总量的 40%～60%；在 pH小于 6.5 时，铅的离子交换态占总量的比例也显著上升；而砷的离子交换态比例在中性或酸性环境中不升反降[50]。铝是土壤中最丰富的金属元素，土壤酸化会急剧增加土壤溶液中 Al^{3+} 的浓度，这对水体环境和农产品品质会构成潜在威胁。面对环境胁迫，大部分植物进化出了一种机制，虽然植物根系铝含量很高，但地上部和种子中的铝含量却很低[51]。因此，粮食作物和大部分蔬菜作物的可食部分铝含量比较安全，但是铝对地下水、河流、湖泊的影响仍值得探讨。除了铝和重金属，土壤中很多元素的有效性都受 pH 影响。例如，土壤酸化时，大量盐基离子被淋失，有效硅、有效硼、碱解氮含量随 pH 的下降直线下降，给农业生产带来不利影响[50]。土壤酸化和磷富集是我国长江三角洲地区蔬菜地的重要问题[52]。氮和磷的淋失加重了土壤酸化的负面环境效应[52]，有的大棚蔬菜地土壤 pH 低于 5.0。一些废弃矿山、矿井引起的土壤酸化不仅引发土壤环境问题，而且腐蚀金属设备、破坏水体、毒害水生生物，甚至影响国家的水上建设[53]。上述土壤酸化引起的环境问题应该引起人们的高度关注和重视。

综上，土壤酸化对生态环境影响的最终结果将导致我国适宜农耕的土壤面积越来越小，这必然会威胁到国家粮食安全及农业的可持续发展。土壤酸化导致营养元素和盐基离子淋失，土壤中重金属离子活性增强，抑制土壤微生物和酶活性，进而导致土壤贫瘠，严重限制了土壤生产潜力。

根据相关农业部门的统计数据，近 30 多年来，受大气酸沉降和氮沉降、过量施氮、不合理灌溉等因素影响，全国土壤 pH 平均下降了 0.6 个单位，酸性耕地面积（pH<5.5）从 30 年前的 7% 上升至目前的 18%。农耕地土壤 pH 处于 6.5 以下的约占全国耕地土壤的 40%（7.3 亿亩），农耕地土壤 pH 处于 5.5 以下的约占 12.4%（0.15 亿 hm^2），约 1.3% 的土壤 pH 处于 4.5 以下（152.41 万 hm^2）。尤其是南方 14 省份土壤 pH<6.5 的比例由 30 多年前的 52% 增加到目前的 65%，pH<5.5 的由 20% 扩大到 40%，pH<4.5 的由 1% 扩大到 4%。根据 2005—2011 年对 902 万个测土配方施肥数据统计结果的分析，与第二次全国土壤普查时的 pH 数据相比较，全国耕地土壤 pH 下降了 0.13~1.30 个单位，平均下降 0.80 个单位。以上调查数据说明我国土壤酸化问题十分突出。相关文献报道指出，在我国珠江三角洲地区、华南地区、西南地区、华北平原胶东半岛区、东北平原区，无论是森林、农田、草地、茶园、果园、保护地等不同土地利用方式下的自然植被，还是木本作物、粮食作物、经济作物，土壤酸化问题均比较普遍发生，土壤 pH 下降显著。近年来，国内关于土壤酸化的研究报道涵盖了我国大部分省份、多种土壤类型，包括我国北方非酸性土壤（潮土、黑土、棕壤等）也表现出明显的酸化态势。

第六节　耕地土壤质量评价

一、耕地土壤质量评价、政策解读及研究现状

1999 年国土资源部启动了全国农用地分等定级估价项目，并于 2003 年颁布 TD/T 1004—2003《农用地分等规程》，指导全国农用地分等工作，目前 31 个省份的农用地分等工作已全面完成。农用地分等主要是以农用土地为对象，以土地的生产力指标、土地质量指标和土地生态环境指标为依据，对农用地质量进行评价。但是各地在分等实践过程中较少考虑土地生态环境指标，一方面是防止地方上为实现少补耕地的目的而人为污染被占用耕地，降低被占用耕地等级，另一方面也是因为当时的土地生态环境资料难以获取。土地生态环境质量是土地质量的一个非常重要的方面。2006 年国家环境保护总局组织开展了全国土壤污染状况调查工作，2008 年中国地质调查局组织开展了多目标区域地球化学调查和土地质量地球化学评估工作，通过对土地资源的生态环境调查和评价获得了合理开发、利用和保护土地资源的必要信息，为综合评价土地质量提供了广泛的数据基础。2017 年，环境保护部、财政部、国土资源部、农业部、国家卫生和计划生育委员会五部委联合部署土壤污染状况详查，于 2020 年年底前摸清了农用地和重点行业企业用地污染状况。2021 年，农业农村部、国家发展和改革委员会、科学技术部、自然资源部、生态环境部、国家林业和草原局制定了《"十四五"全国农业绿色发展规划》（农规发〔2021〕8 号），在加强退化耕地治理中指出"在长江中下游、西南地区、华南地区等南方粮食主产区集成推广施用土壤调理剂、绿肥还田等技术模式，逐步实现酸化耕地降酸改良"。

农用地环境质量评估与类别划分通常基于以下几个方面：①以背景值为准绳，根据监测值与背景值的差异程度评估并划分产地环境质量的优劣；②以农用地相关环境质量标准为准绳，对监测值与标准值进行对比，进而评估农用地环境质量的优劣等级；③以农作物等支撑物的安全程度、生物安全性能保障为准绳，评估农用地环境质量的优劣；④综合相关标准、规范或规程等进行综合评估，如风险评估法。赵玉杰等[54]梳理了我国现行标准中有关农用地环境质量评价与类别划分所采用的技术方法，并探讨了发达国家所采用的技术方案。2016 年 5 月，我国发布了《土壤污染防治行动计划》（简称"土十条"），"土十条"明确提出要"实施农用地分类管理，保障农业生产环境安全"。其中第

七条提出要划定农用地土壤环境质量类别，将农用地按污染程度划为3个类别，未污染和轻微污染的划为优先保护类，轻度和中度污染的划为安全利用类，重度污染的划为严格管控类，以耕地为重点，分别采取相应管理措施保障农产品质量安全。以土壤污染状况详查结果为依据，开展耕地土壤和农产品协同监测与评价，在试点基础上有序推进耕地土壤环境质量类别划定，逐步建立分类清单。因此，农用地环境质量类别划定的核心问题在于如何对土壤环境质量进行科学评估与评价，怎样界定土壤环境质量的未污染、轻微污染、轻度污染、中度污染及重度污染。此外，农用地环境质量类别划定还涉及尺度问题，具体到田块监测点还是区域多点综合尺度，划分方法也存在一定差别。

目前，有些研究者已尝试将土地质量地球化学评估成果与农用地分等成果相整合：朱明仓等[55]采用因素法将土壤污染因素加到农用地分等指标体系中，评定出成都平原区农用地自然质量等级指数；吴克宁等[56]提出可以采用叠加法和因素法对研究区土地质量进行综合评估；赵颖丽等[57]采用叠加法对山西祁县农用地进行绿色产能区的评价及规划；黄勇等[58]分别采用物理叠加法和化学叠加法对四川罗江县耕地进行土地质量综合评价；何中发等[59]提出了物理叠加法和化学叠加法的各种不同组合模式。赵华甫等[60]利用农用地分等成果与土壤环境质量调查评价数据对耕地综合质量进行评估，即采用叠加法思想，将土壤污染因子作为一种限制性因素引到农用地等级评定体系中，使评价结果能够反映耕地健康生产能力的空间分布规律。

二、农用地分等与土壤环境质量评价融合方法研究

农用地分等是依据土地质量稳定的自然条件和经济条件，在全国范围内进行的农用地质量综合评定，侧重于用农用地生产能力高低来衡量农用地质量的好坏，分等成果在全国范围内具有可比性。土壤环境质量评价是单一环境要素的环境现状评价，主要是通过对土壤污染因素含量的调查统计分析评价土壤的受污染程度。土壤污染因素与农用地分等因素对耕地质量的影响方式有所不同。农用地分等因素与农用地生产能力密切相关，分等因素的优劣将直接引起作物产量的增减。土壤污染因素的影响特点是只有当土壤污染物含量达到一定浓度时，才会危害植物的生长发育，使农作物减产，使得土壤环境质量在产能层面的负面效应显化；实际上，当土壤中的污染物达到某一相对较低浓度时，就会通过土壤植物系统及食物链进入人体，影响人类健康，这一过程虽不会使作物减产，但是降低了农产品的品质。目前，土壤环境质量评价与农用地分等可借鉴的融合方法主要有叠加法和因素法两种。耕地质量影响分析表明土壤污

染因素是影响耕地质量的一种强限制性因素，如果直接加到农用地分等的评价指标体系中，污染因素对耕地利用的限制作用会受因素权重的制衡而有所弱化。而采用叠加法，首先根据土壤污染程度划分土壤污染限制区，其次利用土壤综合污染指数构建土壤环境评价系数，然后对农用地利用等指数进行修订，并依据修订后的耕地综合质量指数划分等级，得到的农用地质量评价结果更为科学。

三、耕地综合质量评估方法

1. 评价单元的划分　土壤环境质量评价单元多采用固定网格法来划分，其单元属性来自土壤环境质量调查样点数据，农用地分等单元的划分一般采用地块法，为便于成果的衔接，以耕地为评价对象的耕地综合质量评估可以选择分等单元作为评价单元。

2. 土壤环境质量影响因素的选择　影响土壤环境质量的因素是根据相关国家标准和行业标准，选取影响农产品品质的主要农田污染物含量作为土壤环境质量评价指标[61]。在污染元素的筛选过程中，应遵循污染元素对土壤环境质量有重大影响、因素指标值有较大的变化范围、指标值的变化对土壤质量有较显著影响的原则。

3. 土壤环境质量评价　根据《全国土壤污染状况评价技术规定（试行）》，土壤环境质量评价采用的方法主要是土壤单项污染指数法和内梅罗指数法。土壤单项污染指数法主要评价土壤中某一种污染物的污染程度。内梅罗指数法是一种突出最大值的计权型多因子环境质量综合评价方法。土壤同时受多种污染元素或化合物污染时，通常采用内梅罗指数法计算土壤综合污染指数，以完成对土壤环境质量的综合评估。

4. 土壤环境质量评价系数的计算　土壤环境质量评价系数以土壤综合污染指数作为确定修订系数的主要依据。土壤一旦遭受重金属污染，就很难彻底消除，不再适合种植粮食作物，考虑到存在污染的农用地与无污染的农用地在利用管理上应差别对待，所以按照综合污染指数的不同级别，分别制订了土壤环境质量评价系数。在土壤安全的状态下，可直接以利用等指数作为评价值，无需进行修正；当土壤在警戒线状态时，需要对其利用等指数进行减幅修正；当土壤存在污染时，应通过修正使评价指数位于利用等的最末级别。

5. 耕地综合质量等级的评定　耕地综合质量等指数以县级耕地利用等指数为基础，用土壤环境质量评价系数进行修订得到。根据修订后的耕地综合质量等指数按等间距法划分等级。

主要参考文献

[1] 钱晓莉，王定勇. 不同施肥条件下酸雨对土壤硝态氮淋失的影响 [J]. 贵州工业大学学报（自然科学版），2005，34 (1)：99-102.

[2] 赵旭，蔡思源，邢光熹，等. 热带亚热带酸性土壤硝化作用与氮淋溶特征 [J]. 土壤，2020，52 (1)：1-9.

[3] 吴道铭，傅有强，于智卫，等. 我国南方红壤酸化和铝毒现状及防治 [J]. 土壤，2013，45 (4)：577-584.

[4] Landon J R. Booker tropical soil manual：A hand book for soil survey and agricultural land evaluation in the tropics and subtropics [M]. USA，New York：Longman，1986.

[5] 龚子同，张甘霖，赵文君，等. 海南岛上土壤中铝钙的地球化学特征及其对生态环境的影响 [J]. 地理科学，2003，23 (2)：200-207.

[6] 肖智. 海南岛砖红壤中 Mn、Zn、Cu、Ni 含量、分布及污染评价研究 [D]. 海南：海南师范大学，2011：12-13.

[7] 龚子同，张甘霖，赵文君，等. 海南岛上土壤中铝钙的地球化学特征及其对生态环境的影响 [J]. 地理科学，2003，23 (2)：200-207.

[8] Hue N V，Vega S，Silva J A. Manganese toxicity in a Hawaiian Oxisol affected by soil pH and organic amendments [J]. Soil Science Society of America Journal，2001，65 (1)：153-160.

[9] Horst W J，Marschner H. Effect of silicon on manganese tolerance of bean plants (*Phaseolus vulgaris* L) [J]. Plant and Soil，1978，50 (1)：287-303.

[10] Hannam R J，Ohki K. Detection of manganese deficiency and toxicity in plants [J]. Manganese in Soils and Plants，1988：243-259.

[11] Galvez L，Clark R，Gourley L，Maranville J. Silicon interactions with manganese and aluminum toxicity in sorghum [J]. Journal of Plant Nutrition，1987，10 (9-16)：1139-1147.

[12] 周海燕. 胶东集约化农田土壤酸化效应及改良调控途径 [D]. 北京：中国农业大学，2015.

[13] 王晓彤，蓝兴福，安婉丽，等. 模拟酸雨对福州平原稻田土壤细菌丰度及多样性的影响 [J]. 中国环境科学，2019，39 (3)：1237-1244.

[14] 葛顺峰，季萌萌，许海港，等. 土壤 pH 对富士苹果生长及碳氮利用特性的影响 [J]. 园艺学报，2013，40 (10)：1969-1975.

[15] Sierra J，Noël C，Dufour L，et al. Mineral nutrition and growth of tropical maize as affected by soil acidity [J]. Plant & Soil，2003，252 (2)：215-226.

[16] 周冀衡，段灿枝，余佳斌，等. 根际酸度对烤烟生长与养分吸收的影响 [J]. 土壤，

2000, 32 (1): 43 - 46.

[17] 孟赐福, 周俊三, 水建国. 土壤 pH 与土壤养分有效度和玉米生长之间的关系 [J]. 土壤, 1987, 19 (3): 119 - 123.

[18] 张亚冰, 刘崇怀, 潘兴, 等. 盐胁迫下不同耐盐性葡萄砧木丙二醛和脯氨酸含量的变化 [J]. 河南农业科学, 2006, 35 (4): 84 - 86.

[19] 刘爽. 脂松苗木对土壤 pH 的生理响应 [D]. 哈尔滨: 东北林业大学, 2009.

[20] 魏媛媛. 土壤 pH 对蓝莓部分生理生化指标的影响 [D]. 哈尔滨: 东北农业大学, 2015.

[21] 刘少华, 吴宣潼, 陈国祥, 等. 根际 pH 对高产杂交稻幼苗根系抗氧化系统的影响 [J]. 南京师大学报 (自然科学版), 2011, 34 (4): 102 - 105.

[22] Chen L S, Cheng L. Both xanthophyll cycle - dependent thermal dissipation and the antioxidant system are up - regulated in grape (*Vitis labrusca* L. cv. Concord) leaves in response to limitation [J]. Journal of Experimental Botany, 2003, 54: 2165 - 2175.

[23] 孙晓刚, 王莉莉, 郭太君. 土壤 pH 对 3 个牡丹品种的生长及光合特性的影响 [J]. 东北林业大学学报, 2016, 44 (3): 42 - 46.

[24] 王利, 杨洪强, 张召, 等. 根区酸化对平邑甜茶叶片光系统 II 活性及光合速率的影响 [J]. 林业科学, 2011, 47 (10): 167 - 171.

[25] Long A, Zhang J, Yang L T, et al. Effects of low pH on photosynthesis, related physiological parameters, and nutrient profiles of citrus [J]. Frontiers in Plant Science, 2017, 8: 185 - 192.

[26] 陈晓婷, 王裕华, 林立文, 等. 土壤酸度对茶叶产量及品质成分含量的影响 [J]. 热带作物学报, 2021, 42 (1): 260 - 266.

[27] 何志发. 土壤调理剂对琯溪蜜柚产量及改良土壤酸化的影响 [J]. 福建热作科技, 2020, 45 (4): 30 - 32.

[28] 崔贤, 刘忠良, 李涛. 山东省文登市耕地资源评价与利用 [M]. 北京: 中国农业科学技术出版社, 2013.

[29] 李涛, 万广华, 赵庚星, 等. 山东耕地 [M]. 北京: 中国农业出版社, 2018.

[30] 肖忠义, 卢桂菊, 袁俊令, 等. 土壤 pH 对作物生长的影响 [J]. 山东农业科学 (增刊), 2004 (7): 164 - 165.

[31] 杨同荣, 崔贤, 徐婷, 等. 花生田土壤酸化改良集成技术研究与应用 [J]. 农业与技术, 2021, 41 (21): 70 - 72.

[32] 张昌爱. 大棚土壤模拟酸化对蔬菜根系生态环境的影响 [D]. 泰安: 山东农业大学, 2003.

[33] Pietri J C A, Brookes P C. Relationships between soil pH and microbial properties in a UK arable soil [J]. Soil Biology & Biochemistry, 2008, 40 (7): 1856 - 1861.

[34] 郭莉莉, 袁珍贵, 朱伟文, 等. 土壤酸化对土壤生物学特性影响的研究进展 [J]. 湖

南农业科学，2014，24（6）：30-32.

[35] 王富国，宋琳，冯艳，等．不同种植年限酸化果园土壤微生物学性状的研究［J］．土壤通报，2011，42（1）：46-50.

[36] 唐明，向金友，袁茜，等．酸性土壤施石灰对土壤理化性质、微生物数量及烟叶产质量的影响［J］．安徽农业科学，2015，43（12）：91-93.

[37] Kemmitt S J, Wright D, Keith W T G, et al. pH regulation of carbon and nitrogen dynamics in two agricultural soils［J］. Soil Biology & Biochemistry, 2006, 38（5）：898-911.

[38] 王晓彤，蓝兴福，安婉丽，等．模拟酸雨对福州平原稻田土壤细菌丰度及多样性的影响［J］．中国环境科学，2019，39（3）：343-350.

[39] 沈仁芳．铝在土壤-植物中的行为及植物的适应机制［M］．北京：科学出版社，2008.

[40] Zhao X Q, Chen R F, Shen R F. Coadaptation of plants to multiple stresses in acidic soils［J］. Soil Science, 2014, 179：503-513.

[41] Azevedo L B, Zelm R V, Hendriks A J, et al. Global assessment of the effects of terrestrial acidification on plant species richness［J］. Environmental Pollution, 2013, 174：10-15.

[42] 刘芳，李琪，申聪聪，等．长白山不同海拔梯度裸肉足虫群落分布特征［J］．生物多样性，2014，22（5）：608-617.

[43] 齐莎，赵小蓉，郑海霞，等．内蒙古典型草原连续5年施用氮磷肥土壤生物多样性的变化［J］．生态学报，2010，30（20）：5518-5526.

[44] Stevens C J, Dise N B, Mountford J O, et al. Impact of nitrogen deposition on the species richness of grasslands［J］. Science, 2004, 303：1876-1879.

[45] 张昌爱．大棚土壤模拟酸化对蔬菜根系生态环境的影响［D］．泰安：山东农业大学，2003.

[46] Zhao X Q, Shen R F. Aluminum - nitrogen interactions in the soil - plant system［J］. Frontiers in Plant Science, 2018, 9：807.

[47] Che J, Zhao X Q, Zhou X, et al. High pH - enhanced soil nitrification was associated with ammonia - oxidizing bacteria rather than archaea in acidic soils［J］. Applied Soil Ecology, 2015, 85：21-29.

[48] Vega F A, Covelo E F, Andrade M L. Competitive sorption and desorption of heavy metals in mine soils：Influence of mine soil characteristics［J］. Journal of Colloid and Interface Science, 2006, 298：582-592.

[49] 周国华．土壤重金属生物有效性研究进展［J］．物探与化探，2014，38（6）：1097-1106.

[50] 余涛，杨忠芳，唐金荣，等．湖南洞庭湖区土壤酸化及其对土壤质量的影响［J］．地

学前缘，2006，13（1）：98-104.

[51] Chen R F, Shen R F, Gu P, et al. Investigation of aluminum tolerance species in acid soils of South China [J]. Communications in Soil Science and Plant Analysis，2008，39：1493-1506.

[52] Liang L Z, Zhao X Q, Yi X Y, et al. Excessive application of nitrogen and phosphorus fertilizers induces soil acidification and phosphorus enrichment during vegetable production in Yangtze River Delta, China [J]. Soil Use and Management，2013，29：161-168.

[53] 许中坚，刘广深，刘维屏. 人为因素诱导下的红壤酸化机制及其防治 [J]. 农业环境保护，2002，21（2）：175-178.

[54] 赵玉杰，王夏晖，周其文，等. 农用地环境质量评价与类别划分方法研究 [J]. 环境保护科学，2016，42（4）：24-28.

[55] 朱明仓，郑景骥. 农用地质量评价与粮食安全研究 [D]. 成都：西南财经大学，2006.

[56] 吴克宁，高硕，汤怀志，等. 农用地分等与土地质量地球化学评估整合方案的探讨：2008年中国土地学会学术年会论文集 [C]. 北京：中国大地出版社，2008：1547-1551.

[57] 赵颖丽，吴克宁. 区域土地质量地球化学评估及其与农用地分等整合研究 [D]. 北京：中国地质大学，2008.

[58] 黄勇，杨忠芳. 四川省罗江县土地质量地球化学评估与农用地分等结果整合研究 [D]. 北京：中国地质大学，2008.

[59] 何中发，孙彦伟，方正，等. 生态地球化学成果应用于农用地分等及质量动态监测初步构想 [J]. 上海地质，2009（3）：35-43.

[60] 路婕，李玲，吴克宁，等. 基于农用地分等和土壤环境质量评价的耕地综合质量评价 [J]. 农业工程学报，2011，27（2）：323-329.

[61] 韩平，王纪华，潘立刚，等. 北京郊区田块尺度土壤质量评价 [J]. 农业工程学报，2009，25（2）：228.

第六章 热区耕地酸性土壤改良技术

第一节 土壤改良剂在热区耕地酸性土壤质量控制中的应用

一、石灰类改良剂在热区耕地酸性土壤质量控制中的应用

石灰类物质是常用的酸性土壤改良剂，在 2 000 多年前，古罗马人为了提高作物产量，把石灰应用在农业上。19 世纪末，石灰曾被用来提高森林产量，后来由于改良效果逐渐不佳，于 20 世纪 50 年代被停用，但是 20 世纪 80 年代后人们又开始施用石灰改良森林酸化土壤。我国也有长期施用石灰的习惯，特别在南方酸性红壤和黄壤地区，石灰为常用的土壤改良剂。施用石灰可以有效阻止土壤酸化，缓解土壤铝和其他重金属毒害，并补充钙、镁营养元素，在一定程度上可以提高土壤的养分循环能力和生物活性，从而改善植株根系土壤环境，促进根系的营养吸收和生长，改善植株的生长状况，对作物产量和品质具有积极作用。

1. 石灰类改良剂改良酸性土壤的原理 石灰类土壤改良剂的主要成分 $CaCO_3$ 与土壤溶液中的 H^+ 发生解离反应，也就是通常说的溶解过程，$CaCO_3$ 首先解离为 CO_3^{2-} 和 Ca^{2+}，一部分 CO_3^{2-} 继续解离为 CO_2 和 H_2O，在反应中，实际上同时存在 CO_3^{2-}、Ca^{2+}、CO_2 和 H_2O 几种成分。用一个简单的化学式表示上述两步反应为

$$CaCO_3 + 2H^+ \Longleftrightarrow Ca^{2+} + CO_2 + H_2O$$

土壤溶液中的 Ca^{2+} 把土壤胶体颗粒上吸附的 Al^{3+} 交换下来，这些 Al^{3+} 进入土壤溶液之后和水发生解离反应，2 个 Al^{3+} 和 6 个 H_2O 分子反应生成 2 个不溶于水的 $Al(OH)_3$，同时生成 6 个 H^+，化学反应式为

$$2Al^{3+} + 6H_2O \Longleftrightarrow 2Al(OH)_3 + 6H^+$$

第一步产生的 CO_3^{2-} 和第三步产生的 H^+ 中和，生成 CO_2 和 H_2O，化学反

应式为

$$3CO_3^{2-} + 6H^+ \Longleftrightarrow 3CO_2 + 3H_2O$$

总体反应如图 6-1 所示。

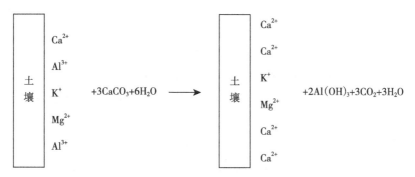

图 6-1 石灰类土壤改良剂进入土壤以后的总体反应

2. 石灰类改良剂的种类 常用的石灰类改良剂主要成分有生石灰（CaO）、熟石灰 [Ca(OH)$_2$]、石灰石（CaCO$_3$）、白云石粉 [CaMg(CO$_3$)$_2$] 等。不同种类石灰类改良剂的碳酸钙当量值（CCE）如表 6-1 所示。

表 6-1 常用石灰类改良剂及其性质

石灰类改良剂	化学成分	性状	CCE（%）
碳酸钙	CaCO$_3$（纯）	标准材料	100
石灰石	CaCO$_3$	各种细度	80～100
悬浮液或液态石灰	CaCO$_3$	非常细小的颗粒	95～100
白云质石灰岩	CaMg(CO$_3$)$_2$	镁含量<50%	95～100
白云石	CaMg(CO$_3$)$_2$	镁含量>50%	100～120
泥灰岩	CaCO$_3$	杂混黏土	70～90
生石灰	CaO	有腐蚀性	150～175
熟石灰	Ca(OH)$_2$	反应迅速	120～135
炉渣	CaSiO$_3$	各种成分	60～90
草木灰	钙、镁、钾氧化物	因燃烧类型而不同	30～70
电厂灰	钙、镁、钾氧化物	各种各样	25～50
牡蛎壳	CaCO$_3$	就近利用	≥95
水泥窑粉尘	钙氧化物	就近利用	40～100
生物固体和副产物	CaO、Ca(OH)$_2$	各种成分	各种数值

资料来源：Havlin J et al.，2013，Soil fertility and fertilizers：An introduction to nutrient management eighth edition。

注：CCE 是指以纯碳酸钙为标准的酸性中和当量，纯碳酸钙的 CCE 为 100%，其他材料的 CCE 实际上是纯碳酸钙的比较值。

纯碳酸钙中和土壤酸性的能力在理论上即碳酸钙当量为100％，常被作为标准来衡量其他石灰材料。不同种类石灰材料的CCE及其降酸作用强度是不同的，主要由所含成分和成分的组合比例决定。根据中和土壤酸性的能力将石灰类材料排列为生石灰＞熟石灰＞其他矿物类石灰（如石灰石、白云石等）。其中，矿物类石灰中和土壤酸性能力的作用效果持续时间比较长。虽然这些石灰类材料的主要成分不一样，但是它们中和土壤酸性的原理相似。

不同种类石灰材料对植株吸收营养的影响不同，由所含的成分和成分比例决定。以油菜为例，根据不同种类石灰材料对酸性土壤、油菜生长和产量的作用效果，推荐适宜的石灰材料及其用量分别为熟石灰粉1 125.0～1 687.5kg/hm²、碳酸钙粉1 500～2 250kg/hm²、白云石粉1 500～3 000kg/hm²。上述数据表明，不同种类石灰材料对土壤降酸作用效果迥异。施用过量的生石灰、熟石灰、碳酸钙粉末等石灰材料，容易导致土壤pH的跳跃式增加；但是，施用矿物类石灰就不会出现这样的情况，而且还可以减少煅烧等工艺带来的环境污染，节约成本。

石灰石降低土壤酸度的效果也因粒径的不同而不一样。石灰石粉粒径越小，对土壤pH的提升作用就越强，降低土壤交换性铝的量就越多。但是，随着施用时间的延长，石灰石粉降低土壤酸度的效果逐渐减弱。小粒径石灰石粉降酸效果的衰减速度大于大粒径石灰石粉。石灰石粉的粒径越小，与土壤的接触表面积越大，其在土壤中的溶解速度越快，中和土壤酸度的能力就越强，而降酸作用的持续时间就越短。因此，应当选择施用不同粒径组成的合适比例的石灰石粉，在保证快速降低土壤酸度的同时又能保持较长时间的作用效果。

3. 石灰类改良剂对酸性土壤质量的影响

（1）对土壤结构的影响　石灰类改良剂改善酸性土壤结构的原理主要为Ca^{2+}的絮凝化作用、无定形铁铝氧化物的形成和氢氧化物的沉淀。高浓度的Ca^{2+}和盐基饱和度（BS）通过挤压土壤胶体的双电子层达到降低土壤颗粒间排斥力的目的。施用石灰类改良剂后，酸性土壤中大量的交换性铝形态转变成羟基铝形态，这些羟基铝聚合物被土壤黏粒吸附在表面，减少土壤黏粒表面的负电荷，对土壤胶体和黏粒起到良好的凝结作用[1]。

土壤有机碳与团聚体稳定性显著正相关，而施用石灰可以显著降低土壤有机碳含量，这些损失的有机碳主要来源于与土壤大团聚体结合的轻组有机碳。然而，土壤有机碳又能与石灰中的钙形成更稳定的结构。在同等的土壤有机碳含量水平下，石灰处理会使得土壤团聚体结构更稳定。施用石灰处理的土壤的团聚体稳定性还与耕作方式相关。施用石灰对有机碳含量较高且耕作不规律的土壤团聚体没有显著影响，但是增加了有机碳含量较低且耕作频繁的土壤的小团聚体和原生颗粒含量，从而降低了这类土壤结构的稳定性。石灰用量的增加会增加土壤黏粒的分散性（图6-2），分散的土壤黏粒胶体会破坏土壤结构[1-2]，表现为堵塞土壤孔隙、使表土形成结皮和降低土壤透气透水性能。但是，石灰用量的增加不会无限增加土壤黏粒分散性。有研究表明，土壤 pH_{KCl} 低于 6.5 时，石灰施用量的增加会增加土壤黏粒分散性，从而降低土壤入渗速率；pH_{KCl} 高于 6.5 时，石灰施用量的增加会减少土壤黏粒分散性。也有研究表明，土壤团聚体稳定性与是否施用石灰没有显著相关性，但是，施用石灰显著提高了土壤孔隙度和大于 $1\,000\mu m^2$ 的孔隙量，从而提高了土壤透气透水性。施用石灰可以有效提高土壤的亲水性[3-4]，在一定的范围内，每公顷增加 1t 可使土壤含水量增加 $5.1\sim6.2mg/g$。

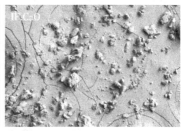

图6-2 不施肥处理（CK）和施用 NPK＋生石灰处理（IF.CaO）的土壤微观结构

在轮作系统中，土壤经过 NPK＋石灰处理和 NPK＋有机肥处理，在 $0\sim30cm$ 土层的团聚体平均重量直径（MWD）、水稳性团聚体数量（WSMA）和总孔隙度均得到有效提高，两个处理之间不存在显著差异[5]。在大豆-小麦 30 年轮作实验中[6]，NPK＋石灰处理和 NPK＋有机肥处理都可以有效增加土壤＞2mm 的大团聚体和 $0.25\sim2mm$ 的小团聚体数量，降低土壤＜0.053mm 黏粒数量，两个处理之间也没有显著差异。因此，在长期合理施用石灰的情况下，石灰对土壤物理结构稳定性的影响可以达到与有机肥相同的效果。

（2）对土壤酸度的影响　施用石灰类改良剂可以在较短时间内降低土壤酸度和提高土壤 pH。有研究表明，施用生石灰 $75\sim1\,800kg/hm^2$，土壤 pH 平均提升 0.16；连续 2 年施用石灰，稻田土壤 pH 升高 0.57。另外，在酸性红壤、黄壤上施用石灰，土壤 pH 可提高 2 个单位，土壤活性铝含量降低 33％～66％。

有关石灰类改良剂改良土壤酸度的持久性仍然存在争议。石灰类改良剂溶解度小，在土壤剖面上移动性很差，长期大量施用易引起土壤板结，钙、钾、镁等元素失调，导致镁与铝沉淀。在红壤地区施用石灰加速了土壤中有机质的分解，增加了土壤钙的析出，在其碱性消耗后，土壤进一步发生酸化，酸化程度加重，即土壤复酸化。但是，也有研究表明，在相当长的时间里，施用石灰后的强酸性土壤可以保持较高的 pH、较高含量的交换性钙以及较低含量的交换性铝，表明石灰可以有效阻止土壤进一步酸化，而且随着石灰用量的增加其降酸作用提高，这种变化趋势可以保持相当长的时间。随着石灰施用时间的延长，石灰的降酸作用会向深层土壤移动。

（3）对土壤元素淋溶的影响　石灰类改良剂含有大量钙、镁元素，施入土壤后会迅速提高土壤中交换性钙和交换性镁的含量，提升土壤盐基饱和度。长期施用石灰，Mg^{2+} 在土壤剖面中的移动要比 Ca^{2+} 快。在琼北蔗区酸化砖红壤上施用石灰的量达到 5g/kg 时，土壤交换性镁含量相比于对照下降了 9mg/kg，降幅达到 20％[7]，主要原因为 Ca^{2+}、Mg^{2+} 虽同为二价离子且水合半径相似，但是 Ca^{2+} 与黏粒的亲和力较强，会优先吸附在原来被聚合 Al^{3+} 所占据的有机交换位上。另外，石灰能够促进土壤硝化作用，致使硝态氮在土壤中快速积累，在淋溶过程中大量的 NO_3^- 发生淋失，淋失的 NO_3^- 进入地下水中，引发水体污染。

（4）对土壤养分的影响　短期或长期施用石灰类改良剂均能提高表层土壤 pH、减少速效钾在土壤剖面的运移和增加土壤剖面下层缓效钾的含量。施用石灰类改良剂会降低土壤淋溶 K^+ 量、累积 K^+ 淋溶量和 K^+ 淋溶率。但是，合理的石灰类改良剂施用量能够有效降低酸化红壤 K^+ 淋溶损失风险。过量施用石灰类改良剂会降低土壤有机质及其有效组分含量。在水稻田中连续 3 年施用石灰，与对照相比，水稻土中有机质含量降低了 24.3％；土壤有机质中的胡敏酸和富里酸随着石灰施用量的增加还会加速分解；土壤有机质的矿化率增加，土壤碳、氮循环会降低土壤中的氮含量。施用石灰类改良剂能增加土壤 pH，生成表面吸附能力较强的活性铁、铝沉淀聚合体，有利于土壤表面吸附有效磷。土壤 pH 的急剧升高使得交换性铝含量较高的酸性土壤生成氢氧化铝胶状沉淀，并与土壤中可溶性磷酸盐形成共沉淀，最终形成难溶性的磷铝石等难溶性磷酸铝酸盐聚合物，降低土壤有效磷含量。而且，由于 Ca^{2+} 在土壤黏粒表面的附着力高于 K^+，大部分吸附位点被 Ca^{2+} 占据之后，土壤溶液中 K^+ 含量增加，提高了 K^+ 的活度，然而过量石灰会造成土壤溶液中 K/Ca 失调，提高土壤对 K^+ 的固定能力，降低土壤中交换性钾和可溶性钾的含量。

（5）对土壤微生物群落的影响　石灰类改良剂能够提高土壤肥力，加速红壤生态恢复进程。土壤生态恢复过程伴随着土壤生物群落和生物功能的改变。

土壤 pH 对土壤微生物量有很重要的影响，一般情况下，施用石灰在提高酸性土壤 pH 的同时会增加土壤微生物量，土壤微生物生物量碳含量和基础呼吸速率均得到提高[8]。石灰对不同微生物类群的作用效果不一样。施用石灰对土壤细菌丰度和多样性有正效应，对真菌的影响不显著，这与石灰提高土壤 pH 有关。细菌群落的最适生长 pH 范围较小，真菌群落的最适生长 pH 范围较大。因此，土壤 pH 的强烈变化会对细菌造成显著影响，而对真菌不会造成较大影响。研究表明[9]，经过 4 年石灰处理的酸化林地土壤中嗜酸菌和革兰氏阳性菌群落多样性降低，而变形杆菌群落多样性增加。有研究表明，虽然有机肥＋石灰处理降低了酸性黄棕壤真菌数量，但是提高了土壤细菌/真菌[10]。另外，草地土壤中丛枝菌根真菌的侵染率也会因施用石灰而增加[11]。由于土壤生态环境的复杂性和特殊性，土壤类型和利用方式对土壤微生物群落产生一定的影响，石灰类改良剂对微生物群落的影响不能一概而论。

（6）对土壤重金属元素的影响　施用石灰类改良剂可以有效修复土壤重金属污染，其原理主要为通过提高土壤 pH、降低土壤交换性铝和交换性酸含量达到阻止土壤重金属毒害的目的。石灰类改良剂可以改变土壤氧化还原电位、pH、阳离子交换量、微生物群落组成等指标，影响这些指标变化过程中土壤重金属的吸附、沉淀、络合等。石灰类改良剂对土壤重金属污染的修复机理主要包括以下过程：

1）生石灰作用于土壤时，在土壤中水分的作用下生成熟石灰，释放热量，致使土壤脱水。熟石灰与黏土颗粒的反应也会产生额外的脱水特性，从而降低土壤的持水性。

2）石灰中的 Ca^{2+} 吸附到黏土颗粒表面，取代土壤中的 Na^+、K^+ 等阳离子，进行阳离子交换，提高了土壤阳离子交换量。

3）施用石灰提高了土壤中的 OH^- 含量，使 pH 升高，当土壤 pH 大于10.9 时，黏土颗粒分解并释放 SiO_2 和 Al_2O_3 等物质，分别与 Ca^{2+} 反应形成硅酸钙和水化铝酸钙，形成石灰稳定层的强度基质。由于土壤颗粒逐渐变硬后透水性降低，土壤中的重金属被固定不易被浸出。

4）石灰作为一种常见的强碱性物质，施用后能快速提高土壤 pH，并致使土壤中的重金属形成氧化物沉淀，降低可交换形态重金属的含量。土壤 pH 升高势必会驱动土壤微生物群落结构的改变，在这个改变过程中的生物化学作用下，形成一些可以与重金属络合的高分子聚合物，从而固定重金属，使其不易发生形态转变和迁移。

目前，研究较多的是石灰类改良剂对土壤镉污染的修复。由于土壤 pH 与土壤有效镉含量显著负相关，因此可通过改变土壤 pH 减少镉的毒害作用。农田耕作土施用石灰后可以有效降低 17.8%～21.7% 的交换形态镉含量，而土壤中铁锰氧化物结合态、有机结合态、碳酸盐结合态和残渣态镉的比例增加，从而降低土壤中镉的生物有效性，修复效果优于生物炭[12]。施用石灰后，镉污染水稻土中有效态镉含量降低，迁移到水稻中的镉减少，但是修复效果与石灰氮相比较弱[13]。综上所述，对受单一镉污染的不同利用类型土壤而言，施用石灰具有良好的修复效果。然而，有关石灰对铅、铜、锌等其他单一重金属污染的修复机理的研究比较零星，且对这类重金属污染修复的研究也少有报道。

在复合污染土壤的修复中，重金属种类组合不同也会使得石灰的修复效果存在差异。施加石灰石显著降低了广东清远市重金属污染酸性水稻土镉、铜、铅、锌的有效性，降低幅度为锌（99.1%）＞镉（91.4%）＞铜（85.6%）＞铅（46.1%），并显著降低了镉、锌的富集系数和转运系数[14]。不同重金属的生物有效性对石灰添加的响应因重金属本身化学性质的差异而不同。另外，土壤类型也是影响石灰修复效果的重要因素之一。在红壤和黄泥水稻土中施用石灰后，有效钝化了两种土壤中的铜和锌；相比于石灰，磷酸盐对红壤中铜和锌的钝化固定作用也较强，但是对黄泥土中铜的钝化作用弱[15]，主要原因为不同土壤中重金属存在形式的差异[16]。

决定石灰和石灰类物质修复土壤重金属污染效果的因素主要有以下三方面：①石灰及石灰类物质固有的特性，如生石灰（CaO）、石膏（$CaSO_4$）、熟石灰 [$Ca(OH)_2$] 等石灰物质的特性各不相同。生石灰施用于土壤后，与土壤水反应生成熟石灰，释放大量热量，不适合在作物种植期间施用。②不同土壤的氧化还原电位、pH、有机质含量、阳离子交换量等理化性质不同。在酸化比较严重的土壤中，施用石灰类物质对土壤酸度的调节效果较为显著，从而更为显著地影响重金属的生物有效性。③单一污染、复合污染和污染重金属种类。由于土壤 pH 是影响重金属的生物有效性的重要因素之一，土壤 pH 变化对不同种类重金属的作用效果存在较大的差异。应用石灰修复土壤重金属污染时，结合上述三个方面的实际情况，选择合适种类和合适剂量的石灰类物质修复土壤重金属污染，才能达到安全利用土壤的目的。

目前，用石灰类改良剂修复农田土壤重金属污染技术已经比较成熟，也取得了不少研究成果。石灰类改良剂对酸性土壤的修复效果在一定时期内较为明显，但是石灰类改良剂的持效性较短。例如，连续施用石灰可以显著降低玉米籽粒中镉、铅、铜和锌的含量，但是修复效应只能维持一年半左右，并且随着施用时间的持续增加了土壤容重，减少了土壤孔隙，导致土壤结构变差和板结[17]。在土壤中连续施用石灰，阻控重金属在植株体内的迁移积累过程中，有效预防土壤板结将为石灰修复土壤重金属污染提供更大的应用空间，同时，加快石灰类物质纳米新型复合材料的研发也是十分重要的。

4. 石灰类改良剂对作物生长、产量和品质的影响　石灰类改良剂被施入土壤系统后在土壤溶液中提高了 OH^- 含量，使得活性较强的铝转变为更稳定的状态，即显著减少了酸性土壤中的可交换态铝、水溶态铝和无机离子态 Al [Al^{3+}、$(AlOH)^{2+}$ 和 $Al(OH)_2^+$]，减少了铝在作物根系的富集和迁移，从而消除了根系铝毒。施用石灰类改良剂不仅可以促进作物根系的生长，还能改善土壤根际微环境，有利于作物菌根和根瘤的形成，从而增加根表面积。随着施用时间的持续，石灰类改良剂从土壤表层逐渐移动到耕层，对根系分布较深的多年生作物也有促进生长的作用。

合理施用石灰类改良剂对作物有显著的增产效果。2015 年，福建寿宁县土壤肥料技术站选择在 pH 为 5.0 左右的稻田，以石灰为酸性土壤改良剂，开展酸性稻田土壤改良试验，结果表明，施用石灰类改良剂可以提高土壤 pH 0.50～1.81 个单位，使水稻增产 226.20～817.80kg/hm²，增幅为 3.62%～13.29%，降低水稻根部、茎秆、稻穗中铅和镉的含量。该稻区酸性土壤施用石灰类改良剂的最佳用量为 1 500～3 000kg/hm²，在有效提升土壤 pH 的同时保证了最佳的水稻增产，并且降低了水稻各器官中的重金属含量。根据湖南沅江市的稻田试验，与不施用石灰比较，石灰处理后的冷浸田早稻每亩增产65～98kg。另外，施用石灰类改良剂能明显提高强酸性土壤中作物的抗病性，增产效果明显。与不施用石灰比较，施石灰类改良剂的河沙田晚稻纹枯病、稻瘟病发病率分别减少 46% 和 50%，稻谷增产率达到 158%～256%。在新垦黄泥田中施石灰类改良剂可使黄豆增产 18%～32%。在土壤 pH 小于 5.5 的红壤橘园，施石灰类改良剂比不施的增产 12% 以上，且柑橘的甜度增高、品质改善。

5. 石灰类改良剂的施用方法

（1）施用时机　在保证作物生长安全的前提下，石灰类改良剂的施用时间应安排在种植前几个星期或更早，可以保证石灰类改良剂充分与土壤发生反应，尤其是施用氧化钙、氢氧化钙等具有腐蚀性的物料。如果在接近种植时间施用石灰类改良剂，可能影响苗木或种子的萌发和生长。由于粒度较小的石灰类改良剂可以更快地降低土壤酸度，因此可以将施用时间安排在离作物种植期更近的时间内。

（2）施用频率　石灰类改良剂施用频率由土壤质地和有机质含量、耕作模式、降水情况等因素决定，在砂质土上石灰类改良剂可以频繁地施用，但是在黏质土上施用石灰类改良剂则需要间隔更长时间。一般情况下，3～5 年施用 1 次石灰类改良剂比较合适，可以根据土壤检测分析结果合理安排施用时间。

（3）施用量　石灰类改良剂施用量可以根据以下四方面确定：①根据土壤质地，如石灰类改良剂在黄壤上的施用量高于红壤，在黏土上的施用量高于砂土，在旱地的施用量高于水田。②根据作物，如在玉米种植土上可以多施石灰类改良剂，在马铃薯种植土上可以少施，而荞麦种植土则不施用石灰类改良剂改良。③根据种植园气候，如北方冷湿地区耕地可以多施石灰类改良剂，南方高温地区少施石灰类改良剂。④根据石灰类改良剂的种类，如 50kg 生石灰相当于 70kg 熟石灰或 90kg 石灰石粉，一般为每亩地施石灰类改良剂量 50～75kg，其他石灰类材料用量可参考石灰用量。

石灰类改良剂施用量还可以根据土壤 pH 确定，常用的方法有 $Ca(OH)_2$ 滴定法、SMP 单缓冲法和双缓冲法。另外，中和土壤交换性铝的方法也可以用来确定石灰类改良剂施用量。2019 年，农业农村部耕地质量监测保护中心和中国农业科学院农业资源与农业区划研究所共同起草了 NY/T 3443—2019《石灰质改良酸化土壤技术规范》，该标准规范了生石灰、熟石灰、白云石和石灰石等农用石灰物质改良酸性土壤的施用量（表 6 - 2、表 6 - 3）。

表 6 - 2　不同土壤提高 1 个 pH 单位的耕层土壤（0～20cm）的农用石灰类物质施用量

单位：t/hm^2

有机质含量（C_{OM}）	生石灰		熟石灰		白云石		石灰石	
	砂土/壤土	黏土	砂土/壤土	黏土	砂土/壤土	黏土	砂土/壤土	黏土
$C_{OM}<20g/kg$	2.8	3.5	3.8	3.9	6.8	7.4	5.8	6.5
$20g/kg\leqslant C_{OM}<50g/kg$	3.0	3.8	4.1	4.4	8.7	9.3	7.1	8.0
$C_{OM}\geqslant50g/kg$	3.3	4.3	4.7	5.1	11.8	12.4	9.1	10.7

表 6 - 3　防止土壤酸化农用石灰类物质施用量

单位：t/hm^2

项目	生石灰粉	熟石灰	白云石粉	石灰石粉
施用量	0.6	0.8	1.6	1.3

（4）施用深度　大部分一年生植物的根系主要分布在 15～20cm 土层，但干旱迫使植物根系延伸至更深的土层吸收水分和养分。由于石灰类物质中的钙、镁等碱性元素向下层土壤的迁移速度慢，所以将石灰类物质施入 50～

60cm 土层至关重要。而且，这样的施用深度已经被大量试验证实能够使作物增产，但是不足之处为会受到机械和成本限制。在美国，有研究利用特殊机械将石灰类物质施入土壤的一个窄槽中，然后让植物根系在那里生长，并穿过它延伸到更深的土层中。另外，还有研究通过促进蚯蚓的繁殖和活动将石灰带进更深的土层中。

（5）施用方法　传统耕作园的土壤改良宜分层施用石灰类物质，即先撒施一半的石灰类物质，进行旋耕或深耕，然后再撒施另一半石灰类物质，再旋耕，充分混匀石灰类物质和土壤。由于免耕园表层土壤中积累了较多的植物残体，其土壤酸性更强，如果下部土层 pH 不低，则在表层土壤施用石灰类物质即可（需要更频繁地施用）；如果下部土层的 pH 低，则需要把石灰类物质施入深土层中。

许多实践表明，大量石灰撒施的土壤改良效果优于少量石灰穴施。石灰穴施导致土壤局部石灰含量过高，会促进该处土壤对磷的吸附和固定。但是，翻施石灰效果又优于撒施石灰。随着石灰施用时间的推移，石灰的降酸作用逐渐向深层土壤迁移，撒施石灰需要 15～17 年才能改善深层土壤的酸度[18]。翻施石灰处理可以降低根系着生的整个土壤剖面的酸度，更有利于促进作物根系的生长。翻施石灰可以显著提高一年生铝敏感型浅根系作物的产量。这在一定程度上可以解释为什么在传统耕作体系中施用石灰的增产效果优于免耕体系。需要注意的是，施用石灰应关注土壤养分和作物营养亏缺情况，与磷肥或镁肥配合施用，才能及时补充土壤养分和提高肥料利用率，有助于进一步缓解重金属毒害，提高作物产量与品质。

二、生物炭改良剂在热区耕地酸性土壤质量控制中的应用

近年来，"秸秆炭化还田循环利用"被列入我国农业高效绿色可持续发展战略。每年有高达数亿吨的作物秸秆等农业废弃物在农业生产过程中产生，大量秸秆没得到充分利用，既造成了资源的浪费，又加重了农业环境污染。在应用方面，秸秆等农业废弃物可通过高温裂解的方法被制成生物炭，生物炭及其炭基肥料在改良农田土壤、作物产量等方面的应用前景广阔。高效循环利用秸秆废弃物可以兼顾农业生产效益与环境保护。

1. 生物炭的特性　生物炭具有独特的物理、化学、生物学性质（图 6-3），富有孔隙结构，可以有效改善土壤容重、孔隙度和持水能力，调节酸性土壤 pH 和促进土壤氮、磷转化；富含羧基、羟基、酸酐等一系列官能团，并且具有较多的负电荷，因此有很大的阳离子交换量（CEC），这使得生物炭具有

良好的吸附特性，增强对酸性土壤有害金属离子的吸附。生物炭的高度芳香化结构使其具有较高的稳定性，可在土壤中长期保存而不易被分解、矿化。生物炭所含的主要元素有碳、氢、氧、氮和硫等，其中碳含量可达60%以上。综合上述特性，将生物炭施用于酸性土壤能够提高土壤的肥力，通过改变土壤的物理、化学和微生物学性质来实现作物的增产，并且，生物炭可以为土壤微生物提供良好的栖息地。综上所述，将生物炭应用于热区酸性土壤，在改善土壤理化性状、促进作物生长、减少化肥投入等方面应用前景广阔。

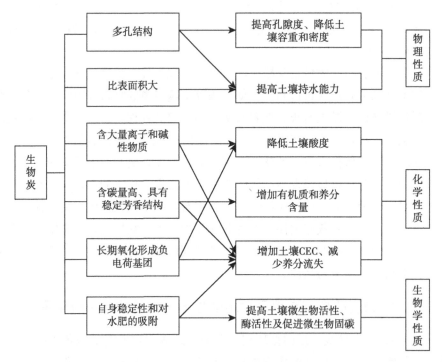

图6-3　生物炭物理、化学、生物学性质

2. 生物炭改良剂对酸性土壤质量的影响

（1）对土壤物理性质的影响　土壤容重可作为评判土壤质量的指标之一。土壤疏松多孔，则土壤容重较小，适合植株生长；土壤紧实，则土壤容重较大。土壤缺乏团粒结构不适合植株生长。在制备生物炭的热解过程中，部分化合物质挥发后形成大量有孔隙的生物炭，生物炭比表面积大、容重小。将生物炭施入容重较大的土壤中，可以降低土壤的容重。施用生物炭可以提高土壤团粒结构和通气性，而且生物炭的黑颜色使得它能够为土壤吸收更多热量。生物炭的添加比例与土壤容重负相关，与土壤总孔隙度和毛管孔隙度正相关。但是，土壤非毛管孔隙度并没有随之增加，例如，与对照组相比，添加 0.50％和 1％的生物炭处理下的土壤非毛管孔隙度差异不显著，但是添加 3％的生物炭显著降低了土壤非毛管孔隙度，添加 6％的生物炭处理的非毛管孔隙度最高[19]。

在生物炭的制备过程中，热解温度升高时，内部孔隙中的可挥发填充物会被挥发掉，导致生物炭材料的孔隙缩小和开孔增多，孔隙度增大，从而比表面积增大。施用生物炭对土壤孔隙度的影响主要体现在以下方面：①增加生物炭的添加量会增加土壤微孔，使土壤孔隙度增大；生物炭对土壤孔隙度的影响随着改良时间的持续越来越显著。②改善土壤结构，土壤中水分、肥料、空气和热量的流通状况将会得到改善。因此，施加生物炭，可以将板结土壤（孔隙度较低）、黏土以及砂土（孔隙度较高）的孔隙度调节到适合植物生长发育的范围。

土壤孔隙是土壤存储水的容器，影响土壤持水性的因素有土壤结构、土壤粒径和土壤有机质，而这三者也是决定土壤孔隙发达程度的主要因子。生物炭对不同土质土壤持水性的影响不同。黏性土壤颗粒持水能力较强，渗透能力较弱，添加生物炭可以显著改善土壤水分渗透性和提高土壤通透性，降低地表径流的形成和缓解其对表土的冲刷作用；质地较轻的土壤孔隙度较高，水分渗透能力较强，添加生物炭可有效吸附水分，产生海绵效应，提高土壤田间持水量，缓冲渗透和地表径流造成的水分损失。生物炭的添加对肥沃壤土的持水能力的影响不显著。

（2）对土壤酸度的影响　生物炭大多呈碱性的原因主要是生物炭灰分中积累了无机碳酸盐等可溶性盐基离子。秸秆在不完全燃烧时得到的生物炭碳含量为 65.7％，呈碱性，具有较高的 pH 和电导率（EC），因此生物炭施入土壤后能降低土壤酸度。生物炭中的 CO_3^{2-}、HCO_3^-、SiO_3^{2-} 等弱酸根在土壤溶液中发生水解反应，与土壤溶液中的 H^+ 结合，降低土壤酸度，而且生物炭裂解过程中生成的羧酸根、羧基、羟基、醚键等有机官能团同样可以与土壤中的 H^+ 结合。除了吸附土壤重金属，生物炭还通过提升土壤 pH 促进金属氢氧化物沉淀的形成。不同物料来源和炭化结构的生物炭对农田酸化土壤的改良效果不同，土壤类型和土壤质地也影响生物炭的改良效果。生物炭通过高温裂解产生更多的灰分、盐基离子和碱性物质，对酸性土壤的改良效果与石灰类似。在原材料、裂解温度以及土壤性质的影响下，生物炭对酸化农田土壤的改良效果不同。例如，相较于其他类型土壤，生物炭对酸性红壤的改良效果最佳，对黏土的改良效果优于砂土和壤土。

（3）对土壤养分的影响　生物炭含有氮、磷、钾等养分元素，在土壤中可以有效补充土壤养分。生物炭的理化性质决定其对土壤养分元素的缓释效应，生物炭内有丰富的孔隙结构和巨大的比表面积，可以吸收和容纳大量的养分元素，并且表面含有丰富的化学官能团，可以与土壤养分离子相互作用，吸附和负载土壤养分离子。通过吸附和负载土壤中的大量水溶性养分离子，生物炭能够降低淋溶过程导致的土壤养分流失，同时在土壤中缓慢且持续地释放植株生长所需的养分，达到保持土壤养分动态平衡的目的。

施加生物炭或生物炭基肥后，农田土壤碳库存量和可利用性均发生了变化。生物炭既能促进土壤有机质的矿化又能减少土壤水溶性有机碳的淋溶损失，对土壤补碳和农田固碳减排有良好的促进作用。生物炭对不同类型土壤中可溶性有机碳含量的影响不同。生物炭提高土壤中阳离子交换量和总有机碳含量，对耕层土壤养分具有较好的固持效果。长期连续施用生物炭或生物炭基肥可以使耕层土壤中总有机碳含量处于较高水平，为保障农田土壤生产力奠定了基础。

生物炭和生物炭基肥在一定条件下明显提高土壤有效氮含量，促进农作物吸收利用氮，促进土壤-植株系统中氮的转化。研究表明，相比于普通肥料，生物炭基肥显著降低了农田土壤氮的释放量，促进作物生长发育和增加生物量的累积；生物炭吸附土壤中的 $NH_4^- - N$，大幅度降低了 $NH_4^- - N$ 的淋溶损失，提高了农田土壤有效氮的供应水平。然而，施用生物炭的农田土壤的 $NO_3^- - N$ 含量在不同种植体系下存在较大差异。有研究表明，生物炭用量的增加促使土壤 $NO_3^- - N$ 含量呈现下降的趋势[20]；也有研究表明，添加生物炭处理通过促进土壤硝化作用来提高农田耕层土壤 $NO_3^- - N$ 含量[21]。

生物炭基肥在田间施用方便，可作为基肥一次性施入农田，为耕作层土壤持续供应作物生长发育所必需的有效养分，因此，以生物炭为载体的生物炭基肥具有更大的应用潜力。与普通化学肥料比较，生物炭基肥在等量施用氮、磷、钾肥的条件下提高农田土壤速效养分含量的效果显著。生物炭基肥处理显著改善了土壤中氮、磷、钾养分的含量，对土壤有机质和钾含量的提升效果最为明显。耕层土壤的有机质含量在施用生物炭基肥后显著增加，且土壤有效磷和钾含量随着生物炭基肥施用量的增加也大幅度增加，但土壤碱解氮含量则呈下降趋势。与常规单独施氮方式比较，热带农田土壤添加生物炭基肥后，玉米的氮利用效率和产量显著提高。因此，生物炭基肥的施用对农田氮肥减施和生态环境保护等具有积极作用。

（4）对土壤重金属元素的影响 生物炭对土壤中重金属离子的吸附机理包含静电作用、离子交换、物理吸附和沉淀。生物炭通过表面带有的负电荷吸附土壤中的重金属离子，钝化和固定重金属离子，降低土壤中重金属的活性。另外，生物炭表面含有丰富的含氧官能团，使其具有亲水、疏水和缓冲酸碱的能力，在土壤中能使土壤具备较高的离子交换能力，促进重金属离子从土壤中转移到生物炭的表面。而且，生物炭的碱性作用使土壤形成碱性环境并促进重金属离子形成氢氧化物沉淀，达到降低土壤溶液中重金属离子浓度的目的，提高植物对土壤钙、镁、钾等营养元素的利用率。

生物炭与土壤重金属的作用机制可分为直接作用和间接作用：

1）直接作用 土壤中 zeta 电位势因生物炭的投加而降低，而土壤阳离子交换量增加，土壤胶体表面产生更多负电荷，增强了重金属离子（带正电荷）与土壤胶体之间的静电吸引力（静电吸附）。生物炭有较高的阳离子交换量，释放 Ca^{2+}、Mg^{2+} 等阳离子。不同材料来源的生物炭释放阳离子的能力不同，动物源生物炭比植物源生物炭具有更高的钙含量，因此离子交换作用主要发生在动物源生物炭固定重金属镉和铜的过程中[22]。生物炭和重金属相互作用的过程中也会发生其他更复杂的反应。生物炭表面有—OH、—COOH、C=O、C=N 等有机官能团，与重金属结合形成配合物，增强特异性吸附（非静电吸附）。

2）间接作用 施用生物炭可以间接地改变土壤理化性质，如 pH、阳离子交换量、矿物质和有机碳含量，土壤理化性质的变化也会影响重金属与土壤的相互作用，从而影响重金属的生物有效性。生物炭提高土壤 pH，形成磷酸盐或碳酸盐，这些无机盐可以与重金属发生反应。例如，土壤 pH 为 5 时，在负载铅的污泥衍生生物炭上观察到新形成的沉淀物 $5PbO \cdot P_2O_5 \cdot SiO_2$。

（5）对土壤生物学特性的影响 土壤中几乎所有反应都与土壤微生物活动相关，生物炭通过改变土壤理化性质对土壤微生物的数量、结构及其活性产生影响。生物炭能够调节土壤微环境到碱性，适合微生物生长，提高土壤微生物丰富度，且生物炭的多孔结构也可以作为土壤微生物的活动场所，对土壤微生物群落组成和结构产生影响。例如，450℃条件下炭化 2h 得到烟秆生物炭，其处理的土壤微生物呼吸速率指标高于常规施肥组，推测原因为生物炭的多孔结构为土壤微生物提供更多的活动空间，提高了土壤呼吸速率。

生物炭的多孔结构为土壤酶促反应提供场所，吸附反应底物和酶分子。500℃条件下炭化得到水稻生物炭与炭基缓释肥，与无改良剂处理比较，两种改良剂处理的土壤总体酶活性参数（Et）分别提高 19.81% 与 9.09%，施加生物炭和炭基缓释肥在同等养分条件下均能提高土壤酶活性。但是，有数据表明，随着生物炭（小麦秸秆碳化制备）施用量的增加，土壤脲酶和过氧化氢酶的活性均呈先增加后降低的趋势，在生物炭施用量为 30t/hm² 和 20t/hm² 时，两种酶的活性最大，分别比对照提高了 10.46％和 15.38％，可能与制备生物炭的原料有关。

增加土壤有机物的输入和降低土壤碳的分解为土壤主要的固碳途径。添加生物炭对土壤微生物生物量、微生物活性及土壤呼吸、土壤酶活力产生有益影响，达到提高土壤有机碳矿化速率的目的。生物炭具有性质稳定的高芳香化结构，在放线菌分泌的胞外酶的作用下，这种稳定结构被破坏，完成难分解碳的降解过程，在这个过程中发生木质素这类复杂芳香物质的有效降解。

3. 生物炭改良剂对作物生长、产量和品质的影响　生物炭对作物生长发育、产量和品质的促进作用已经被广泛认可。pH 较低的酸性土壤中，铝易转变为活性铝被植物吸收，从而抑制植物根系生长发育。除了吸附作用之外，生物炭对酸性土壤中活性形态铝的调节作用还存在其他化学作用。生物炭呈碱性，可通过提高土壤 pH 间接促使 Al^{3+} 水解转化成羟基铝，部分羟基铝形成铝的氢氧化物或氧化物沉淀；生物炭表面的含氧官能团与 Al^{3+} 形成稳定的配（螯）合物，转化为低活性有机络合态铝，降低了土壤 Al^{3+} 含量，缓解了植株根系铝毒害。

由于土壤类型、作物种类以及生物炭生产条件和原料等方面的差异，生物炭被施入土壤后对作物的影响也不尽相同。相关研究表明，生物炭对土壤养分供应、作物生长和产量的积极影响是长期的。一个为期两年的玉米田间调查结果表明，添加生物炭后玉米产量增加了一倍，玉米籽粒的养分含量分析显示氮含量净增加。

生物炭不仅有利于健康农田中作物产量的提高，还有利于干旱、高盐度、重金属等环境因素胁迫条件下作物产量的形成。当然，生物炭对农业生产的影响会因作物种类和土壤类型而异。综合已发表的研究结果，对土壤类型、作物种类以及生物炭原材料和施用量等进行分析，生物炭施用对作物产量的影响见表 6-4。制备生物炭的原料不同，对作物产量的影响有明显差异，如禽畜粪便制备的生物炭增产效应最高，约为 16.5％，秸秆类和木材类生物炭的增产效应其次，为 15％左右，而壳渣类生物炭的增产效应最低，不足12％。另外，荟萃分析结果表明，在土壤中添加生物炭对作物生产力的影响为盆栽试验优于大田试验，酸性土壤优于中性土壤，砂壤土优于壤土。但是，有研究表明生物炭的施用对作物的生长及产量没有影响，可能还会限制作物生长，如在温带肥沃土壤中，在相对较高的生物炭施用量的情况下，扁豆生长期间杂草的生长量增加了20%，由此可知过多地施用生物炭不利于对作物中杂草的控制[23]。因此，将生物炭用于农业生产，需要因地因作物而异，且不可过量施用。

表6-4 生物炭对作物产量的影响[24]

生物炭类型	生物炭施用量	土壤类型	作物	产量（与对照相比）
谷壳和棉籽壳	5%	砂壤土	番茄	+22%、+20%
木质	30t/hm²、60t/hm²	粉壤土	小麦	+32.1%、+23.6%
花生壳和锯木	20t/hm²、160t/hm²	砂质黏壤土	西芹	+31.6%、+30.3%
硬木和软木	5%（W/W）	砂壤土	马铃薯	显著增加

4. 生物炭改良剂应用存在的问题及研究展望 我国南方热区高温高湿的环境使得农田土壤淋溶程度高、土壤有机质含量和肥力水平低，不利于农作物的种植和农田可持续利用。热区农田生产过程中，为了提高作物产量，普遍存在不合理或盲目过量施肥的现象，导致农田土壤退化、酸化加速等问题日益突出。热区农田土壤长年受酸雨沉降影响，致使红壤区铝毒现象普遍存在，严重影响农作物的产量和品质。因此，如何改良酸化农田土壤和如何协调农作物高产优质与肥料高效利用是热区农业现代化过程中亟待突破的技术瓶颈。近年来，有关生物炭改良农田酸化土壤的研究越来越受关注。生物炭是一种可再生富碳材料，主要由农林废弃物等生物质转化而来，对农田土壤养分可持续供应、土壤微生物群落再平衡以及农作物生长发育、产量性状均产生有益效应，作为土壤改良剂在农田酸化土壤改良和退化土壤修复中能发挥重要作用。生物炭还可以与不同类型的肥料有机结合制成生物炭基肥，可在改良农田土壤的基础上进一步促进肥料减施增效和作物高产优质，为热区农业高效绿色可持续发展提供技术支撑。由于在生物炭和生物炭基肥对热区农田土壤酸化改良的长效性、土壤养分持续供应的动力学过程、土壤微生物群落的再平衡机制以及农作物生长发育调控等方面尚缺乏系统研究，今后还需要深入研究其影响机制，并加强田间示范研究和评价应用效果，加快推进生物炭、生物炭基肥在热区农业生产中的规模化应用。

三、腐植酸类改良剂在热区耕地酸性土壤质量控制中的应用

腐植酸是近年来发展较快的一种土壤改良剂材料。腐植酸是动植物残体经

过微生物分解和转化及地球化学的一系列过程而形成和积累起来的一类天然高分子有机物质，按存在领域分为土壤腐植酸、煤炭腐植酸、水体腐植酸和霉菌腐植酸等。

1. 腐植酸的来源和分类 腐植酸占土壤和水圈生态体系总有机质的 50%～80%，广泛存在于泥炭、风化煤、褐煤、土壤、河泥和海洋中。泥炭、风化煤和褐煤因高腐植酸含量而成为腐植酸的主要来源。煤炭腐植酸类物质是一种混合物，通过化学方法分离出棕腐酸、黄腐酸、黑腐酸和腐黑物。黑腐酸溶于酸性溶液，不溶于碱性溶液；棕腐酸溶于碱性溶液，不溶于酸性溶液；黄腐酸可溶于酸性和碱性溶液。黄腐酸的特殊结构使其成为改良土壤和植物生长活性效果最佳的腐植酸类别。腐植酸在风化煤与褐煤中的含量高，在泥炭中的含量低。一般情况下，风化煤中黑腐酸含量最高，其次为棕腐酸，最后为黄腐酸；黄腐酸与棕腐酸在褐煤与泥炭中的腐植酸占比较高。腐植酸按分子量排序为黑腐酸＞棕腐酸＞黄腐酸，按水溶性排序为黑腐酸＞棕腐酸＞黄腐酸。不同类别的腐植酸在肥料中的作用均有明显差别。

2. 腐植酸的特性

（1）**腐植酸的结构** 腐植酸是一类大分子量的有机弱酸混合物，没有固定的结构和化学构型，与脂环族和稠环分子结合的羧基是其主要的官能团（图 6-4）。在腐植酸大分子中，结合在芳香基团上的官能团及一些小分子结构，如羧基、羟基、烷烃、脂肪酸、碳水化合物和含氮化合物是决定腐植酸化学性质的重要因素。腐植酸由于分子结构的复杂性及官能团的多样性而具有吸附、络（螯）合、离子交换、氧化还原等多种物理化学性质，能与土壤中的污染物发生多种反应，具备改良退化土壤的功能。

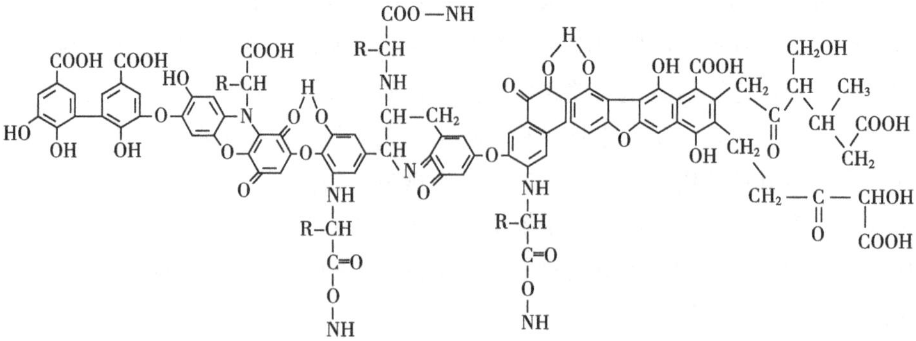

图 6-4 Stevenson 的腐植酸模型[25]

（2）**腐植酸的吸附性能** 腐植酸与生物炭一样为一类多孔结构的物质，其表面积巨大，可吸附土壤和土壤溶液中的有机质、金属离子等，输送、浓缩和沉积土壤环境中的金属。有研究表明，在土壤 pH 为 5.0 左右时，腐植酸对土壤及水中重金属的吸附效率随着腐植酸投入量的增加而增加，最高可达 99％，且土壤中 HCO_3^-、$H_2PO_4^-$ 可以促进腐植酸对金属离子的吸附。

（3）腐植酸的离子交换性能　由于腐植酸分子中部分官能团上的 H^+ 可以被一些金属离子置换出来并转换成弱酸盐，使得腐植酸的离子交换容量高。腐植酸羧基上的 H^+ 可以被 K^+、Na^+、Ca^{2+}、Cu^{2+}、Fe^{2+}、Cr^{3+} 等金属离子置换出来并生成弱酸盐，其离子交换容量与土壤 pH 有关。研究表明，当 pH 从 4.5 提高到 8.1 时，腐植酸的离子交换容量提高了 4.2mmol/g。

（4）腐植酸的络合性能　腐植酸中羧基、酚羟基以及部分羰基和氨基与 Fe^{3+}、Al^{3+}、Zn^{2+}、Cu^{2+} 等金属离子形成络（螯）合物，把难以被植物吸收的某些微量金属元素转变成容易被植物吸收且无毒的元素形态。如向缺铁、缺锌的土壤中施入腐植酸铵等肥料后，可以有效缓解作物缺铁、缺锌症状，使叶片肥厚浓绿，有效地防治了缺铁、缺锌问题。将腐植酸施入交换性铝含量较高的酸性红壤中，可以缓解植物铝毒。腐植酸的络（螯）合特性有效提升了肥料利用率，同时也降低了土壤中有害金属离子浓度过大而造成的毒害作用。

（5）腐植酸的氧化还原性能　腐植酸中的酚羟基、氨基等还原性官能团与变价金属发生氧化还原反应，通过接收和传递电子与环境中的变价金属发生反应，起到电子传递体的作用。不同来源的腐植酸结构和芳香组分的含量不同，还原能力不同。

（6）腐植酸的自凝聚性　当土壤溶液离子强度较高且腐植酸溶液的 pH 较低时，腐植酸胶粒的 zeta 电位势绝对值减小，聚合度增大，使腐植酸胶粒发生聚集而凝聚，因此，腐植酸具有自凝聚的特性。

（7）腐植酸的表面活性　腐植酸类物质及其衍生物是一种天然表面活性剂，具有减小溶液表面张力、分散、乳化等特性，可被用来减少土壤中污染物的投入量。腐植酸具有表面活性剂的作用，对农药有分散和乳化的效果，其与农药的配合使用可以减少 30％～50％ 的农药使用量。因此，腐植酸可以起到增强农药药效和降低农药对土壤的污染的作用。

3. 腐植酸类改良剂对酸性土壤质量的影响　腐植酸主要影响土壤结构、土壤酸度、土壤有机质、土壤养分利用效率、土壤重金属迁移转化、土壤微生物、土壤酶活性等。

（1）对土壤结构的影响　腐植酸通常以共聚物的形式存在于土壤中，具有大的比表面积，与土壤中膨胀性黏土矿物发生反应，增大了土壤比表面积，起到改良土壤结构的效果。腐植酸结构上的羧基、羰基、醇羟基、酚羟基等亲水性基团与土壤溶液接触后发生电离，与水分子结合生成氢键，可固定土壤水分、提高土壤含水率，与土壤中的二价离子（如 Ca^{2+}）发生凝聚反应，再经过植物根系的生理作用促进土壤团粒结构的形成，使土壤中分散的颗粒胶连在一起，有效降低土壤容重、增加土壤孔隙度和持水量、改善土壤团聚体的稳定性和大团聚体的微观结构，从而优化土壤中的液相和气相物质及土壤热状况。腐植酸通过絮凝作用将松散的土壤颗粒聚集起来，增加土壤孔隙度，降低土壤容重，形成水稳性好的团粒结构。如将含腐植酸水溶肥施入强酸性砖红壤（pH<4.0）后，主要表现为土壤团聚体的数目和体积有所变大（图6-5），其表面的蜂窝状结构变多（图6-6），增加了土壤水稳性团聚体含量（图6-7），减小了土壤紧实度，有效改善了强酸性土壤的保水保肥能力。

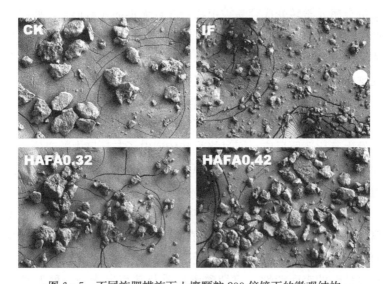

图6-5　不同施肥措施下土壤颗粒 200 倍镜下的微观结构

CK. 不施肥　IF. 施硫酸钾型复合肥　HAFA0.32、HAFA0.42. 分别施 0.32g/kg 腐植酸水溶肥、施 0.42g/kg 腐植酸水溶肥

图 6-6　不同施肥措施下土壤颗粒 2 000 倍镜下的微观结构

CK. 不施肥　IF. 施硫酸钾型复合肥　HAFA0.32、HAFA0.42. 施 0.32g/kg 腐植酸水溶肥、施 0.42g/kg 腐植酸水溶肥

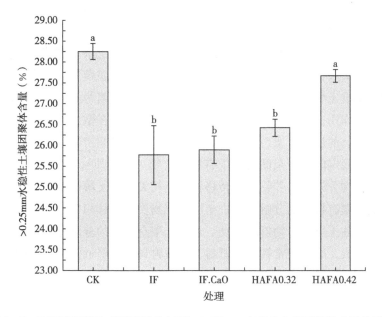

图 6-7　不同施肥措施对强酸性砖红壤＞0.25mm 水稳性土壤团聚体含量的影响

CK. 不施肥　IF. 施硫酸钾型复合肥　IF.CaO. 施硫酸钾型复合肥＋生石灰　HAFA0.32、HAFA0.42. 施 0.32g/kg 腐殖酸水溶肥、施 0.42g/kg 腐植酸水溶肥

（2）对土壤酸度的影响　虽然石灰类土壤改良剂可以快速提高土壤 pH，但是长期大量施用这类改良剂可能导致土壤二次酸化。腐植酸是一种两性有机大分子化合物，结构表面具有多种活性官能团，施入土壤可以形成弱酸缓冲体系，维持土壤酸碱平衡。中国热带农业科学院分析测试中心研发的含腐植酸土壤改良剂可以有效提升土壤 pH 0.3～1.5 个单位（表 6-5）。

表6-5 含腐植酸土壤改良剂对不同作物土壤 pH 的影响

作物	栽培模式	土壤 pH		
		施肥前	施肥后	提升量
树仔菜	大棚	5.21～5.30	6.01～6.09	0.69～0.80
樱桃番茄	露地	5.18～5.60	5.71～5.90	0.30～0.53
水稻	露地	5.68	5.92～6.15	0.24～0.47
黄瓜	露地	5.15	5.50～6.85	0.35～1.70

（3）对土壤有机质的影响 腐植酸为丰富的有机碳源，可以补充土壤有机质，可能原因为腐植酸是一类含有羧基、酚羟基、醇羟基等多种有机官能团的大分子物质，施入土壤后引入了外源大分子有机物质并增加了这些官能团的含量，促进了土壤有机质的腐殖化过程。

腐植酸作为土壤腐殖质的重要组分，必然会增加土壤中腐殖质的含量。受气候和生物等条件的影响，不同时期或不同类型土壤腐殖质的积累、组成和性质不同。影响土壤腐植酸含量、结构、组成的重要因素为土壤有机质的矿化作用和腐殖化作用。土壤有机质的矿化过程是指有机质在微生物作用下分解为简单无机化合物的过程；腐殖化过程是有机质矿化的中间产物或难分解残留物形成新的、较稳定的、复杂的大分子有机化合物（腐殖质）。土壤有机质含量的变化与有机物分解和营养物质的转移积累正相关，而土壤微生物的生化过程则可以加快土壤有机物的分解和促进土壤营养物质的转移积累。腐植酸在土壤中可以促进上述土壤微生物群的活动、加速土壤有机物的分解与转化、促进土壤腐殖质的形成。腐植酸常被用作肥料、基质材料等来降低常规无机肥料的施用比例。

（4）对土壤养分利用效率的影响 腐植酸具有控氮、释磷、促钾的功能，能提高肥料利用效率、增加作物产量。腐植酸中羰基、羧基、醇羟基、酚羟基等有机官能团有较强的离子交换能力和吸附能力，腐植酸被施入土壤后吸附土壤氮肥，将氮肥水解成 NH_3 和 NH_4^+，然后 NH_3 和 NH_4^+ 与腐植酸发生氨化反应生成腐植酸铵盐，而腐植酸铵盐解离度低，能减少氮的损失并提供氮源。腐植酸中的酚羟基、醌基等官能团对土壤脲酶和硝化细菌有抑制作用，能减缓尿素释放和分解的速度，提高氮肥利用率。腐植酸中的有机官能团与土壤中难溶于水的 $Ca_3(PO_4)_2$ 形成可溶于水的磷酸氢盐和磷酸二氢盐，容易被作物吸收，减少土壤对可溶性磷的固定，而且腐植酸与 Al^{3+}、Fe^{3+}、Ca^{2+}、Mg^{2+} 等金属离子发生络合反应，减少或避免它们对磷的固定作用，使磷肥能够缓慢释放出来，促进磷在土壤中的扩散和根系对磷的吸收，增加作物吸磷量，提高磷肥利用率。腐植酸阳离子交换量较大，施入土壤后可快速吸附土壤中的钾元素，减缓土壤对钾元素的固定，使钾肥缓慢分解，增加钾释放量，促进作物对钾的吸收，降低土壤的固钾率，提高钾肥利用率。

（5）对土壤重金属迁移转化的影响　腐植酸类物质是大分子胶体，其阳离子交换能力大，表面带负电荷，易吸附离子，与土壤溶液中的重金属阳离子发生离子交换吸附。腐植酸含有大量的羧基、羰基、醇羟基、酚羟基等含氧活性基团，这些活性基团对重金属离子产生强烈的络合及吸附，降低水溶形态和可交换形态重金属的含量，增强重金属的稳定性。由于腐植酸与重金属阳离子络（螯）合后显正电性，与带负电荷的土壤胶体产生静电吸附，从而增强土壤胶体对重金属的吸附。腐植酸类物质的溶解度决定着腐植酸与重金属阳离子络（螯）合物的溶解度，从而影响重金属的流动性。目前，腐植酸修复土壤重金属污染的主要研究方向是应用腐植酸或含腐植酸产品钝化（吸附）土壤重金属离子，通过添加腐植酸类物质使其与重金属离子发生离子交换、络合和吸附作用，从而改变土壤和水体中重金属离子的形态和分布，这个过程的作用机理有以下几方面：

表面吸附：腐植酸分子的巨大比表面积和表面扩散能力对重金属离子产生的吸附。

静电吸附：腐植酸分子结构中的羧基、酚羟基等含氧官能团离子化后，与金属离子发生静电吸附。

离子交换反应：腐植酸分子结构中的酚羟基、醇羟基、羧基等含氧官能团与重金属离子发生离子交换反应。

络合反应：腐植酸分子结构中的亲核中心和亲电中心可以同时发生亲核、亲电等多种化学反应，与重金属离子形成络合物。

由于腐植酸的 H^+ 位点较多，更易与重金属离子结合，促使重金属离子由游离形态转换为稳定的有机结合形态，难以被作物吸收。

腐植酸对重金属的吸附和解吸强烈影响其在土壤溶液中的浓度和形态分布，因此对腐植酸与重金属离子反应的研究长期以来一直是人们关心的重要课题。国外对这方面的研究从 20 世纪 70 年代起就有很多，我国从 20 世纪 80 年代也开始了对腐植酸与重金属相互作用的研究。基于前人的研究成果，作者研究团队以海南地区稻菜土壤为研究对象，施用含腐植酸水溶肥可以将试验区树仔菜土壤由酸性调节至弱酸性，土壤的水溶态镉、离子交换态镉、碳酸盐结合态镉、铁锰氧化物结合态镉、有机结合态镉和总有效态镉的含量均显著低于对照区（图6-8、图6-9），而残渣态镉含量约是对照区的3倍，对照区和试验区土壤有效态镉含量分别为0.066mg/kg和0.023mg/kg，试验区树仔菜样品中的镉含量极显著低于对照区（$P<0.01$），且符合无公害蔬菜安全标准限量值（0.05mg/kg）要求。此外，我们在湖南地区典型的中轻度镉污染稻田开展了稻米降镉试验，结果显示含腐植酸水溶肥展现了其降低土壤有效镉（图6-10）和稻米镉（图6-11）含量的潜力。

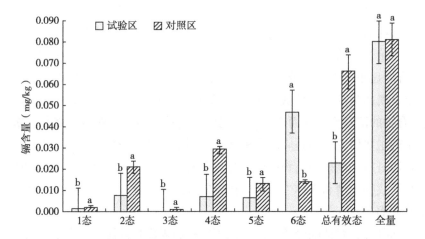

图6-8 树仔菜试验区和对照区土壤不同形态镉含量分布情况

1态.水溶态 2态.水溶态的不溶物 3态.离子交换态 4态.碳酸盐结合态 5态.铁锰氧化物结合态 6态.有机物结合态

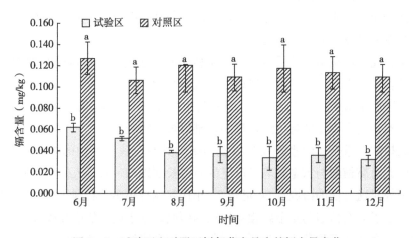

图6-9 试验区和对照区树仔菜产品中的镉含量变化

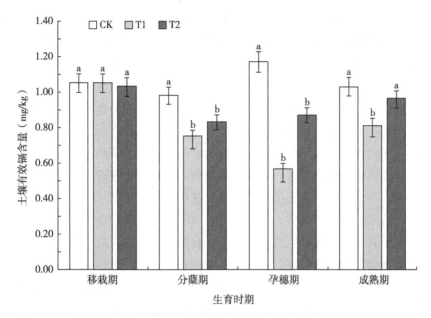

图 6-10　常规施肥处理（CK）与含腐植酸水溶肥处理的土壤有效镉含量变化
T1. 常规施肥＋450kg/hm² 水溶肥　T2. 常规施肥＋600kg/hm² 水溶肥

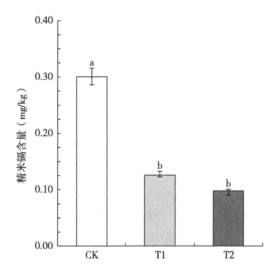

图 6-11　常规施肥处理（CK）与含腐植酸水溶肥处理的精米镉含量
T1. 常规施肥＋450kg/hm² 水溶肥　T2. 常规施肥＋600kg/hm² 水溶肥

（6）对土壤微生物的影响　腐植酸直接影响土壤微生物的生理活动，其对微生物膜透性的增强作用被认为是微生物生长和代谢的原因。腐植酸为两性胶体，表面活性大，易被微生物细胞膜吸附，可通过与营养元素的络合、螯合或紧密吸附增强微生物对营养元素的吸收和转运，加快微生物细胞内的生理生化反应速率。腐植酸可作为微生物体内呼吸作用的电子受体，促进能量的合成，进而促进微生物生长和繁殖。一些土壤微生物可以利用腐植酸作为有机化合物和氢的厌氧氧化电子受体，在电子传递过程中产生支持微生物生长的能量。而且微生物还原腐植酸也增强了微生物还原其他不易反应的电子受体（如不溶性的铁氧化物）的能力，腐植酸可以在微生物和铁氧化物之间传递电子。

已有研究证实，施用褐煤腐植酸能显著增加土壤微生物生物量碳、氮、磷含量，且连续施用年限越久，增强效果越好；但褐煤腐植酸对土壤微生物生物量碳、氮、磷含量的影响程度不同，多年施用后对土壤微生物生物量磷的影响大于对土壤微生物生物量碳、氮。此外，腐植酸与土壤改良剂结合起来施用能更充分发挥其增加土壤微生物量的潜力。腐植酸与生物炭配合施用具有累积效应，对土壤微生物生物量碳、氮、磷的增加作用更大。施用腐植酸能显著提高土壤三大类群微生物（细菌、真菌和放线菌）的数量。随着腐植酸用量的增加，土壤微生物菌群数量呈先上升后下降的趋势。不同用量的腐植酸对三大菌群数量的影响效果不同。相较于不施肥处理，腐植酸处理的种群数量同比增长显著，且提高幅度以细菌为最高，真菌次之，放线菌最低。腐植酸对土壤微生物群落物种变化度、差异度和均一性具有一定影响。相关试验证明，施用腐植酸的土壤微生物群落的 Shannon 指数（评估物种丰富度）和 McIntosh 指数（评估物种均匀度）均显著增大，且在一定程度上随腐植酸施用量的增加而增加。

此外，腐植酸分子结构中的羟基和酚羟基等弱酸性官能团使其具有良好的缓冲性能，腐植酸与其盐类形成一套缓冲体系，以此来调节和稳定土壤 pH，从而促进土壤微生物的繁殖和活动，增加土壤微生物的数量和种类。

（7）对土壤酶活性的影响　在农业生产中，腐植酸常被用作脲酶抑制剂，原因为腐植酸中的大量不饱和化学键能提高土壤抗氧化能力，可以有效避免脲酶的生物活性官能团巯基（—SH）被氧化；腐植酸能螯合土壤脲酶巯基的抑制剂（Cu^{2+} 和 Hg^{2+}），螯合物与巯基结合后，使脲酶活性中心的性质与结构发生变化，最终使脲酶的活性受到抑制；腐植酸中的醌基或酚羟基与脲酶 αCys322 上的巯基发生氧化还原反应，形成脲酶-腐植酸络合物，由于产物粒径较大，共价络合物可能形成空间位阻封闭活性部位通道的入口，从而抑制脲酶的活性。腐植酸一般在作物生育前期表现出对脲酶活性的抑制作用，而在后期却无明显的抑制作用或表现出对土壤脲酶活性的促进作用。这有利于培养前期抑制尿素的水解、延长尿素的肥效，还有利于培养后期尿素肥效的发挥。在培养前期，不同来源的腐植酸对土壤脲酶活性的抑制作用存在一定的差异，褐煤腐植酸表现最佳，泥炭腐植酸次之，风化煤腐植酸再次之。

关于腐植酸对土壤过氧化氢酶的影响，科学界一直有两种观点。多数学者认为，腐植酸具有提高土壤过氧化氢酶活性的能力。腐植酸的施入促进了土壤微生物的活动，增加了土壤氧化过程的强度，且相关试验证实，腐植酸通过降低镉的有效性而增加过氧化氢酶的活性[26]。但也有人持相反的观点，他们认为腐植酸具有抑制土壤过氧化氢酶活性的能力。一方面是在施用腐植酸多年后，某些用量水平下的腐植酸具有抑制土壤过氧化氢活性的作用。另一方面，有试验证实泥炭、褐煤和风化煤来源的腐植酸处理均能够对过氧化氢酶活性起到抑制作用，使土壤去除过氧化氢的能力减弱，且以褐煤腐植酸的抑制作用最为突出，其次为风化煤腐植酸，泥炭腐植酸的作用最弱[27]。这些研究结果的差异可能与施用的腐植酸种类、施用量、时间、施用方式及试验土壤类型的不同有关。因此，腐植酸对土壤过氧化氢酶活性的影响有待进一步验证。

土壤中的磷酸酶也来源于植物根系和微生物的分泌物，腐植酸能够显著增强植物和土壤微生物向外分泌多种有机物质和酶类的能力，其对磷酸酶活性具有促进作用。此外，腐植酸和无机肥配合施用具有累加效应，改善酸性磷酸酶活性的效果更佳。从改善磷酸酶活性的角度来看，腐植酸适用于不同酸碱环境的土壤，并可以在一定用量范围内显著增强土壤磷的有效性。

通过大量试验分析得出，在常量或减量施肥的基础上增施腐植酸可明显增强土壤蔗糖酶活性，从整体表现来看，腐植酸复合肥处理的蔗糖酶活性高于等养分复合肥和不施肥处理。腐植酸被施入土壤后对植物根系产生一定的刺激作用，进而提高根系的生理活性，增强其分泌物质的能力，使得进入土壤的蔗糖酶的量大大增加，随后腐植酸和蔗糖酶形成了酶-腐植酸复合体，酶结构得到稳定，酶活性得以提高。不同用量的腐植酸对土壤蔗糖酶的活性具有不同程度的增强作用，但并不是用量水平越高，其对酶活性的作用效果越好。与不施腐植酸的处理比较，腐植酸用量超出 $120kg/hm^2$ 会降低其对土壤蔗糖酶活性的促进作用[28]。在实际生产中，腐植酸的最适用量因各地区的土壤理化性质和栽培方式的不同而有差别，各地区要进行田间试验找出腐植酸合理用量范围，在相应条件下充分发挥腐植酸的最大效应。可见，适宜的施用方式和适量的腐植酸能够显著提高土壤蔗糖酶活性。然而，不同来源的腐植酸对土壤蔗糖酶活性的作用效果不同。风化煤腐植酸及泥炭腐植酸均能显著提高土壤蔗糖酶的活性，且风化煤腐植酸对蔗糖酶活性的影响更大，褐煤腐植酸对蔗糖酶活性的影响不明显。

4. 腐植酸类改良剂对作物生长、产量和品质的影响　我们通过盆栽试验比较了含腐植酸水溶肥、复合肥和复合肥配施生石灰处理对酸性土壤中樱桃番茄根系生长的影响，结果表明，腐植酸水溶肥处理的樱桃番茄根系总根长、投影面积、根表面积、根系直径和根体积均优于不施肥、单施复合肥和复合肥配施生石灰处理（图 6 - 12）。腐植酸通过促进植物基因表达、激素合成、酶活性和营养吸收等方面对植物生长起到积极作用。腐植酸水溶肥主要通过其碱性（pH 为 10）和腐植酸成分使酸性土壤尤其是酸性富铝土中大部分 Al^{3+} 的活性或迁移性减弱，从而减少 Al^{3+} 在作物根系的富集及毒害。因此，腐植酸在促进作物根系健康生长和提高作物产量方面有很大的潜力。

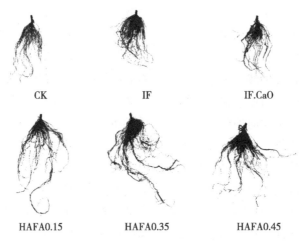

CK　　　　　　　　IF　　　　　　　　IF.CaO

HAFA0.15　　　　　　HAFA0.35　　　　　　HAFA0.45

图 6 - 12　不同处理下樱桃番茄根系在酸性土壤中的农艺性状

CK. 不施肥处理　IF. 常规复合肥处理　IF.CaO. 常规复合肥配施生石灰处理　HAFA0.15.0.15g/kg 腐植酸水溶肥处理　HAFA0.35.0.35g/kg 的腐植酸水溶肥处理　HAFA0.45.0.45g/kg 腐植酸水溶肥处理

杨雪贞等（2021）统计分析了 2015 年 2 月至 2021 年 4 月中国知网上有关腐植酸的研究成果[29]。在水稻上的应用效果分析，施用腐植酸对南方地区水稻株高、穗长、穗粒数和千粒重具有增加效应，但是对黑龙江水稻主产区的上述水稻指标的影响不明显。这可能与各省份的气候条件、土壤环境、水稻品种特性等因素不同有关。与对照相比，施用腐植酸后水稻产量总体表现出一定的增加趋势（图 6 - 13），增产幅度为 0.1%～92.0%，平均增产 14.8%，其中安徽地区水稻增产幅度最大，为 92.0%。

在蔬菜上的应用效果表明，施用腐植酸后白菜、芹菜、马铃薯、辣椒、番茄、黄秋葵、韭菜、黄瓜、生菜、油菜、莴笋等蔬菜的株高平均提高了

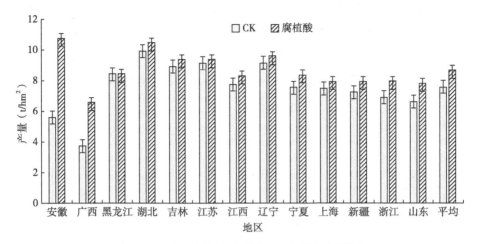

图 6-13　施用腐植酸对不同地区水稻产量的影响

9.04％，且对蔬菜维生素 C 含量、可溶性固形物和单果重有增加效应。施用腐植酸对图 6-14 中的 12 种蔬菜有明显的增产作用，蔬菜的平均产量增加 12.41％，不同蔬菜产量的增加幅度有差异，产量增加明显的蔬菜分别有娃娃菜、生菜、黄秋葵、油菜、芹菜和芥菜，分别增加了 35.95％、20.47％、19.64％、14.93％、14.25％和 14.15％。虽然黄瓜的产量最高，但是施用腐植酸后产量的增加幅度是最低的。

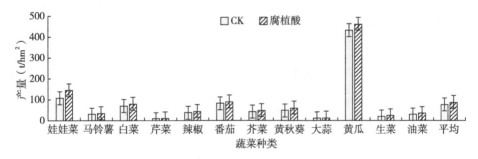

图 6-14　施用腐植酸对蔬菜产量的影响

在水果上的应用效果表明，施用腐植酸对多种水果的维生素 C、可滴定酸、可溶性固形物含量的增减作用各有差异。腐植酸对维生素 C 含量的影响：施用腐植酸后的栌果和甜瓜的维生素 C 含量增加，香蕉的维生素 C 含量降低。腐植酸对可滴定酸含量的影响：施用腐植酸后甜瓜的可滴定酸含量增加，葡萄可滴定酸含量降低，而西瓜可滴定酸含量不变。腐植酸对可溶性固形物含量的影响：施用腐植酸后栌果、甜瓜、香蕉、西瓜和葡萄的可溶性固形物含量增加。施用腐植酸能够促进 7 种水果产量增加（图 6 - 15），平均增加 16.91%。但是，只有枣在施用腐植酸后产量有所降低，降低了 5.64%。其他水果产量增加的顺序为草莓＞葡萄＞苹果＞甜瓜＞猕猴桃＞梨，分别增加了 86.34%、15.49%、9.99%、5.12%、3.80% 和 2.05%，草莓产量的增幅最大。

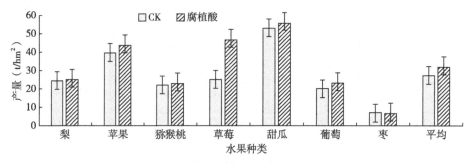

图 6 - 15　施用腐植酸对水果产量的影响

5. 腐植酸类改良剂应用展望　综上所述，将腐植酸作为一种主要成分来制备绿色高效土壤改良剂或肥料的研究在国内外已广泛开展，特别是在中国、美国、意大利和巴西等国。在国内的相关研究得到了国家自然科学基金等的资助。虽然腐植酸在农业领域的应用效果受作物品种、土壤类型、气候条件等影响，但总体上来讲，腐植酸对于改善酸性土壤理化性质及粮食作物、蔬菜、水果的产量品质有重要作用。在扎实推进碧水、蓝天、净土保卫战的背景下，推动腐植酸环境友好产业的发展是一项重要举措。

第二节　微生物肥料在热区耕地酸性土壤质量控制中的应用

土壤中存在着大量的有益微生物，其适宜生长的土壤 pH 为 6.5～7.5。这些微生物的群落多样性随着土壤 pH 的降低而降低，伴随着有害微生物种群如病原微生物数量的增加，根际土壤微生物区系由高肥力的"细菌型"向低肥力的"真菌型"转化，土壤微生物种群原有的动态平衡被打破。大棚土壤真菌种类约 20 个属，其中镰刀菌属（*Fusarium*）、疫霉属（*Phytophthora*）、腐霉属（*Pythium*）、葡萄孢菌属（*Botrytis*）、丝核菌属（*Rhizoctonia*）、叶点霉属（*Phyllosticta*）、轮枝霉属（*Diasporangium*）、大茎点霉属（*Macrophoma*）这 8 个菌属为常见的土传病原微生物。镰刀菌占真菌总数的 19.9%，是真菌中的优势种。植物病害大多数为真菌病害。作物连作过程中植物病原真菌在土壤里大量富集，导致植物病虫害严重，对农作物生产造成严重的影响。施用微生物肥是一项有效调控酸性土壤微生物群落结构的措施。微生物肥与常规化肥相比具有改良土壤、增加作物产量和提高农产品品质等优点，其特定的功能微生物可以通过自身的生命活动在促进土壤中物质的转化、促进和协助作物吸收营养、刺激和调控作物的生长、防治有害微生物等方面发挥重要作用。

一、微生物肥料的含义与分类

1. 微生物肥料的含义　微生物肥料是一类以微生物生命活动及其产物使农作物得到特定肥料效应的微生物活体制品，又称菌肥、接种剂、生物肥料。农业农村部对微生物肥料的定义为含有活微生物，并通过其生命活动增加了植物营养元素的供应量（包括土壤与生产环境中植物元素的供应量以及有效供应量），又能产生植物生长激素或抑制有害微生物活动的活体制品。微生物肥料在农业行业标准 NY/T 1113—2006《微生物肥料术语》中的定义为"含有特定微生物活体的制品，应用于农业生产，通过其中所含微生物的生命活动，增加植物养分的供应量或促进植物生长，提高产量，改善农产品品质及农业生态环境"。

2. 微生物肥料的分类　目前，我国微生物肥料产品有农用微生物菌剂、生物有机肥和复合微生物肥料三类，分别执行 GB 20287—2006《农用微生物菌剂》、NY 884—2012《生物有机肥》和 NY/T 798—2015《复合微生物肥料》。

（1）微生物菌剂　根据 NY/T 1113—2006《微生物肥料术语》，微生物菌剂是一种或一种以上的目的微生物经工业化生产增殖后直接使用，或经浓缩或经载体吸附而制成的活菌制品。农用微生物菌剂产品按外观形态可分为液体、粉剂、颗粒型，按内含的微生物种类或功能特性可分为：

1）固氮菌菌剂，在土壤和很多作物根际同化空气中的氮气，为作物供应氮营养，分泌激素刺激作物生长。

2）根瘤菌菌剂，用根瘤菌属或慢生根瘤菌属的菌株制造，能在豆科植物上形成根瘤或茎瘤，同化空气中的氮气，为豆科植物供应氮营养。

3）硅酸盐细菌菌剂，能将土壤中含钾矿物中的难溶性钾溶解出来供作物利用。

4）溶磷类微生物菌剂，把土壤中的难溶性磷转化为作物容易吸收的有效磷，增加土壤中有效磷的含量供作物吸收利用。

5）光合细菌菌剂，能利用光能作为能量来源的细菌统称为光合细菌。

　　6）促生菌剂、菌根菌剂、有机物料腐熟菌剂、生物修复菌剂等也属于微生物菌剂。

　　（2）生物有机肥　生物有机肥指以特定功能微生物和畜禽粪便、农作物秸秆等动植物残体为来源，经过无害化处理、由腐熟的有机物料复合而成的一类兼有微生物肥料和有机肥双重效应的肥料。

　　（3）复合微生物肥料　复合微生物肥料是由特定微生物和营养物质复合而成的活体微生物制品，具有提供、保持或改善植物营养以及提高作物产量或改善农产品品质的功能。

　　在国外，主要的微生物肥料产品为微生物菌剂，如根瘤菌、微生物修复菌剂、植物根圈促生细菌（PGPR）促生菌剂等。在国内，微生物肥料产品种类多、应用范围广，应用面积占我国耕地面积的 5.56%，达到 1 亿亩以上。

二、微生物肥料改良土壤研究进展

　　微生物肥料的研究和应用已经走过了一百多年的历程。微生物肥料在国外的研究和应用早于我国，主要研究和应用品种为根瘤菌产品。1888 年，根瘤菌的第一次纯培养出现在荷兰。1889 年，根瘤菌纯培养物被波兰学者 Praz-mowaki 接种于豆科植物并形成根瘤。1895 年，纯培养的根瘤菌制剂专利产品"Nitragin"在法国问世。1905 年，根瘤菌接种剂首次被 Noble 和 Hilter 应用于农业生产。后来，除根瘤菌以外的其他有益微生物的研究和应用工作开始大量进行。1930 年，土壤中硅酸盐细菌和解磷细菌被东欧及苏联一些国家的学者分离出来并用于农业生产，主要菌种为圆褐固氮菌和巨大芽孢杆菌。20 世纪 70 年代中期以来，固氮螺菌类与禾本科联合共生的微生物的生产应用工作在禾本科植物联合共生研究中得到有效促进。20 世纪 70 至 80 年代，固氮细菌和解磷细菌开始被用在田间试验中，并在固氮螺菌与禾本科作物共生的研究中取得了一定的进展。植物根圈促生细菌（PGPR）的研究主要集中在细菌分泌的植物促生物质、对豆科植物结瘤的促生作用、促进植物出芽作用、对土传病害的生物调控作用等方面，逐渐成为各国研究的热点。

　　我国微生物肥的研究始于对根瘤菌的研究。20 世纪 60 年代初，陈华癸等将从紫云英中筛选出的根瘤菌制成菌剂，并进行了大面积的田间示范和推广；尹辛耘等利用从苜蓿根际分离到的放线菌制成的"5406 菌肥"得到广泛应用[30]。目前，微生物肥是南方生态示范区、绿色和有机农业生产基地的重要用肥之一，应用范围有豆科植物、粮食作物、蔬菜、果树、花卉等。有研究数据显示（图 6 - 16），2000—2020 年运用微生物进行土壤改良的研究逐渐增多，表明用微生物肥改良土壤的研究越来越受关注。随着粮食安全问题的日益突出，土壤质量逐渐受到关注，用土壤微生物改良土壤质量在未来一段时期仍是研究热点。

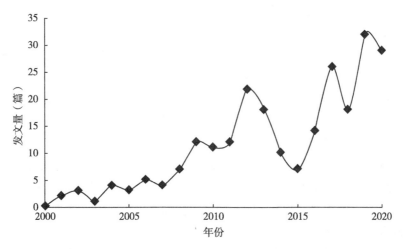

图 6-16 土壤微生物改良土壤研究年度发文量变化

现阶段，具有不同功能的多菌株（种）复合微生物肥料的研究与应用越来越受到关注，逐渐代替了单一菌种的微生物肥料。微生物肥料的应用范围逐渐扩大，除了粮食作物，还有蔬菜、经济作物、中药材等。除了解决作物氮、磷、钾营养问题，微生物肥料还着重参与解决农业和生活中废弃物腐解、污染土壤修复、土传病害防控等生产活动。微生物肥料产业致力于维持与提高土壤肥力、保持土壤质量及健康，实现农业生产的持续稳定发展和农产品质量与安全等方面。

三、微生物肥料对酸性土壤质量的影响

1. 改良和修复土壤功能 微生物肥可以有效改良土壤功能（土壤团粒结构、容重、养分供给、微生物种群结构和数量等）和修复土壤功能（土壤重金属污染、农药残留等）。微生物肥料中的有益微生物产生的糖类与植物黏液、土壤有机胶体和矿物质结合在一起，可以改良土壤团粒结构，增强土壤物理性能，减少土壤颗粒的损失。在特定的条件下，还可以参与土壤腐殖质的形成，增加土壤中氮的来源。

例如，黄瓜连作土壤容重在多功能木霉菌肥处理下显著降低，与对照比较，处理组土壤孔隙度显著提高，处理组土壤 pH 及有机质、碱解氮、有效

钾、有效磷含量显著增加，有效缓解了土壤连作障碍[31]。施用 BGB 生物菌剂 3 个月后土壤氮、磷、钾分别增加 8.9%、12.1% 和 13.4%，土壤团粒结构、孔隙度和容重有所改善，并形成了丰富的土壤益生菌环境，可见 BGB 生物菌剂对土壤养分具有较强的转化能力[32]。

土壤微生物参与土壤结构的形成、有机质的转化、有毒物质的降解以及碳、氮、磷、硫循环等重要过程，因此，土壤微生物学指标能灵敏地反映土壤质量的变化。土壤中合理的微生物群落结构、丰富的微生物多样性和较高的微生物活性不仅能解决或消除连作障碍，还能维持土壤生态系统的稳定性和可持续性。与对照比较，施用丛枝菌根真菌（AMF）与死谷芽孢杆菌后，土壤真菌、大丽轮枝菌菌核数量分别降低 68.88% 和 47.20%，而细菌和放线菌数量分别是对照的 23.81 倍和 2.40 倍，显著降低了根际区系中真菌的种类，显著增加了细菌种类，促进了作物对磷的吸收，显著提高了作物的生物量[33]。南京农业大学植物营养与肥料系研制的抗土传病微生物肥料显著改变了土壤微生物种群密度，减少了土壤真菌数量，增加了土壤放线菌数量，使微生物多样性指数升高；对番茄连作障碍程度低、中、高的土壤均有很好的改良作用[34]。

2. 活化土壤养分 微生物肥中的有益菌可以活化土壤养分，分解和释放易被土壤固定的矿物性磷、钾和多种中微量元素，使其转变成水溶态，容易被作物吸收利用，从而实现土壤养分平衡。研究表明，假单胞菌 LES4 和 LES7 具有较好的溶磷效果，丛枝菌根真菌（AMF）能提高土壤磷和微量元素的有效性。

1911 年人们首次分离获得的解钾菌于 1939 年被苏联学者命名为硅酸盐细菌。在无氮条件下，解钾菌能在含钾的云母、长石、磷矿粉、磷灰石及其他矿石的培养基上生长，分解含钾矿物（含硅谷酸盐和铝硅酸盐）释放磷、钾及其他营养元素，同时通过自身的代谢生化反应产生有机酸、氨基酸、激素、多糖等物质，有利于植物吸收和利用土壤营养元素；另外，少量解钾菌菌株兼具固氮、溶磷、释钾功能。20 世纪 60 年代，我国学者在研究中发现解钾菌对作物钾元素代谢和营养有重要作用，因此被称为钾细菌。将钾细菌制成菌肥可将土壤中的无效钾转化为有效钾，刺激作物对土壤中各种营养元素的吸收。

固氮菌除了能固定空气中的游离态氮，还能生成刺激植物生长发育的物质，对作物根际微生物的生长有促进作用。

根瘤菌是迄今研究最早、应用最广泛、效果最稳定的微生物肥料之一，可侵染豆科植物根部，形成根瘤，与豆科植物形成共生固氮关系；花生根瘤菌（*Bradyrhizobium* sp.）、豌豆根瘤菌（*Rhizobium leguminosarum*）、苜蓿根瘤菌（*R. melilot*）、大豆根瘤菌（*B. Japonicume*）是研究和应用的主要根瘤菌剂。固氮菌剂常拌种施用，也可作基肥、追肥，适用于禾本科作物、叶菜类作物等。

3. 增加土壤有益菌群　位点竞争：当有益菌在植物根系土壤微生态系统中富集并形成优势种群时，可以抑制或减少病原微生物的繁殖机会，甚至对病原微生物产生拮抗作用，降低作物病害的发生率。

刺激生长：有益菌在植物根系微生态环境中生长繁殖，分泌如细胞激素、赤霉素、吲哚乙酸和多种酶类等代谢产物，促进种子生根、生长和发育。

健康栽培：有益菌在活动过程中产生的多糖可以增加土壤中有机质和腐殖质含量，丰富土壤团粒结构，提高了肥料利用率，达到健身栽培的目的。

4. 修复土壤重金属污染　微生物可以通过改变重金属的理化性质影响其在土壤-作物系统中的迁移转化，修复机理：在微生物的作用下改变土壤中重金属的赋存形态，降低重金属在土壤中的生物有效性；微生物的吸收和代谢作用降低土壤中有效态重金属含量或增强土壤对重金属的固定作用。微生物修复技术可以进行原位、异位或者原位-异位联合修复，具有低成本和高效率的特点，逐渐成为土壤重金属污染修复研究的热点。微生物修复土壤重金属污染技术也存在诸多问题，如目标微生物在土壤中的存活率受环境条件的影响较大。

四、微生物肥料对作物生长、产量和品质的影响

1. 促进作物生长　微生物产生的植物激素，如生长素、赤霉素、乙烯、细胞分裂素、酚类化合物、脱落酸及其衍生物烟酸、泛酸、维生素 B_{12}、核酸类和水杨酸等，都可以不同程度地调节和刺激植物的生长。80％的根际细菌如根瘤菌、黄单胞菌、假单胞菌等都能产生吲哚乙酸。固氮菌能分泌刺激植物生长发育的物质，如维生素 B_1、维生素 B_2、维生素 B_3、吲哚乙酸等。链霉菌是主要生产抗生素类物质的一类有益菌；在微生物产生的 20 000 多种活性物质中，链霉菌占 60％以上。作为链霉菌属（*Streptomyces*）的一个种类，细黄链霉菌（*Streptomyces microflavus*）在自然栽培条件下的自身代谢产物可有效地促进植物生长。中国农业科学院的研究人员在研究中发现细黄链霉菌 5406 抗生菌可产生玉米素、激动素等有效活性成分，对果蔬具有明显的促生抗病作用，已被广泛应用于多种果蔬的栽培。

2. 增强作物抗逆性　微生物肥能够减轻南方地区作物病虫害的发生，还可以提高作物抗旱、抗寒、抗倒伏和克服连作障碍等方面的能力。植物根际PGPR通过产生卵磷脂酶 C、几丁质分解酶、系统防卫酶、铁载体、抗生素以

及氰化物等多种物质抑制土壤细菌或真菌病害。另外，有些微生物通过诱导植株系统抗性而促进植物的生长。有些微生物能够提高植物抗旱性、抗盐碱性、抗极端温湿度或 pH 能力、抗重金属毒害等能力。有研究表明，施用 Bio 抗土传病高效生物肥显著降低了辣椒和番茄植株中的丙二醛含量和电解质渗漏率，通过提高植株过氧化物酶活性、超氧化物歧化酶活性、氧化氢酶活性和根系活力增强辣椒和番茄植株的抗逆性。

3. 缓解作物根系铝毒　土壤根系铝富集毒害影响着植物对钙、镁营养元素的吸收。根际外生菌根真菌（ectomycorrhizal fungi，ECM）能调节植物根尖对钙和镁的吸收；植株对钙和镁的吸收量增加后可能会提高根冠皮层细胞排出铝的概率，进而缓解铝对植物的危害；ECM 细胞壁吸附铝或者液泡内物质螯合铝，抑制铝进入植物根部皮层细胞；ECM 还可能通过分泌小分子有机酸复合物对铝进行螯合。

目前，对外生菌根是否具有缓解土壤铝毒能力的研究结果不尽相同，可能原因为菌种的生物学特性和生态学特性上的差异，以及各自感染的寄主植物的差异以及生长环境的差异等。因此，选择优良的菌株和相应的寄主植物构建高效抗酸铝体系至关重要。

土壤微生物与植物的根系相互作用和相互影响，形成了一个稳定的动态系统。在酸性土壤中筛选到抗酸铝微生物，并借助其吸收、吸附及其分泌物螯合 Al^{3+} 的作用达到植物和土壤耐铝微生物互利的效果。例如，从低酸高铝土壤中分离耐酸铝的根瘤菌，与豆科植物形成高效固氮体系，将为解决酸性土壤上的铝毒问题开辟新的途径，目前国内外有关这方面的研究都甚少。

4. 提高农产品品质　微生物肥料在改善作物品质方面发挥重要作用，即使某些微生物肥料的增产效果不明显，但可以改善作物品质。

目前，有关微生物肥料改善蔬菜、水果、茶、油料以及药用植物等经济作物品质的研究较多，在粮食作物上的研究较少。施用微生物肥料能够降低蔬菜硝酸盐含量，提高其维生素 C、总糖、干物质、可溶性蛋白和游离氨基酸的含量，提高了糖酸比，改善了口味。施用 SC27 菌剂栽培的西瓜和苦瓜中的 17种氨基酸尤其是人体必需的氨基酸含量得到有效提高，而且果实中蛋白质、碳水化合物、钙、磷、铁、锌和维生素 C 含量也增加了，提高了西瓜和苦瓜的产品品质。应用 T 型三色源菌剂（含芽孢菌、光合菌、放线菌、固氮菌等微生物）能显著提高龙冈茌梨果实的可溶性总糖和可溶性固形物含量，显著降低可滴定酸和石细胞含量，减小果皮厚度。将酵菌素应用在辣椒、黄瓜、花生、桃树、苹果树等作物上均能改善产品品质，降低农田酸性土壤病害发生率，解磷解钾固氮，提高土壤有效养分含量。

五、微生物肥料促进有机物料腐熟

微生物具有产纤维素酶、木聚糖酶、蛋白酶等的能力。由于堆制原料中有益土著微生物少，发酵时间长且发酵不彻底，使得传统堆肥存在臭味严重、肥效养料价值低等问题。人为接种分解有机物能力强的微生物，可提高在堆肥过程初期堆料中有效微生物的总数，加速堆肥材料的腐熟，腐熟过程形成的高温有利于消灭某些病原体、虫卵等。

生产高品质有机肥与生物有机肥过程中通常使用到有机物料腐熟剂，它是一种高效生物发酵剂。有机物料腐熟剂将多种具有特殊功能的细菌、真菌、放线菌、酵母菌等菌种经专门工艺发酵并复合在一起，这些菌种互不拮抗、相互协同，对有机物料的腐熟具有促进作用，可以在发酵过程中繁殖大量功能细菌，并且产生激素、抗生素等特效代谢产物，从而使有机物料的堆肥成品肥效提高。高品质有机肥或生物有机肥中的功能菌进入土壤后，对作物生长发育产生刺激作用，提高作物抗病、抗旱、抗寒等能力，对土壤养分、土壤结构、肥料利用率等具有正向影响。堆肥过程中最难降解的物质是木质素，其次为纤维素，而堆肥腐熟过程中最重要的物理性状变化是木质纤维素的降解，意味着细胞物质的解体和腐殖质的产生。堆肥微生物菌剂研制的核心是纤维素分解菌与木质素分解菌的研究。

六、微生物肥料的施用方法及注意事项

微生物肥料是靠微生物发挥增产作用的，其有效性取决于优良菌种、优质菌剂和有效的施用方法。微生物肥料可用于浸种、拌种、蘸根，可作底肥、追肥、穴施或沟施。拌种是微生物肥料最为简便、经济和有效的施用方法，用清水将固体菌肥调至糊状（或者稀释液体菌剂），然后与种子充分搅拌，晾干后可播种，并立即覆土。

由于微生物肥料是含活性菌体的肥料，施用时要注意以下事项：肥料开袋后，其他细菌就可能侵入袋内，使微生物菌群发生改变，影响其使用效果，因此不能长期使用；活性菌体的生存和繁殖在高温干旱条件下会受到影响，不能发挥良好的作用，因此要避免在高温干旱条件下使用微生物肥料；微生物肥料与未腐熟的有机堆肥沤或混用，会因高温杀死微生物而影响微生物肥料肥效的发挥，因此应避免与未腐熟的农家肥混用；微生物肥料不能与过酸、过碱的肥料混合使用；由于化学农药都会不同程度地抑制微生物的生长和繁殖，甚至杀

死微生物，所以微生物肥料不能与农药同时使用。

七、微生物肥料应用展望

对微生物肥料应用的展望主要有以下几个方面：

（1）菌种生产方面。筛选和培育具有营养促生、腐熟转化兼具降解土壤有害物质和修复等功能的优良菌株，根据用途对功能菌株或菌群进行优化组合，提高组合菌种的功效，发挥复合或联合菌群的共生、互惠、协同等作用，排除相互拮抗情况的发生。

（2）生产工艺和设备的改进方面。提高现代化的发酵工程及自动化控制技术，从而提高产品中功能菌的活性和浓度；选用包装新材料或保护剂，延长菌剂的货架期；优化生产工艺，降低生产成本。

（3）功能产品研究和应用方面。根据不同的地域及种植情况研究和开发适用于不同物料或不同地区的微生物发酵菌剂；针对土壤污染现状研究和开发降解农药、有机污染物和重金属的土壤修复微生物菌剂；针对集约化连作种植区研究和开发防治连作障碍的微生物产品；针对豆科作物研究开发适宜的根瘤菌剂产品，发挥作物的自身特点。

（4）微生物肥料施用技术方面。根据不同作物的生长习性研究微生物肥料的最佳施用时期、施用量及施用方法，以及配套的器械精细化施用方法。

近年来，由于农业生产对肥料需求量的增加、化学肥料价格上涨、化肥大量施用的环境风险以及农产品质量安全等因素，微生物肥料的生产逐渐受到重视，其功效也逐渐得到认同。但是，微生物肥料在生产中的效果不稳定，且应用效果比较缓慢，限制了其大面积使用和普及推广。微生物肥料的作用受到许多条件的制约，如微生物与寄主间的关系、品种专性与光谱性机制、制品中微生物进入土壤后的制约因素、同类微生物间的竞争等，如果不明确这些制约因素，就无法使微生物肥料产生好的应用效果。另外，有关接种剂细菌在载体或种子上的存活率、在根际的定殖、引起植物的反应程度、应用方法等方面都需要进行广泛的研究，才能为微生物肥料的广泛应用打下坚实的理论基础。

第三节　有机物料在热区耕地酸性
土壤质量控制中的应用

除了土壤改良剂外，农作物的茎秆、家畜的粪肥、绿肥、草木灰等有机物料也都被广泛用于酸性土壤改良。有机物质中含有大量的营养成分，施入土壤后能够提高土壤的肥力和微生物丰度，降低土壤有毒形态铝含量，促进作物生长发育。

一、主要有机物料的种类概述

1. 草炭　草炭又称泥炭，形成于第四纪，是在多水的厌氧条件下，沼泽植物的残体未完全分解堆积而成的具有一定厚度的半分解的有机质。草炭是绿色环保肥料，以草炭作为原料生产的生物菌肥或复合肥具有肥效持久、无公害、无残留等优点。草炭含有大量的有机质和腐殖酸类物质，颜色显褐色或棕黑色，其氮、磷、钾含量较高。草炭因质轻、持水、透气和有机质含量高而被广泛应用于园艺行业。

2. 饼肥　饼肥含水率为 $10\%\sim13\%$，有机质含量为 $75\%\sim86\%$，为油料植物种子经过压榨去油后剩下的残渣，可直接作肥料施用。饼肥的种类主要有菜籽饼、豆饼、花生饼、棉籽饼、茶籽饼、麻籽饼、桐籽饼等。

3. 堆肥　堆肥是各种植物残渣、人畜尿液和粪便在一定时期内积累和分解而成的有机肥料。堆肥本质上为有机质腐殖化的过程，堆肥过程中形成的胡敏酸等小分子物质可提高土壤有机质含量。堆肥具有就地堆积、成本低、来源广泛等特点，例如利用蚯蚓堆肥处理的土壤，其容重、孔隙率、通气性和保水性和 pH、电导率、有机质含量均得到不同程度的改善。秸秆堆肥与无机肥配施能改善土壤微生物特性和提高土壤脲酶和碱性磷酸酶活性以及部分养分的含量。另外，堆肥和土壤改良剂配施（如与生物炭按 1∶1 的比例施用）对土壤 pH 和碱解氮、速效钾、有效磷和有机质含量均有提高作用，增加堆肥占比则会减少土壤铵态氮和硝态氮的淋失，提高土壤对养分的吸收利用率，对土壤改良有积极的作用。

4. 农作物秸秆　农作物在生长过程中从土壤中吸收大量的盐基离子，在其体内积累有机阴离子；农作物被移走时，碱性物质也随之被移走；将农作物秸秆还田，可将积累的碱性物质还田，从而减缓土壤酸化进程。农作物秸秆是农田土壤有机质的重要来源，其含有氮、磷、钾及微量元素，可作为农业生产中重要的肥料资源。另外，农作物秸秆还田后能够激发土壤中各类微生物的活性，提高土壤中各类酶的活性，可作为土壤微生物的重要能源之一。

5. 绿肥　热区绿肥中干物质含量为 $10\%\sim30\%$，鲜草中含氮（N）$0.4\%\sim0.8\%$，含磷（P_2O_5）$0.10\%\sim0.15\%$，含钾（K_2O）$0.3\%\sim0.5\%$，一季绿肥亩产 1 000～2 000kg，高的可达 5 000kg 以上，此外还有大量的根系残留在

土中。据广东对 13 种绿肥牧草的测定，豆科作物地上部分的比值一般在 0.93～1.56，非豆科绿肥为 0.82～1.05，禾科牧草为 0.68～0.79，地下部分的各种养分含量占植株中养分含量的 5%～50%，其中豆科绿肥的占比最高。截至目前，我国常用绿肥作物有 916 种，被鉴定为 4 科 20 个属 26 个种，经过筛选，得到了综合形状好、适宜在不同地区种植的 70 多种绿肥作物。适种于红壤地区的冬季绿肥有油菜、苕子、豌豆、紫云英、黑麦、燕麦等；夏季绿肥有田菁、猪屎豆、豇豆、泥豆、乌豇豆、绿豆等；多年生绿肥和牧草有胡枝子、毛蔓豆、紫穗槐、热带苜蓿、木豆、蝴蝶豆、坚尼草、象草、危地马拉草、鸡眼草、知风草、金光菊等。这些绿肥牧草对土壤和环境的适应能力不同，必须根据具体条件进行选择。例如，萝卜菜、油菜等十字花科作物虽不能固氮，但利用土壤矿质养分的能力极强，耐瘦、耐酸、耐旱，在水肥条件较差的红壤丘陵地上，鲜草产量比紫云英高一倍以上；紫云英、苕子等豆科绿肥养分含量高，能通过根瘤菌固定空气中的氮，肥效好，但对土、肥、水条件的要求较高。白花灰叶豆和猪屎豆耐旱、耐瘠，在砖红壤中的砂土或黏土上均能良好生长。太阳麻生长快，产量高（在安徽歙县茶园播种后 105d，亩产鲜草 2 335kg），但前期生长较慢、不耐旱。葛藤、毛蔓豆等蔓生豆科作物耐旱、耐瘠、耐阴性强，每年可割青 2～3 次，亩产鲜嫩茎叶 1 000～1 500kg，可在地角、地埂及果树行间种植。

二、有机物料改良酸性土壤的原理与技术

某些有机物料可以显著调控土壤酸度，作用机制包括通过增加土壤的有机质来增加土壤阳离子交换能力和物料中含有一定量的碱。有机物料调控土壤 pH 的效果受物料种类、土壤类型、气候条件等因素的影响较大，其中有机物料的分解即碳、氮循环过程主要受土壤初始 pH 的影响。有机物料的灰化碱含量或过量阳离子含量与有机物料提高土壤 pH 的能力息息相关。灰化碱含量通常被用来评价有机物料或农业废弃物改良土壤酸度的能力，例如，豆科类植物物料的灰化碱含量在一定条件下比非豆科类植物物料高，因此具有更好的改良土壤酸度的能力。有机物料中有机阴离子的含量通常用过量阳离子含量来衡量，是植物为了平衡体内电荷而形成的。在残留降解的过程中，有机阴离子通过脱羧作用消耗 H^+ 而产生碱性物质。研究发现，主要阳离子是碱性物质的主要来源。

除碳转化过程外，在有机物料降解过程中，氮转化过程（产生与消耗质子）和碳转化过程都是影响土壤酸化的重要因素。有机物料的有机氮的矿化消

耗质子，产生铵态氮，是酸消耗过程；而有机物料的铵态氮经过硝化作用产生硝酸根，生成质子，是酸制造过程。植物或微生物将硝酸根消耗掉后，整个氮转化过程在理论上不产生质子，即不产生酸，但是在实际过程中并没有这种理想状态，而是容易产生酸化现象。值得注意的是，土壤 pH 影响单循环过程。除了上述循环过程外，有机物料表面、土壤基质和有机物对质子的吸附解吸可以缓冲土壤 pH。另外，作物残留物的可溶性部分与非可溶性部分产生碱性物质的能力也受耕作方式的影响，而且有机物料所释放的碱量在不同土壤 pH 条件下差异很大。另外，有机物料分解、释放的碱和盐基离子分别与交换性酸发生置换反应，不同程度地削弱了有机物料对土壤酸度的调节能力。有机物料的酸度调节能力在强酸性土壤中会因为交换反应而削弱，土壤 pH 可能不会有显著变化。

三、有机物料的利用现状

有机物料含有植物必需的大量元素和微量元素，还含有丰富的有机质。施用有机物料能够改良土壤理化性质、培肥地力、提高农作物的产量和品质。农作物秸秆综合利用在建设环境保护型和资源节约型农业中发挥重要作用。肥料化利用是众多秸秆综合利用中最为简单、有效和成本最低的形式之一，占综合利用比例的一半以上。秸秆还田是肥料化利用在国内的主要形式，分为直接还田和间接还田。长期以来，畜禽养殖污染一直是农业面源污染防治需要攻克的难题，通过发酵等工艺处理后的畜禽粪污还田利用是一种经济、实用和简单的方法，被国内外广泛应用。通过全量还田和种养结合，不仅能资源化利用畜禽养殖废弃物，还增加了土壤中的有机质含量，减少了化肥施用量。秸秆还田和畜禽养殖废弃物资源化利用是现代农业有机物料入田的主要途径，不仅解决了大量农业废弃物的去向问题，还改良了的耕地土壤环境。

四、有机物料对酸性土壤质量的影响

1. 对土壤物理性质的影响　有机物料还田能够有效改善土壤结构、提高土壤水稳性团聚体含量、增强土壤持水性和通透性等。有机物料通过降低土壤坚实度来改善土壤结构；有机物料通过覆盖来减少土壤水分蒸发和保持土壤湿度，对保持土壤水分和调节地温具有积极作用，在低温季节和高温少雨季节显得尤为重要。秸秆还田后晚稻田土壤＞0.25mm 水稳性大团聚体含量显著增加了，而土壤水稳性微团聚体含量显著减少了[35]。与不施肥处理的土壤比较，连续 3 年施用秸秆或鸡粪的土壤（0～20cm 土层）中＞0.25mm 水稳性大团聚体含量显著增加，且随秸秆和鸡粪施用量的增加而增大[36]。土壤水稳性团聚体及水稳性大团聚质量分数越高，土壤结构相对越松散、通透性越好，蓄水能力和供应作物生长的水分含量也得到相应提高。秸秆还田能够降低土壤水分的流失速度和蒸发速率，减轻雨水对土壤冲刷过程所造成的破坏。由于秸秆能够提供大粒径的粗纤维和有机物质，粪肥能提供丰富的微生物群体和大分子有机质与胶体，秸秆分解出的养分供给微生物活动，粪肥的大分子有机质与胶体提供胶结团聚体颗粒的核心物质，秸秆、粪肥等有机物料混合应用对土壤结构的影响更为显著，从而使土壤中团聚体数量增加。

2. 对土壤化学性质的影响

（1）对土壤 pH 的影响　秸秆提高土壤 pH 的作用被称为石灰效应，这是秸秆在腐解过程中释放 OH⁻（或消耗 H⁺）或添加秸秆改变了土壤阳离子交换量等所引起的。秸秆施入土壤后使土壤 pH 提升的机理：秸秆的有机阴离子氧化消耗 H⁺；秸秆有机氮氨化消耗 H⁺；秸秆分解产物中的有机酸和腐殖质被铝和铁的水合氧化物专性吸附释放 OH⁻；大量碱性物质和钙、镁等矿质元素在秸秆分解过程中被释放出来，增强了土壤的酸缓冲性能。

（2）对土壤养分的影响　有机物料在土壤的矿化过程中通过持续供给作物多种营养元素来提高土壤有效养分含量。有机物料添加能提高土壤氮、钾含量，调节土壤磷的有效性。水稻秸秆、花生饼肥以及猪粪等有机物料均可以不同程度地提高植烟土壤中有效态氮、磷、钾的含量。适合的 C/N 才能使有机物进行有效分解，而高 C/N 的有机物分解需要从外界吸收大量的氮，如从土壤中吸收大量氮，从而降低土壤碱解氮含量；随着覆盖时间的延长，土壤碱解氮含量逐渐增加。有研究发现稻草和草炭两种有机物料通过增加土壤微生物量磷（MBP）含量来促进土壤磷周转，虽然土壤有效磷含量降低但仍可维持作物需求水平，通过降低 $CaCl_2 - P$ 含量来控制土壤磷的流失。有机物料种类及其用量影响土壤磷形态的变化。长期秸秆覆盖后土壤有效磷含量增加，减少了土壤对磷的固定，而且有效磷的增加与有机物料在分解过程中分泌有机酸有关。不同有机物料对土壤中有效氮、磷、钾含量的提高效果存在一定的差异。

由于绿肥牧草的地下部分都具有丰富的有机质和养分，改土效果极为明显，所以在红壤地区广泛流传着"绿肥种三年，瘦田变肥田"的谚语。种过绿肥的土壤，只要耕作得当，土壤中的有机质和氮、磷含量可较快地提高。例如，江西地区红壤改良试验中，种过 6 年绿肥的红壤耕层的有机质和氮、磷含量分别由 0.64％、0.04％和 0.036％提高到 1.62％、0.08％和 0.080％。在胶园中种绿肥覆盖植物，对增加土壤有机质和养分含量也有良好的作用。

（3）对土壤有机碳的影响　秸秆中含有大量有机碳，可提高土壤中有机碳含量，进而促进作物生长。研究表明，不同种类的有机物料对土壤有机碳的作用效果不同，按效果排序为秸秆＞厩肥＞堆肥＞绿肥。化肥与粪肥、作物秸秆配合施用后土壤的有机碳含量均显著提高，增加幅度为作物秸秆（玉米秸秆优于小麦秸秆）处理高于粪肥处理（牛粪优于猪粪）。土壤活性有机碳能显著影响土壤化学物质的溶解、吸附、解吸、迁移、吸收和生物毒性等行为，是土壤中有效性较高、易被土壤微生物分解矿化、直接影响土壤对植物养分供应的那部分有机碳。在土壤有机碳中，土壤活性有机碳占比很小，但它能直接参与土壤生物化学过程，是土壤微生物活动的能源和土壤养分的驱动力，在保持土壤肥力、改善土壤质量、平衡土壤碳库方面具有重要的意义。有机物料还田对土壤活性有机碳影响较大。土壤微生物生物量碳是反映土壤有机碳质量的重要指标，土壤环境的变化对其影响较大。土壤微生物生物量碳与土壤有机碳源的生物有效性密切相关。C/N较低的粪肥容易被微生物分解利用，微生物将粪肥碳分解转化为低分子量的有机质，部分低分子有机质被土壤微生物吸收成为其机体的一部分，增加了土壤中低分子量的有机碳含量和丰富了土壤微生物碳库。土壤中水溶性有机质是微生物降解腐殖质和动植物残体所产生的小分子物质，主要为碳水化合物。农田施用有机物料后土壤水溶性有机碳的含量得到显著增加，增加幅度由有机物料的化学组成决定。

（4）对土壤有机质的影响　秸秆含有大量纤维素、木质部等物质，这些物质被土壤微生物分解释放的碳、氮能够改变土壤理化性质和有机质含量。秸秆还田能促进土壤微生物繁殖，促进矿质化进程，从而使土壤有机养分释放出来。此外，分解产生的物质又通过腐殖化形成有机质，从而增加土壤有机质含量。在一定范围内，表层土壤有机质含量随着秸秆还田量和时间的增加而增加，但是在不同条件（如土壤类型、生物量、温度、对外源有机物料的响应程度及自身的固碳能力等）的影响下，有关秸秆还田对土壤有机质的影响存在一定的争议。

（5）对重金属污染土壤的修复　有机物料对重金属元素的有效性及其存在形态有直接或间接的影响。有机物料被施加到土壤后，与重金属直接发生络合反应，使更多的重金属被吸附到土壤表面，另外，有机物料通过改变土壤的物理化学性质间接影响镉、铅等重金属元素的生物有效性。研究表明，紫云英处理后的土壤pH和镉活性没有发生显著变化，但是水稻植株的镉吸收量降低了，稻米中镉含量降低了80％。不同有机物料对镉的吸附行为存在差异，且土壤有机质对镉在土壤中的活性和迁移具有较大影响。有研究发现，土壤有机质的含量和组成可影响金属镉的生物有效性，土壤颗粒有机质中的镉总量是影响稻米镉含量的主要因素。土壤颗粒态有机质吸附重金属，可以降低重金属活性；可溶态有机质能络合重金属，可以提高重金属活性。含胡敏酸和胡敏素的有机物料在土壤中通过络合反应将镉固定，降低镉在土壤中的生物有效性，起到钝化土壤镉的作用。有机物料对土壤镉生物有效性的影响较为复杂，有机质在分解过程中产生腐殖质、有机酸等，有些能增加镉的生物有效性，有些能降低镉的生物有效性，因此有关有机物料对土壤中镉有效性的影响还存在一定争议。有机物料经过充分腐熟后胡敏酸与富里酸的比值影响有机质降低土壤镉活性的能力。增加胡敏酸与富里酸的比值能够有效降低土壤镉的活性和生物有效性[37]。相同的有机物料对不同质地的水稻土镉的有效性的效果不同，例如，向淹水土壤中施加苜蓿和稻草粉，处理组红壤 pH 高于对照组，土壤中镉的活性降低；处理组潮黄土 pH 均低于对照，土壤中镉的活性升高。也有研究表明，虽然有些有机物料对土壤中镉的含量及形态无显著影响，但是显著降低了水稻地上部的镉含量。

综上所述，选用有机物料阻控土壤镉在水稻体内的积累，需要考虑物料的基本性质、成分及用量等，从而达到有效阻控的目的。

3. 对土壤生物学性质的影响

（1）对土壤微生物活性的影响　被施入土壤后，有机物料通过自身的分解与转化向土壤中释放大量养分从而改善土壤环境条件，提高土壤生态系统功能。将多种物料组合后施入土壤可以合理调控土壤养分状况，特别是调控土壤C/N，适宜的 C/N 对土壤微生物的生存与增殖都很重要，因此，不同物料混合处理对土壤微生物活性具有显著的正组合效应。组合物料含有的大量和微量元素与单一有机物料相比更加丰富，C/N 也更加适宜，有利于微生物的生长与繁殖。有研究表明，有机物料通过增加土壤微生物生物量碳、氮来提高土壤微生物活性，并且施用效果随着施用量的增加而更加明显。

（2）对土壤酶活性的影响　土壤微生物和植物根系是产生土壤酶的主体，而土壤微生物和植物生长状况又与土壤肥力息息相关。土壤酶虽然只占土壤的很小一部分，但是其参与土壤生物化学过程，与有机物分解、养分循环、能量流动、环境条件等密切相关，因此对土壤各种功能和过程的作用非常重要。与不施肥和单施化肥处理相比，种养废弃物与化肥配施处理的土壤酶活性较高，尤其是土壤脲酶。长期定位试验研究表明，秸秆和粪肥可以大幅度提高脲酶活性。在红壤水稻土中，化肥与猪粪长期配合施用可以提高土壤磷酸酶活性。

五、有机物料施用对作物生长的影响

有机物料不仅能够改变土壤有机质和养分元素含量，还能通过改变土壤理化性质、降低重金属在土壤-作物系统中的迁移性和生物有效性直接或间接地提升作物产量和品质。秸秆还田联合施用土壤改良剂可以增加土壤 pH 和土壤有机碳含量，改变 Cd^{2+} 在水稻植株不同部位的分配，促进水稻的生长发育。秸秆、沼渣还田处理后，拔节期至成熟期的水稻的干物质积累量和氮的吸收利用能力得到显著提高，水稻的实际产量增加。

六、有机物料施用的产量效应

随着对化肥施用问题的重视，将用有机物料替代氮肥作为减少化肥施用的重要手段逐渐为人们所认可。有机物料分解对农田生态系统物质循环和能量流动以及土壤有机质形成和土壤养分释放具有非常重要的意义，可通过合理利用有机物料资源来实现我国实现化肥施用量零增长的目标。近年来，针对不同有机物料的培土措施的研究越来越受关注，已有研究表明有机物料可以改善作物根系周围的水、肥、气、热等环境条件，促进作物的生长发育，使作物的产量和品质均得到改善。

1. 秸秆还田的产量效应　研究表明，秸秆配施化肥可以显著提高作物养分累积量和肥料利用率，从而促进作物增产。马俊永等[38]通过 24 年的定位试验发现：仅进行秸秆还田处理与仅施化肥处理都会使作物产量显著提高，其中施化肥处理增加产量的效果优于仅进行秸秆还田处理。而在相同施肥量的条件下，有机肥料与无机肥料结合施用的增产效应尤为突出。也有研究表明，氮肥适宜用量的增加与水稻产量在一定范围内正相关，适宜用量增加，产量随之增大；相较于单施氮肥，秸秆还田条件下水稻产量平均提高 6.3%。另外，秸秆还田配施氮肥有利于增加双季晚稻产量，相比于仅进行秸秆还田处理，配施氮肥处理可使两季水稻的有效穗数、千粒重、产量分别提高 48.48%、3.91%、49.06%和 3.29%、2.91%、8.83%。

2. 有机肥施用的产量效应　商品有机肥中含有植物所需的各种养分元素及有机质，植物可以直接对有机质中的氨基酸、酰胺和核酸进行吸收利用。而有机质中的糖类和脂肪更是土壤微生物进行生命活动的重要能源。畜禽粪肥是有机肥的重要肥源之一，大量研究表明，施用畜禽粪肥后，为作物生长提供的营养物质以及活性有机物明显增加，通过络合作用对土壤中不便直接利用的养分进行活化，使得作物对养分的利用效率提高，有利于作物生长和产量提高。

有关不同畜禽粪肥对土壤培肥及玉米增产效应的研究发现，羊粪、牛粪、鸡粪、猪粪等不同种类粪肥处理的平均产量较对照均出现不同程度的增加，分别达 1 615.2kg/hm²、1 259.7kg/hm²、1 947.5kg/hm² 和 1 574.9kg/hm²；其中各种粪肥处理的增产幅度和产量均以鸡粪处理的为最高，牛粪处理的最低。相较于单施化肥，添加有机物料的各个处理的水稻产量均出现不同程度的增加，其中化肥加畜禽粪肥处理增产最多，增产量为 1 481.67kg/hm²，增产率达 18.17%；化肥配施秸秆处理的产量增加最少，为 183.3kg/hm²，增产率为 2.25%，也就是说化肥配施畜禽粪肥对水稻产量的影响最大。也有研究发现无论是施用鸡粪还是施用猪粪，都对辣椒株高、根长、根系生物量、茎叶生物量、单果重及辣椒产量等方面产生了积极影响。

3. 绿肥的增产效应　绿肥能提高土壤肥力，因而能显著提高作物产量。根据四川黄壤改良试验，在黄壤上翻压紫花光叶苕子后，玉米、马铃薯和荞麦的产量都较未种紫花光叶苕子的高，每亩增产粮食 100～175kg。根据江西红壤性水稻田改良试验，种绿肥比不种绿肥的早稻增产 10%～30%，其后效在晚稻还可增产 10% 左右。在砖红壤胶园内，间作豆科绿肥的橡胶幼树增粗量较对照（天然植被）高 9%～10%，可使胶树提早一年或两年达到割胶标准。绿肥混播比单播产量高。俗话说："种子掺一掺，产量翻一番"。在华中地区紫云英与肥田萝卜、油菜或大麦等混播，一般每亩较单播增产鲜草 300～500kg，增产幅度为 20%～80%，高的可达两倍以上。在江西进行的连续 3 年的播种绿肥试验证明，绿肥混播的改土增产效果是相当明显的。在华南，也以葛藤与毛蔓豆、蝴蝶豆混播为最好。

第四节　其他农艺措施在热区耕地酸性土壤质量控制中的应用

土壤酸化的人为因素主要有酸沉降和不当农业措施。对于酸沉降引起的土壤酸化，可以通过改进工业生产工艺、施用新型环保材料等措施减少氮氧化物及硫氧化物的排放，从而减少酸沉降带来的 H^+ 对土壤的输入。对于不当农业措施，尤其是施肥引起的土壤酸化，则可以通过利用合理的农艺措施予以调控。

一、合理的肥料施用管理

通过合理的肥料施用管理可以减缓具有酸化趋势的土壤的酸化进程，促进农业的可持续发展。由于养分缺乏是热区大部分酸化土壤的重要低产原因，所以在酸化土壤荒地垦殖初期，施用氮、磷、钾等肥料和石灰、腐植酸类土壤改良剂，大多数作物都可显著增产。但土壤类型和作物种类不同，各种肥料的效果及施用方法也不一样，必须因土施肥、经济用肥，以提高肥料的利用率和作物产量。

1. 氮肥的施用　某些新垦红壤中含有一定量的有机质，可分解出氮，开垦初期氮的增产效果有时不如磷肥。但因作物对氮的需求较磷大和土壤中的无机氮易损失，所以氮肥的效果比磷肥显著，禾本科作物对氮肥的反应更为明显。据研究，在砖红壤上种植甘蔗时，氮肥的效果也很明显。一般来说，氮肥是酸化土壤最重要的营养元素，尤其是在侵蚀型红壤开垦初期，氮肥几乎是不可缺少的。

铵态氮肥的施用被认为是加速农田土壤酸化的重要因素。铵态氮肥被施入土壤后，肥料中的 NH_4^+ 通过硝化反应释放 H^+ 加速土壤酸化。如能从源头控制或减缓铵态氮肥的硝化反应，则可以降低对土壤酸化的加速作用。室内条件下的研究表明，在酸性土壤中施用硝化抑制剂（如双氰胺）可以抑制土壤的硝化反应；硝化抑制剂与尿素配合施用，尿素的水解过程消耗 H^+，提高了酸性土壤的 pH；但是，该技术有待于在田间条件下进行验证。不同品种铵态氮肥对土壤酸化的影响排序为硫酸铵、磷酸二氢铵＞磷酸氢二铵＞尿素、硝酸铵。对于抵抗外源酸能力较弱的土壤，在农产品生产过程中应选用对土壤酸化作用较弱的铵态氮肥，可以选用缓释肥料，既可以降低氮肥的释放速率，又可以提高氮肥的利用率，另外还可以降低硝化反应的速率和减缓氮肥对土壤酸化的加速作用。

作物吸收硝态氮，其根系会释放 OH^-，能中和根际土壤的酸度。以硝态氮肥替代铵态氮肥可以从源头阻断氮肥在土壤中产酸。考虑到硝态氮肥的价格较高，且在高温多雨的热区土壤中容易淋失，建议在设施农业生产蔬菜和瓜果等高附加值农产品时优先使用硝态氮肥，避免氮肥对土壤酸化的影响。大多数蔬菜和瓜果属于喜硝植物，对硝态氮有偏好吸收，因此施用硝态氮肥还可提高氮肥利用率。

2. 磷肥的施用　在酸性土壤上施用磷肥，往往可以大幅度增产，一般热区红壤地区主要作物的磷肥增产幅度在 $10\%\sim100\%$。在某些侵蚀型红壤开垦初期，如果不施磷肥，小麦、大麦、绿豆等作物甚至不能生长。

需要注意的是，蔬菜种植的肥料投入水平总体上高于粮食作物，将大量高浓度氮、磷、钾复合肥施用到土壤中，特别是磷施用量远远超出作物养分需求量时，往往使得磷在农田土壤中过量积累，且蔬菜种植年限越长，表层土壤对磷的吸附能力越弱，农业非点源磷污染风险的问题日益凸显。海南岛为热带季风气候区，土壤风化作用强烈，铁铝氧化物含量高，对磷的固定能力较强，部分地区长期种植蔬菜的农田土壤磷积累明显，有效磷平均含量多在 30mg/kg以上，土壤供磷能力已经处于较高水平（表 6-6）。

表 6-6　耕层土壤有效磷含量分级（Olsen 法）

项目	级别					
	1 级	2 级	3 级	4 级	5 级	6 级
有效磷含量（mg/kg）	>40	20~40	10~20	5~10	3~5	<3
土壤供磷水平	高	较高	一般	稍低	低	极低

3. 钾肥的施用　酸性土壤上钾肥的效果因土壤类型的不同而有很大的差异，一般每亩含有效性钾在 7.5kg 以下、缓效性钾在 45kg 以下的土壤都可能缺钾。在广西柳州地区，全钾含量在 0.10%~0.67% 的红土田（黄泥田、粉泥田及砂泥田）中，水稻易发生胡麻叶斑病，施用钾肥后可使这种病情的指数由 73% 降到 19%，比对照增产 38%。根据在广东、江西、浙江等地红壤上进行的钾肥试验结果，亩施氯化钾或硫酸钾 7.5~10.0kg 或窑灰钾肥 25~30kg，一般可使水稻、小麦、花生、大豆、甘蔗、甘薯等作物增产 10%~20%，高的可达 50%~70%。有些地区过去施用钾肥的增产效果不明显，由于化学氮、磷肥施用水平及复种指数的提高，钾肥的增产效果越来越明显。

4. 镁肥、硅肥及微量元素肥料的施用　在红色黏土和红砂岩母质发育的红壤中，每 100g 土含交换性镁 2mg 左右。每亩施用硫酸镁 12.5kg，可使旱大豆和花生等作物增产 20% 左右，在花岗岩-片麻岩发育的砖红壤和赤红壤中，全镁含量只有 0.1%，有效镁含量极低，橡胶树已出现缺镁症状。一些试验表明，在砂岩、花岗岩等母质发育的一些质地较轻的红壤性水稻土中，有效硅含量低，施用硅肥对稻谷有明显的增产作用。质地较黏的土壤，硅肥的增产作用一般不明显；但氮肥施用量达纯氮 90~120kg/hm²，硅肥可增产稻谷 225~412.5kg/hm²，水稻收获时植株中的二氧化硅百分数和土壤有效硅（用 pH 为4.0 的醋酸-醋酸钠提取）含量呈显著的直线正相关关系（$r=0.775$，$n=40$）。在砖红壤和红壤上，对花生、黄豆和紫云英等豆科作物施用硼、钼等微量元素肥料，往往可增产。另外，施用镁、硅、硼等元素肥料也是调控植物耐铅、镉、砷等重金属能力或耐铝能力的重要农艺措施。

此外，还应注意肥料的配合施用，如上所述，在红壤上施用一种肥料可使作物增产，但同时也加强了作物对其他营养元素的需要，因此在施肥时必须注意各种营养元素的协调和平衡，充分满足作物生长发育的需要，以获得更高的产量。例如，在福建的红壤茶园中，对茶树分别施用氮、磷、钾化肥都得到不同程度的增产，而以氮、磷、钾配合施用的效果为最好。

二、合理的水肥管理

铵态氮的硝化及产生的 NO_3^- 随水淋失是土壤酸化加剧的重要原因，所以保证施肥与浇水的合理性和适度性才能有效改良酸化土壤。合理的水肥管理，即选择合理的施肥时间以及保证施肥与浇水的合理性与适度性，才能有效提高酸性土壤上的作物对施用肥料的利用率。只有这样，才能够减少 NO_3^- 的淋失，也能减缓农田土壤酸化，这是国外阻控化学氮肥引起的农田土壤酸化的常用措施。例如，选择合理的施肥时间，让施入土壤的肥料尽可能被植物吸收利用。另外，确定合理的氮肥用量也可以减少氮肥损失，减缓土壤酸化，因为过量施用氮肥必然导致氮肥在土壤中的残留和淋失。在酸性土壤地区使用缓释肥料也可以减少氮肥损失，提高氮肥利用率，起到减缓土壤酸化的作用。通过科学灌溉，测墒补灌、推广喷灌、滴灌等节水灌溉技术，避免大水漫灌，减少土壤 NO_3^- 淋失，进而减缓土壤酸化进程。

研究表明，酸性土壤中镉的有效性和植物对镉的吸收积累受土壤水分的影响。土壤氧化还原电位随着水分条件的变化而改变，对土壤中铁、锰、硫的赋存状态产生直接影响，从而改变土壤镉的形态转化过程。土壤强还原条件增大了 S^{2-} 的含量，与土壤镉形成 CdS 沉淀，降低土壤镉的移动性和生物有效性。酸性土壤 pH 经长期淹水作用逐渐增大，土壤表面负电荷数量升高，土壤胶体对镉的吸附固定增强，显著降低了土壤镉的生物有效性。水稻根系、茎叶和糙米等各部位的镉含量随着土壤淹水程度的提高而显著降低。但是，尚不完全明确不同水分管理条件对水稻镉的吸收累积的影响机理。

三、耐酸作物的种植

选育耐酸作物品种是防治土壤酸化（铝毒）的一种重要途径，不同作物耐酸能力不同。耐酸性作物有土豆、甘薯、青椒、甘蓝、茶叶、板栗和紫花苜蓿等。例如，甘薯和花生的耐酸能力比小麦、玉米强得多，生长在我国南方的经济作物茶树和橡胶树的耐酸能力较强，茶树甚至是喜酸作物，生物绿肥如胡枝子和萝卜菜的耐酸能力也较强。根据不同类型土壤的酸碱度选育不同耐酸作物品种，防止土壤酸化的发生。不同种类作物对土壤离子的吸收差异显著。在酸性土壤中，如果种植的作物不合理，其产量会受反向影响，甚至还会破坏土壤的结构，加速土壤的退化。研究表明，豆科作物的生物固氮作用会提高土壤中的有机氮含量，但是，土壤的矿化与氮硝化会使土壤出现酸化现象。值得注意的是，豆科作物的残茬也会加快土壤的酸化速度。因此，在酸缓冲能力弱的且局域有潜在酸化趋势的土壤上开展农业生产活动时，需要选择适宜的植物品种，应尽量减少豆科作物的种植。

四、合理的耕作方式

合理的耕作方式可以改善土壤团粒结构和提高土壤通透性和保水率，从而减缓土壤酸化进程。例如，垄播和深耕土层结合处理的土壤微生物活性、土壤团粒结构和土壤肥力均得到有效提高，可在一定程度上减缓土壤酸化的速度。粉垄耕作是将螺旋形钻头耕作工具垂直打入 40～50cm 土层中，通过高速旋磨、切割和粉碎土壤，可以一次性完成类似传统耕作的犁、耙、打等作业程序，达到播种或种植作物的整地标准，打破了坚硬的犁底层，且能够较长时间保持耕层相对深松状态，是近年来研发的新型农田耕作技术。粉垄耕作改善了土层结构，增加了孔隙度，增强了土壤水分入渗能力和蓄水能力，对水稻、玉米、小麦、甘蔗等 20 多种作物的产量和品质均有显著的提高作用。

以免耕和翻耕为例，耕作方式对土壤重金属的影响包括对土壤重金属总量、有效态含量和作物吸收重金属的影响。与免耕比较，常规翻耕或者深翻耕措施对土壤重金属起到一定的稀释作用。

生态种养也可以有效减缓土壤酸化。生态种养模式主要有稻田和旱地两种类型，是农作物与水产、家禽进行立体生产的农田系统物质循环过程。研究表明，在稻虾生态种养模式下，随着种养年限的增加，土壤氮总量和 pH 缓慢增加。稻田模式下，化肥和农药的投入量减少，土壤酸化趋势减弱，物质循环利用与持续高效生产同时进行；旱田模式下，多元化运用间、混、套作以及再生、复种等模式，均能有效缓解作物长期连作导致的土壤酸化。

五、合理的轮作间作

合理轮作是用地和养地相结合的重要途径，这对不同地区的耕地原则上都是适用的。但是由于热区的气候条件不同，作物布局也有特点。例如，在江西红壤性水稻土上普遍采用的轮作制有早稻-晚大豆-绿肥；小麦（套种）早大豆-晚稻；早稻-花生-油菜（或绿肥）等。在双季稻地区，连作两三年双季稻后，及时轮作一年早稻-晚大豆，也比连年种双季稻的产量高。小麦、绿肥-早稻-秋玉米的二年五熟制获得的粮食总产量最高。广东惠阳陈江生产队在黄泥骨浅脚田上进行一年两稻两肥（二季稻、二季绿肥）、三粮四肥（稻麦三熟，二季绿肥和二季绿萍）和三粮三肥（粮油三熟，即花生稻麦三熟及二季绿肥和一季绿萍）水旱轮作或复种制，根据两年的试验结果，粮油三熟水旱轮作的产量较高，对降低土壤容重、增加土壤氮含量、更新土壤环境、调动土壤潜在养分都有良好的作用。三粮四肥复种制，由于稻麦三熟茬口的间隙短，绿肥不能生长，在浅瘦低产田中会产生高复种与低肥力的矛盾，产量增加不显著。总之，在酸性土壤地区实行水旱轮作，并在轮作制中加大绿肥和豆科作物的比重，可以不断提高土壤肥力，而且种植旱作时使土壤通气性良好有利于养分活化和有机质更新；土壤干湿交替有利于改善耕性。

主要参考文献

[1] Haynes R J, Naidu R. Influence of lime, fertilizer and manure applications on soil organic matter content and soil physical conditions: A review [J]. Nutrient Cycling in Agroecosystems, 1998, 51 (2): 123 - 137.

[2] Deng A N, Wu X F, Su C L, et al. Enhancement of soil microstructural stability and alleviation of aluminium toxicity in acidic latosols via alkaline humic acid fertiliser amendment [J]. Chemical Geology, 2021, 583: 120473.

[3] Bortoluzzi E C, Garbozza L, Guareschi C, et al. Effects of liming on the relationship between soil and water [J]. Revista Brasileira de Ciencia do Solo, 2008, 32: 2621 - 2628.

[4] Gaiser T, de Barros I, Lange F M, et al. Water use efficiency of a maize/cowpea intercrop on a highly acidic tropical soil as affected by liming and fertilizer application [J]. Plant and Soil, 2004, 263: 165 - 171.

[5] Hati K M, Swarup A, Mishra B, et al. Impact of long - term application of fertilizer, manure and lime under intensive cropping on physical properties and organic carbon content of an Alfisol [J]. Geoderma, 2008, 148 (2): 173 - 179.

[6] Manna M C, Swarup A, Wanjari R H, et al. Long - term fertilization, manure and liming effects on soil organic matter and crop yields [J]. Soil & Tillage Research, 2007, 94 (2): 397 - 409.

[7] 张佳玉. 石灰和蔗叶炭对琼北蔗区砖红壤酸化改良效果研究 [D]. 海口：海南大学, 2019.

[8] Aye N S, Sale P W G, Tang C. The impact of long - term liming on soil organic carbon and aggregate stability in low - input acid soils [J]. Biology & Fertility of Soils, 2016,

52：697－709.

[9] Clivot H，Pagnout C，Aran D，et al. Changes in soil bacterial communities following liming of acidified forests [J]. Applied Soil Ecology，2012，59：116－123.

[10] 侣国涵，王毅，徐大兵，等. 不同施肥结构对酸性黄棕壤修复效果研究 [J]. 土壤，2016，48：714－719.

[11] Heyburn J，Mckenzie P，Crawley M J，et al. Long－term belowground effects of grassland management：the key role of liming [J]. Ecological Applications，2017，27 (7)：2001－2012.

[12] 高泽丹，梁成华，裴中健，等. 施用生物炭和石灰对土壤镉形态转化的影响 [J]. 水土保持学报，2014，28 (2)：258－261.

[13] 刘昭兵，纪雄辉，田发祥，等. 石灰氮对镉污染土壤中镉生物有效性的影响 [J]. 生态环境学报，2011，20 (10)：1513－1517.

[14] 任露陆，蔡宗平，王固宁，等. 不同钝化机制矿物对土壤重金属的钝化效果及微生物响应 [J]. 农业环境科学学报，2021，40 (7)：1470－1480.

[15] 张茜，徐明岗，张文菊，等. 磷酸盐和石灰对污染红壤与黄泥土中重金属铜锌的钝化作用 [J]. 生态环境，2008，17 (3)：1037－1041.

[16] 周长松，邹胜章，李录娟，等. 岩溶区典型石灰土 Cd 形态指示意义及风险评价以桂林毛村为例 [J]. 吉林大学学报：地球科学版，2016，46 (2)：552－562.

[17] 宁皎莹，周根娣，周春儿，等. 农田土壤重金属污染钝化修复技术研究进展 [J]. 杭州师范大学学报：自然科学版，2016，15 (2)：156－162.

[18] Andrade D S，Murphy P J，Giller K E. Effects of liming and legume/cereal cropping on populations of indigenous rhizobia in an acid Brazilian oxisol [J]. Biology and Fertility of Soils，2002，34 (4)：477－485.

[19] 张明月. 生物炭对主壤性质及作物生长的影响研究 [D]. 泰安：山东农业大学，2012.

[20] Wang X B，Zhou W，Liang G Q，et al. Characteristics of maize biochar with different pyrolysis temperatures and its effects on organic carbon，nitrogen and enzymatic activities after addition to fluvo－aquic soil [J]. Science of the Total Environment，2015，538：137－144.

[21] Nelissen V，Rutting T，Huygens D，et al. Maize biochars accelerate short－term soil nitrogen dynamics in a loamy sand soil [J]. Soil Biology and Biochemistry，2012，55：20－27.

[22] 袁中帮，张天宇，许飞龙，等. 生物炭去除土壤重金属研究进展 [J]. 能源环境保护，2021，35 (3)：1－6.

[23] Khorram M S，Fatemi A，Khan M A，et al. Potential risk of weed outbreak by increasing biochar's application rates in slow－growth legume，lentil (*Lens culinaris*

Medik.）［J］. Journal of the Science of Food and Agriculture，2018，98（6）：2080 -
2088.

［24］张美芝，耿煜函，张薇，等. 秸秆生物炭在农田中的应用研究综述［J］. 中国农学通
报，2021，37（21）：59 - 65.

［25］李艳红，庄锐，张政，等. 褐煤腐植酸的结构、组成及性质的研究进展［J］. 化工进
展，2015，34（8）：3147 - 3157.

［26］Liu B R，Huang Q，Su Y F. Cadmium phytoavailability and enzyme activity under hu-
mic acid treatment in fluvo - aquic soil［J］. IOP Conf. Series：Earth and Environmental
Science，2018，108：042013.

［27］贺婧，钟艳霞，颜丽. 不同来源腐植酸对土壤酶活性的影响［J］. 中国农学通报，
2009，25（24）：258 - 261.

［28］董睿潇，莫力闻，刘丹阳，等. 腐植酸对土壤微生物和酶活性的影响［J］. 腐植酸，
2020（4）：21 - 27.

［29］杨雪贞，马萌萌，杨明慧，等. 腐植酸在农业生产中的应用效果分析［J］. 腐植酸，
2021（3）：35 - 53.

［30］刘军辉，李利. 我国微生物肥的应用研究进展［J］. 河北果树，2018（5）：5 - 6.

［31］王涛，辛世杰，乔卫花. 几种微生物菌肥对连作黄瓜生长及土壤理化性状的影响
［J］. 中国蔬菜，2011（18）：52 - 57.

［32］任家永，王克春. BGB 生物有机肥对土壤及作物产量品质的影响［J］. 中国园艺文
摘，2013（5）：27 - 28.

［33］张国漪，丁传雨，任丽轩，等. 茵根真菌和死谷芽孢杆菌生物有机肥对连作棉花黄萎
病的协同抑制［J］. 南京农业大学学报，2012，35（6）：68 - 74.

［34］耿士均，王波，刘刊，等. 专用微生物肥对不同连作障碍土壤根际微生物区系的影响
［J］. 江苏农业学报，2012，28（4）：758 - 764.

［35］安婉丽，高灯州，潘婷，等. 水稻秸秆还田对福州平原稻田土壤水稳性团聚体分布及
稳定性影响［J］. 环境科学学报，2016，36（5）：1833 - 1840.

［36］崔荣美，李儒，韩清芳，等. 不同有机肥培肥对旱作农田土壤团聚体的影响［J］. 西
北农林科技大学学报：自然科学版，2011，39（11）：124 - 132.

［37］陕红. 有机物对土壤镉生物有效性的影响及机理［D］. 北京：中国农业科学
院，2009.

［38］马俊永，李科江，曹彩云，等. 有机-无机肥长期配施对潮土土壤肥力和作物产量的
影响［J］. 植物营养与肥料学报，2007（2）：236 - 241.

07 第七章 热区耕地酸性土壤改良与资源高效利用展望

第一节 酸性土壤治理主要困难与问题

土壤是农业生产发展的物质基础，只有健康的土壤才能生产出安全、优质的农产品，才能保障舌尖上的安全，夯实稳产保供能力。因此土壤健康是现代农业绿色发展、高质量发展、可持续发展的根基。土壤健康的维护与可持续管理正成为全球关注的焦点和热点，如何有效改良酸化土壤、消除土壤酸化带来的危害、科学管理和培育健康土壤是农业绿色高质量发展面临的重大课题。目前，在热区多省也积极深入开展土壤酸化治理试点工作，初步集成了多种丰富的土壤酸化综合治理模式，但技术推广和治理成效有限，其面临的困难和主要问题如下：

1. 技术储备有待加强 大面积开展土壤酸化治理工作尚属初级阶段，没有现成的技术模式可以借鉴，常用改良技术和方法普遍存在功能单一、施用周期短和施用量大等缺点。水解聚丙烯腈、聚丙烯酰胺、纳米羟基磷、聚乙烯醇等一系列高分子聚合物可作为酸化土壤的改良材料。如聚丙烯酰胺依靠其分子中亲水基团和疏水基团的翻转作用在土壤中形成水包膜来提高土壤的持水量，聚丙烯酰胺对土壤的保水作用与其用量成正比关系，同时聚丙烯酰胺可以提高酸性土壤对氮、磷、钾的吸附作用，减少土壤养分的流失，但这些物质分子结构比较特殊，比表面积大、难分解、作用时间长。土壤退化在不断加剧，土壤中的障碍因子越来越多样化和复杂化，因此，技术试验和治理模式推广只能在探索中逐步进行。有些治理模式的试验只停留在单一作物或者单一的种植制度上，在其他作物以及多种耕作制度上尚未得到充分验证，所以，对于土壤酸化的治理需要不断地深入研究、规范和矫正。

2. 资金投入有待提高 热区土壤酸化面积较大，治理过程中所需的物力、精力、财力也较多，例如，土壤调理剂（石灰）、有机肥、配方肥和功能肥等相关物资的采购与施用需大量的资金和劳力投入，而在江西试点，每亩平均投入仅百元左右，支持资金十分有限，一定程度上限制了治理效果。我国土壤改良剂的技术研发和田间应用呈现逐步上升的趋势，土壤改良剂的种类和作用非常多，改善酸性土壤的效果也非常明显，但基金支持力度限制了改良技术的完善和成效的最大化，目前土壤改良产品大多是通过一两年的试验就得出研究结果，并没有对土壤环境质量和农产品安全以及变化规律进行长期的研究，也较少进行长期的定位跟踪试验和数据验证，缺乏对不同土壤改良剂增产、增效、改土机制的研究，导致许多改良剂的作用机理不清楚，其改良效益最大化有待深究。

3. 农民参与度不高 农民缺乏对土壤酸化程度和酸化治理的认知，土壤酸化治理的主体应是农民：①传统农业和经验农业根深蒂固，我国农业生产仍采用高投入高产出的方式，大量不科学的施用化肥、农药增产和不规范的农事操作普遍存在，人们对土壤酸化缺乏系统的了解；②耕地土壤酸化是多因素的，土壤类型也存在较大的差异；③治理也是一个较长的过程，农民短期收益不明显，大部分农民仍对生产习以为常，或片面追求最终土地收益，对保护和提升耕地质量的重要性认识不到位，对土壤酸化需要治理更是没有概念，开展酸化治理的主动性不强，内生动力缺乏，治理主体意识不强。

第二节　酸化土壤高效利用对策

我国人口众多，人均土壤资源占有量少，加之土壤酸化的日益加剧，酸性土壤占地面积大且危害严重，严重威胁粮食和农产品安全生产，使我国农业生产能力不断下降，土壤酸化本是一个相对缓慢的自然过程，即使在酸沉降、大量氮肥的投入和农业措施影响下短期内也很难观察到土壤酸碱度和其他土壤化学性质的明显变化。但近几十年来由于高强度人为活动的影响，特别是全球工业化导致酸沉降增加和农业土壤的高强度利用导致大量外源 H^+ 不断进入土壤，作物收获带走碱性物质、施用生理酸性肥料使土壤酸化过程大大加速，并对生态环境和农林业生产造成严重危害。因此，采取有效措施减缓土壤酸化进程并对严重酸化土壤进行改良和修复对保护生态环境和保障农业的可持续发展具有重要意义。

1. 科学施肥，建立合理的施肥体系 科学用肥是治理酸化土壤的重要措施，酸化伴随着土壤缺肥、供肥力差、有机质含量低、养分不平衡等情况，结合农作物的吸肥规律和土壤理化特征，均衡地施用氮、磷、钾和微量元素肥料、绿肥以及有机肥等功能肥料，可以有效培肥地力、减少肥料投入、减缓土壤酸化、提升土壤质量。施用有机肥及有机无机肥配合施用也是一种有效减缓土壤酸化的科学施肥举措，可改善土壤的渗透性，优化土壤团粒结构，促进作物养分吸收和生长发育，提高产量和品质。今后在探索科学、合理和经济的施肥体系时应当进一步深化施肥配方研制，提倡配方施肥，提高肥料的利用率，降低酸性化肥的施用量；研究推广氮、磷、钾和中微量元素平衡施肥技术以及有机肥的组合施用，避免过量施用氮肥而使土壤酸化加剧。

2. 推广应用新型材料，改良酸化土壤 对于已经发生酸化的土壤，我们必须采取一些措施来改良，新型材料的开发和应用是解决越来越复杂的土壤问题的重要方法，研发高效果、低成本且无毒害的酸性土壤改良材料是今后的一个重要研究方向。目前，随着对改良剂的推广和深入研究，不同类型的改良剂逐渐由单一转向组合搭配，起到了较好的改酸治土效果，也能满足更为复杂的土壤类型、生态环境和农业需求。在材料选择方面除了关注其改良效果外更应注意其材料本身所带来的直接污染问题，根据土壤的性质充分认识改良材料的优缺点，选择合适的改良材料。不当使用改良剂，改良剂本身所带来的一些负面效果反而会造成二次污染，甚至使情况加剧，如工业副产品中含有一定量的重金属，可能造成土壤、水体与生物污染。目前生物材料是理想的新型改良材料，研究表明，增施微生物菌剂有利于酸性土壤的改良。施用一定量的微生物菌剂能够有效降解土壤中的农药、化肥和一些其他有害物质，提高土壤有机质含量以及土壤养分利用率与转化率，疏松土层，增强土壤肥力。此外，微生物分泌的酶类、糖类、溶菌体可减缓土壤的酸化。因此，面对土壤的酸化，需要研发无毒、原料来源丰富、有效的生态型改良产品，推广对人、畜、植物及土壤环境不会造成伤害的改良剂，建立高效合理的改良剂施用体系。

3. 加强耕地酸化状况监测，建立实时信息管理体系 热区土壤酸化面积较大，酸化因子多，且作物种类繁多，因此，土壤酸化治理研究工作艰巨又复杂。近年来，我国在加强耕地质量调查、监测、评价、建设和保护等方面开展了大量工作，有了较好的工作基础，但在土壤酸化方面尚存在质量监测基础薄弱、评价结果应用不足等问题。因此，提出以下建议：①建议加强土壤酸化的机理研究，摸清土壤酸化与土壤"墒情、地情、肥情、环情"之间的内在动态关系，开展耕地质量调查与监测评价，准确掌握土壤的酸化程度及演变规律。②可以考虑从多污染源控制的角度出发，基于污染源排放的模拟视野，结合科学、经济和控制措施的实用性合理制定耕地土壤质量监测工作的法律法规、政策体系、目标要求、评价制度和技术标准体系。在现有的农业监测资源中加入并完善土壤酸化监测点，建立包括土壤类别、物理特性、化学特性、生物特性、气候特征参数以及栽种历史的土壤数据库，加强监测土壤酸化现状和各地区的土壤酸化敏感性及酸化临界点，深入研究酸化对土壤中金属的化学形态、水分和碳、磷、氮等有机物含量的影响，以便及时、有效、合理地采取防治措施。

4. 加大对土壤酸化危害性的研究，将科技转化为生产力　从理论上来说，酸雨沉降，化肥、农药的使用，种植方式单一等都可能是土壤酸化的原因，但仍然缺乏足够系统而科学的数据定量地说明土壤酸化的效应关系，如肥料种类对土壤酸化定量的影响、种植品种与土壤酸化的关系、不同类型土壤抗酸化的能力、重金属释放与土壤酸化协同效应和普遍利用石灰治理酸化土壤的负面效应等未能被系统地揭示。应该加大科研力量，采取模拟试验和田间试验相结合的方法深入研究，揭示各关键因子对土壤酸化的量化影响，同时科研成果要和市场对接，将科技转化成生产力。

5. 加大宣传力度，倡议合理的耕作方式，提高耕地保护意识　进一步落实耕地质量保护奖惩制度，促进政府、社会、农民等主体共同参与耕地保护：①全面开展土壤酸化治理的宣传和耕地保护法规政策的学习，广泛宣传土壤酸化治理的重要意义，让农户充分认识到土壤酸化的危害，让农户主动参与土壤酸化防治工作，切实增强保护耕地的紧迫感、责任感和使命感，使保护耕地的重要性、深远意义深入人心，营造人人关注耕地、人人珍惜耕地、人人保护耕地的良好氛围。②将土壤酸化治理技术作为农业技术干部知识更新、新型职业农民培育、农业技术培训的必修课，让更多农业技术干部和农民掌握土壤酸化的防治措施与方法，提高全社会自觉维护耕地土壤健康的能力。③积极倡议科学的耕作方式，合理的耕作方式能够显著改善土壤团粒结构、提高土壤通透性和保水保肥力、减缓土壤酸化，例如采用垄播、深耕土层和生态种养等耕作措施，垄播和深耕土层能够提高土壤微生态环境质量、改善土壤团粒结构、提高土壤肥力、一定程度上降低土壤酸化的速度。生态种养模式主要有稻田和旱地两种类型，是农作物与水产、家禽进行立体生产的农田系统物质循环过程，研究表明，稻虾生态种养模式会使土壤的全氮含量和 pH 随种养年限的增加而缓慢增加；稻田种养模式可减少化肥和农药的投入、减缓土壤酸化，实现物质循环利用与持续高效生产。旱田种养模式下，多元化运用间、混、套作以及再生和复种等模式，可有效缓解作物连作导致的土壤酸化。

第三节 展　望

纵观我国热区红黄壤的生产潜力与综合治理进展，经过"十一五""十二五"和"十三五"的攻关，热区红黄壤区域的农业生态环境得到很大改善，一些区域农业发展的限制因素得到有效解决，农业生产和农村经济得以快速发展，科技水平显著提高，农业结构特别是种植业结构初步得到调整，一大批适用性科技成果形成和应用，并初步形成农业产业化发展规模。但是，总体来看，红黄壤地区的地貌类型多样，立体农业特色明显，农村生态环境仍较脆弱，农业生产和结构调整的前景广、潜力大。虽然经过攻关解决了农业发展的部分关键问题，但许多技术仍处于初级阶段，如提高土壤质量的原理和技术、养分平衡和农业可持续发展、农-林-牧及粮经-饲多元结构模式的作物布局与产业化发展等都需进行深入研究。更重要的是，农业生产中另外的问题也随之暴露和加剧，如在广东、广西、海南、福建、湖南、湖北、云南、安徽等十余个省份土壤酸化面积高达 2 亿 hm^2，约占全国土地总面积的 21%，酸化程度严重，酸化土壤的 pH 多在 5.5 以下，严重的甚至小于 4.5，并且这种酸化的程度和面积仍在增加，而随着科学技术的发展，人们对环境保护的认识和要求越来越高，生态环境建设的模式也需要改变，这无疑是热区多省份酸化土壤治理最为主要的任务。

因此，在"十二五""十三五"攻关的基础上，"十四五"继续深入治理酸化土壤提高热区耕地质量促进区域农业综合发展的研究意义重大，其研究重点如下：

（1）以绿色高效特色高质量发展和生态环境综合治理为核心，研究酸化土壤利用方式的生态环境效应，提出环境保护型农业发展模式，推进热区生态农业的建设和发展。

（2）充分挖掘土壤生物潜力，利用生物技术治理土壤酸化是今后土壤酸化治理的主要发展方向。

（3）以农产品优质高效为目标，培育适应红壤区的植物优良品种，在研究单项技术的基础上，重点研究技术的组装配套，系统开发，重点突破，整体推进，建立优质、高效、安全、标准化的农产品生产体系。

（4）加强有机肥及氮、磷、肥投入阈值的研究，确定不同作物的肥料适宜用量，科学运用肥料减缓土壤酸化压力，推进节本增效。

（5）大力推广科学的耕作制度和适宜的农艺技术等农事措施进行酸性土壤改良和维持耕地土壤 pH 在一个适宜的水平，促进我国农业生产的可持续发展。

第八章 热区耕地酸性土壤研究中常用的实验方法

第一节 土壤样品的采集与制备

一、土壤样品采样误差控制

土壤样品的采集和制备是土壤样品分析的关键环节，采集和制备样品是否规范能够导致样品分析出现截然不同的结果，所以土壤样品的采集和制备非常重要。出现采样误差主要是因为土壤是气、液、固三相组成的具有不均一性的分散体系，各种非土壤成分进入土壤中混杂在一起，所以我们采集到的样品往往不是具有100%代表性的样品，所以采样过程中我们要尽可能减少误差，做到所采的土壤样品尽可能具有代表性。对此需要做到两点：①对要采集的样本所在区域进行现场勘查和资料收集，根据土壤肥力、类型以及区域地形特点等多种因素将区域分为若干个采样单位，每个采样单位的土壤要尽量均匀一致；②采样点的数量要有保障，数量合适才更能充分代表该区域的土壤特征，数量少则增加了样品的偶然性，代表性不强，数量过多虽然代表性更强但也增加了人员的工作量，对人力、物力和财力也是一种浪费。

二、土壤样品采集

土壤样品采集方法并不是一成不变的，研究目标不同，方法也不同。一般来说采样时需要准备好可以容纳1kg左右样品的样品袋、标签纸（最好样品袋内外各一张）、铅笔等记录好采样日期、采样地点、采样部位、土壤编号和名称等信息。

1. 制定采样计划　按照相关方案的要求，制定详细的采样计划，内容包括人员分工、采样准备、采样量和份数、样品交接和注意事项等。

2. 采样准备 采样准备主要包括组织准备、技术准备和物资准备。

（1）组织准备 一般来说土壤采样人员应具备相应的采样基本知识，掌握土壤样品采集相关技术要求；若成立有采样小组，小组内部要分工明确、责任到人、保障有力。

（2）技术准备 为使采样工作顺利进行，采样前应进行以下技术准备：明确采样任务，掌握布点原则和点位分布图件，包括行政区划边界、样点位置等信息；了解采样点所在地区土壤的基本情况。

（3）物资准备 土壤样品采集用物资一般分为工具类、器具类、文具类、防护用品以及运输工具等（表8-1）。

表 8 - 1 土壤样品采集用物资清单

项目	物资
工具类	铁铲、镐头、取土器、木（竹）铲以及其他合适的、符合要求的采样工具等
器具类	全球定位系统设备（GPS）、手持终端、便携式蓝牙打印机、样品标签打印纸、卷尺、手提秤、样品袋（塑料袋和布袋）、棕色密封样品瓶（广口磨口玻璃瓶或带聚四氟乙烯衬垫的螺口玻璃瓶）、运输箱等
文具类	样品标签（人工填写）、点位编号、剖面标尺、现场记录表、铅笔、签字笔、资料袋、透明胶带、硬纸板等
防护用品	工作服、鞋具、安全头盔、手套、防雨服、常用药品等
运输工具	采样用车辆及车载冷藏箱

注：全球定位系统设备（GPS）、手持终端和便携式蓝牙打印机可根据任务需要配备。

3. 采样点确认 人员到达现场后，需要观察点位情况是否具备土壤采样的代表性相关要求，在规则允许的范围内优化选择采样点，陡坡地、住宅、低洼积水地、沟渠、道路、粪池附近等不宜设采样点。

4. 采样方法 采样方法包括表层土壤和深层土壤的采样方法。

（1）表层土壤采样 有机污染物土壤测试样品（以下简称有机土壤样品）在计划样点处采集表层样品；无机物土壤测试样品（以下简称无机土壤样品）和土壤理化指标测试样品采集表层混合样品（以计划样点为中心，采用双对角线法5点采样）。遇特殊地块或有特殊要求时，则依据具体情况选用其他混合样品采集方法。

单独样品：有机样品在计划样点处采集0～20cm土壤单独样品。采样时用铁铲挖一个多于采样量的20cm深的土方，再用木铲或竹铲去掉铁铲的接触面，然后装入样品袋中。注意不要倾斜方向挖土，要做到采样量基本一致。一般用 250mL 棕色密封样品瓶盛装样品；为预防样品污染瓶口，要将硬纸板折成漏斗状，用其将样品滑入样品瓶中；样品需装满样品瓶并且要尽快置于冷藏箱，在 4℃以下避光保存。需采集有机密码平行样的样点，应在同点位采集。各地可根据实验室分析测试需要在同点位增加样品份数。

混合样品：现场确定计划采样点位后，以确定的点位为中心确定采样区域，一般为 20m×20m；地形地貌及土壤利用方式复杂、样点代表性差时，可视具体情况扩大至 100m×100m。以确定点位为中心，采用双对角线法 5 点采样（图 8-1），每个分样点的采样方法与单独样品采集方法相同，5 点采样量基本一致，共计采样量不少于 1 500g。需要采集无机密码平行样的样点，采样总量不少于 2 500g。土壤中砂石、植物枝干等杂质多或含水量高时，可适当增加样品的采集量。

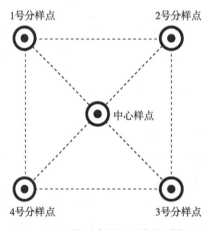

图 8-1　土壤混合样双对角线采集法

（2）深层土壤采样　深层土壤采样需要使用专业的土钻等工具进行单点采样，如采样中碎石较多，要在附近另选点采样或用人工开挖的办法采集样品。采集过程中要防止上层部分土壤的混入。样品要在要求的初始深度下持续采10～50cm 长的柱状土，避免采集到基岩的风化层，如符合规定的土层太薄或达不到要求的深度，需要在同点位进行多次采样，最终土壤样品总量不少于1 000g。

采样深度要求如下：①平原、盆地采样深度需达到 150cm；②丘陵、山地采样深度需达到 120cm；③西部及高寒山区、干旱荒漠、岩溶景观等地区采样深度应达到 100cm；④如某一样点在其附近多处采样，但仍未达到要求的采样深度，要根据实际土壤深度进行采样，作标记，并记录采样情况。

（3）采样工具清理　每个点位的采样工作结束后，要及时对采样工具进行清理，避免污染。

5. 采样时期　要避免在施肥和施药期采集土壤样品。开展农产品与土壤协同采样时，应根据农产品适宜采集期确定采样时期；受农产品实际采集期限制，可在土壤样品和农产品样品同点采集的原则下分步采集。

为了制定施肥计划可在前茬作物收获后或施基肥前进行采样（一般在秋后）；为了判断施肥效果则在作物生长期间、施肥的前后进行采样；为了解决随时出现的问题，需要对土壤测定时，应随时采样；为了摸清土壤养分变化和作物生长规律，可按作物生育时期定期取样；一般设施蔬菜在晾棚期采集；进行氮肥追肥推荐时，应在追肥前或作物生长的关键时期采样。

同一采样单元，无机氮及植株氮营养快速诊断每季或每年采集1次；土壤有效磷、速效钾等的测定一般2～3年采集1次；中、微量元素的测定一般3～5年采集1次。新鲜样品一般不宜贮存，如需要暂时贮存，可将新鲜样品装入塑料袋，扎紧袋口，放在冰箱冷藏室或速冻保存。

6. 采样记录　采样小组要在手持终端上现场录入、保存、上传样品的采集信息，包括样品信息、采样现场照片、采样点真实经纬度等，并采用手持终端连接的蓝牙打印机现场打印样品标签，每份样品打印2份样品标签。小组返程后应备份并打印当天采集样品的现场记录表，经采样人员签字后留存。

因特殊情况不能使用手持终端时，需填写纸质记录表，且拍摄现场照片，并及时将相关数据录入管理系统。

7. 样品分装　无机土壤样品：土壤样品要先装进塑料袋，粘贴1份样品标签于塑料袋，再将塑料袋放入布袋中，在布袋封口处粘贴1份样品标签。

有机土壤样品：将土壤样品先装进棕色样品瓶密封，粘贴1份样品标签于瓶外，再将样品瓶放入塑料袋内，在样品瓶和塑料袋之间放入1份标签。采集有机密码平行样的样点，应按照上述方法增加分装2份密码平行样（3份样品分装后应集中放入同一包装袋内流转）。

采样人员可采用手持终端及配套蓝牙打印机在现场打印生成分装样品的样品标签。

8. 采样小组自查　采样小组要在采样现场对样品和采样记录进行自查，如发现有样品包装容器破损、采样信息缺项或错误，应及时采取补救或更正措施。需要注意的事项：

（1）农用地土壤的采样点位需避开地头、田埂和堆肥处，有垅的农田要在垅间采样。

（2）采样时需先清除土壤表层的植物残骸和石块等杂物，如遇到植物生长的点位需移除其中的植物根系。

（3）测定重金属的土壤样品需用木铲、竹片等直接采集样品，如要用土钻、铁铲，必须用木铲或竹片刮掉与金属采样器接触部分的土壤，再收取样品。

9. 土壤样品的制备和保存　从野外取回的土样，经登记编号后，都需要经过一个制备过程：风干、磨细、过筛、混匀、装瓶，以备各项测定之用。为了样品的保存和工作的方便，从野外采回的土样都先进行风干。但是，在风干过程中，有些成分如低价铁、铵态氮、硝态氮等发生很大的变化，这些成分的分析一般均用新鲜样品。也有一些成分如土壤 pH、速效养分，特别是有效磷、速效钾会有较大的变化。因此，有关土壤有效磷、速效钾的测定，用新鲜样品还是用风干样品仍存在争议。有人认为新鲜样品符合田间实际情况，有人认为风干样品测出的结果是一个平衡常数，误差较小。在实验室测定土壤有效磷、速效钾时，仍以风干土为宜。

（1）新鲜样品　一般情况下，土壤还原物质、有机污染物、酶活性以及微生物多样性等指标的测定需用新鲜土壤样品。新鲜土壤样品的保存分为短期保存和长期保存，储存条件有冷藏和冷冻，可以根据测试指标的方法确定。以测定土壤微生物多样性为例：①土壤样品的短期保存。为了更好地还原土壤微生物的群落结构，建议在短时间内进行样本处理和分析，一般土壤鲜样在 4℃ 下可保存一周，用于 DNA 分析的样品应保存在 −20℃ 条件下，用于 RNA 分析的样品则需保存在 −80℃ 条件下。②土壤样品的长期保存。如果无法短时间内对样本进行处理，根据保存年限和针对的指标不同，应将样品存在 −20℃、−80℃ 或者 −180℃ 条件下（表 8-2）。用于 DNA 分析的样品可以 −20℃ 保存半年左右，−80℃ 保存 1～2 年，用于 RNA 分析的样品可以 −80℃ 保存 1 年左右。

表 8-2　土壤样品存储条件和时限

指标	引用标准	鲜样（4℃，月）	鲜样（−20℃，年）	鲜样（−80℃）或在液氮（−180℃）中保存（年）
PLFA、PLEL 等		—	1.0	1～2
DNA		—	0.5	1～2
RNA		—	—	1

（续）

指标	引用标准	鲜样（4℃，月）	鲜样（−20℃，年）	鲜样（−80℃）或在液氮（−180℃）中保存（年）
生物量	ISO 14240 - 1， ISO 14240 - 1	3	1.0	10
土壤呼吸	ISO 16072	3	1.0	10
酶活性	ISO 23753 - 1， ISO 23753 - 2	3	1.0	—

（2）风干样品

1）风干剔杂　从田间采回的土样，应立即捏碎大的土块，剔除根茎叶、新生物、侵入体等，铺平放在木板上或光滑的厚纸上，厚 2～3cm，放置在阴凉、干燥、通风、清洁的室内风干。严禁暴晒或烘烤，防止受到酸、碱气体及灰尘的污染。风干过程中应随时翻动，5～7d 后可达到风干要求。

2）磨细过筛　将风干以后的土样平铺在木板或塑料布上，用木棒或土壤研磨机碾碎，边磨边筛，直到全部通过 1mm 筛孔（18 目）为止。在磨细、过筛过程中，应随时将土样中的植物残根、新生物、侵入体等剔除。石砾和石块不要碾碎，必须筛去，少量可弃去，量多时应称其质量，计算其百分含量。过筛后将土样充分混匀，用四分法缩分样品，根据测试指标的需要制备 2.0mm、0.90mm、0.30mm 或 0.16mm 土壤样品。

3）装瓶贮存　过筛后的土样样品，应分别装入具有磨口塞的广口瓶或封口塑料袋中，附上标签，标签上写明土壤样品编号、采样地点、土壤名称、筛孔号、制样日期等。风干土样在保存期间应避免日光、高温、潮湿及酸碱气体的影响和污染。另外，土壤样品应留有备用样，以备后期可疑数据的核查。

第二节　土壤 pH 的测定方法

一、土壤 pH 的测定概况

土壤 pH 的测定方法主要有电位法和比色法两大类。从精确度来看，电位法目前可以测到小数点后两位，比较精确，而比色法因视觉及比色卡的精确度有限而误差较大。从携带是否方便的角度来看，显然电位法只适合在实验室完成，比色卡更易携带。除以上两种方法之外，也有用分光光度法等测定土壤

pH 的，但这些方法目前并未被大规模使用。

1959 年华中农学院直观教材组[1]制成了一种测试土壤酸碱度的比色卡并设计出一种 6cm×13cm 的小巧可携带的土壤酸碱度测定器。此种比色卡的使用方法是首先采集豌豆大小的土壤，注入一定量的指示剂浸湿土壤，3min 以后，将流出的清亮有色液体与标准比色卡进行比对，即可确定该土壤的酸碱度。该组还系统介绍了比色卡的优点、印制比色卡的方法等。而对比色法的探究一般是集中在指示剂的选择上，1956 年浙江农学院袁可能和朱祖祥两位前辈对几种土壤反应混合指示剂的使用进行了探讨[2]，对常用的溴甲酚绿、溴甲酚紫和甲酚红，甲基橙、甲基红、溴麝草酚蓝和酚酞，麝草酚蓝、溴麝草酚蓝、甲基红和酚酞几种常用指示剂组合在指示剂浓度、溶剂乙醇的浓度、土壤吸收性和指示剂的溶解度等方面进行了深入研究。1979 年南京林产工业学院的张献义[3]以一定浓度的甲基红、溴百里酚蓝和甲酚红指示剂组合用 11 种标准土壤为基准，并与电极法进行了比较，发现此种指示剂组合能够较好地指示不同 pH 的土壤。

1965 年中国科学院南京土壤研究所探究了用电位法测定土壤 pH 的方法[4]，电位法的基本原理就是用水溶液或者盐溶液提取土壤中的 H^+，用指示电极（一般为 pH 玻璃电极）和参比电极（一般为甘汞电极）测定该溶液的电位差，根据电位差的数值计算 pH，目前所有电位法测定土壤 pH 的方法都是以此为基本原理。

1979 年青海省农林科学院分析室侯玉兰[5]介绍了一种田间直接测定土壤 pH 的方法，该方法也是利用了电极法的基本原理，只是测试时将两电极直接插入到了要测试的土壤中，省去了配制缓冲溶液提取 H^+ 的步骤。最后根据电位差换算土壤 pH。并且该方法于当时来说消除了土壤经风干处理后造成的二氧化碳分压的影响和溶液提取导致的稀释作用的影响。

1985 年江西赣州地区农业科学研究所丘星初[6]根据赣南地区土壤的酸性特点探究了分光光度法测试 pH 的方法，该方法利用 H^+ 与乙基红结合显色原理，在 550nm 波长条件下，测试系列不同 pH 标准缓冲溶液与吸光度，绘制标准曲线。然后根据未知土壤溶液的吸光度测定该土壤的 pH。由于该方法仅适用于 pH 为 4.5～7.0 的酸性土壤，所以局限性较大。

二、土壤 pH 的主要测定方法

1. 仪器和设备　酸度计、搅拌器、pH 玻璃电极-饱和甘汞电极或 pH 复合电极。

2. 所用试剂及溶液　试剂：邻苯二甲酸氢钾、磷酸氢二钠（钾）、硼砂和氯化钾。溶液：标准缓冲溶液（也可直接购买），配制方法见表 8 - 3。

表 8 - 3　标准缓冲溶液配制方法

溶液种类	配制方法
pH 为 4.01（25℃）的标准缓冲溶液	称取 120℃烘干 3h 的邻苯二甲酸氢钾 10.21g 溶于去除二氧化碳的去离子水中，并定容于 1L 容量瓶中，贮存于塑料瓶中，室温条件下可保存 2 个月
pH 为 6.87（25℃）的标准缓冲溶液	称取 130℃烘干 3h 的磷酸氢二钠 3.53g 和磷酸二氢钾 3.39g 溶于去除二氧化碳的去离子水中，并定容于 1L 容量瓶中，贮存于塑料瓶中，室温下可保存 2 个月
pH 为 9.18（25℃）的标准缓冲溶液	称取经平衡处理的硼砂（将硼砂置于盛有蔗糖和饱和食盐水溶液的干燥器内 48h）3.80g，溶于去除二氧化碳的去离子水中，并定容于 1L 容量瓶中，贮存于塑料瓶中，室温下可保存 2 个月

3. 仪器校准　将仪器温度补偿器调节到与试液、标准缓冲溶液同一温度值。将电极插入 pH 为 4.01 的缓冲溶液，调节使仪器读数与缓冲溶液读数一致。取出电极并用水冲洗后用滤纸吸干，依次用 pH 为 6.87 和 pH 为 9.18 的缓冲溶液校准，缓冲溶液与仪器读数之间可相差 0.1 个 pH 单位，若相差过大，需检查仪器和缓冲溶液。

4. 土壤 pH 测定　称取通过 2mm 孔径筛的风干样品 10g（精确到小数点后两位）于烧杯中，加入去除二氧化碳的去离子水 25mL，用搅拌器搅拌 1min，30min 后可以测试。

将电极插入上述溶液中，轻摇烧杯，按下读数开关，待读数稳定时记录数值。取出电极，用去离子水清洗，用滤纸条吸干水分后进行下一个样品的测试。一般情况下，测试 6 个样品后用缓冲溶液进行定位。

5. 注意事项

（1）玻璃电极在使用前，必须进行"活化"，可用 0.1mol/L HCl 浸泡 12～24h 或用蒸馏水浸泡 24h。测定期间，暂时不用的电极应浸泡在蒸馏水中，若长期不用则应放在盒中。

（2）饱和甘汞电极使用前应取下橡皮套，内充溶液应见 KCl 晶粒，无气泡，液面应接甘汞电极，溶液不足时应补充。暂时不用的电极应浸泡在饱和 KCl 溶液中，若长期不用，应将橡皮套、胶套套好，保存在盒内。

第三节 土壤有机质的测定方法

一、土壤有机质的测定概况

土壤有机质的测定方法非常多，从基本原理上来说主要有化学氧化法、灼烧法和光谱法等。化学氧化法[7-13]是目前有资质实验室常用的方法，即高温外热氧化-硫酸亚铁滴定法，先用过量酸性重铬酸钾溶液将有机质氧化，再用硫酸亚铁回滴过量的重铬酸钾。该方法对条件要求较高，危险性稍大，环保性较差。灼烧法[8]即通过加热的方法将土壤中的有机质氧化掉，通过称重来计算有机质含量。光谱法[9-10]即通过土壤自身特有的光谱特点得出有机质在特定波段反射率的变化从而估测有机质含量的一种方法，该种方法对仪器设备要求较高。

现在的重铬酸钾氧化法（外热源）是由美国俄亥俄州伍斯特市俄亥俄农业试验站的 Schollenberger[7]在 1927 年提出的。另一种测试土壤有机质的主流方法是由 Walkley 和 Black[8]在 1934 年提出的，该方法利用浓硫酸与重铬酸水溶液产生大量的热和混合溶液的强氧化性来进行测试（Walkley - Black 法）。早在 1958 年，中国科学院南京土壤研究所分析室[9]总结了以往有机质测定的缺点：硫酸加入不够快，导致发热量不够大、热量散发得快且不容易充分摇匀，对此该实验室优化了水合热法以往测定有机质的一些条件：迅速注射硫酸法代替滴定法，保证了热量的集中；用小的三角瓶代替试管，这样可以在实验过程中充分摇匀并且安全；将三角瓶埋入沙中，减缓了热量的散失。此外该实验室还对硫酸用量、重铬酸钾与硫酸比例等方面进行了优化，并与经典的丘林法进行了比较，得到了较满意的结果。1977 年广东师范学院化学系分析化学教研组[10]针对土壤有机质测试比较烦琐的缺点开发了一种操作简单、快速的测定方法，该教研组使用水杨酸配制了标准色阶，将实际土壤样品氧化后的颜色与标准色阶比较即可得到较为准确的数值，该方法在土壤有机质含量为 0.0%～4.5%时较为准确。后来河南商丘地区农业林业科学研究所的司惠芳[11]对该方法进行了改进，用原先的方法配制的 8 色阶颜色差异不大，会导致辨别上较大的误差，主要原因是原先方法的重铬酸钾浓度较高，司惠芳探究了不同浓度重铬酸钾溶液和不同浓度水杨酸溶液所配置色阶的情况，最终选择了一种较易辨别且适合在当地使用的改进速测法，并且因降低了重铬酸钾浓度而更有利于环境保护和成本节约。江西赣州农业科学研究所的丘星初[12]认为 Walkley -

Black 法氧化率太低，而外源加热法（当时条件限制）由于操作烦琐而不适合大规模使用。考虑到相似化学组成的土壤样品应有相同的氧化率，所以采用了标样参比，用比色计比色法提高了分析的效率，该方法也满足快速检测的要求。中国林业科学研究院的杨乐苏[13]针对标准方法中外源加热的条件即油浴加热不环保且温度不宜控制、器皿不宜清洗的缺点，采用了烘箱烘焙加热法和 FOSS 凯氏定氮消化炉加热的方法对加热条件进行了探究，摸索出了合适的加热条件，得到了满意的结果。三明市环境监测站的李婧[14]用比色法、灼烧法、光度法、直接加热消解等方法对这几种方法的优缺点进行了评析，认为光度法测定土壤中的有机质具有设备简单、操作方便、结果准确等优点，适用于大批量样品的速测。

二、土壤有机质的主要测定方法

1. 仪器和设备　电炉（1 000W）、硬质试管、油浴锅（内装工业用甘油或工业用液体石蜡）、铁丝笼（与油浴锅及硬质试管匹配）、酸式滴定管（50mL）、温度计（量程需达 300℃，若油浴锅含温控功能，此设备可不要）。

2. 所用试剂及溶液　0.4mol/L 重铬酸钾-硫酸溶液：称取 40.0g 重铬酸钾于 4L 烧杯中，并加水至 1L（若重铬酸钾为化学纯该溶液需过滤），缓慢加市售浓硫酸 1L 至该溶液中，并不断搅动。每加入 100mL 浓硫酸停顿 5min，4L 烧杯要置于冷水中冷却，防止过热。

0.1mol/L 硫酸亚铁（铵）标准溶液：称取硫酸亚铁（28.0g）或硫酸亚铁铵（40.0g）溶于 800mL 水中，加入 200mL 浓硫酸搅拌均匀（若所用硫酸亚铁或硫酸亚铁铵为化学纯，该溶液需过滤），定容至 1L，密封。由于该溶液极易被氧化，每次使用前需标定浓度。标定方法：吸取 0.100 0mol/L 的重铬酸钾标准溶液 20.00mL 放入 250mL 锥形瓶中，加入 5mL 浓硫酸以及 3 滴邻菲罗啉指示剂，以硫酸亚铁或硫酸亚铁铵溶液滴定，计算浓度（保留四位有效数字）。

0.100 0mol/L 重铬酸钾标准溶液：准确称量 130℃条件下烘 3h 左右的重铬酸钾（优级纯）4.904g，先用少量水溶解，然后无损转移至 1 000mL 容量瓶内，定容。

邻菲罗啉指示剂：称取邻菲罗啉 1.49g 溶于含有 0.70g 七水合硫酸亚铁或 1.00g 六水合硫酸亚铁铵的 100mL 水中，由于该溶液极易变质，需保存在棕色瓶中。

3. 土壤有机质的测定　称取过 0.30mm 筛的风干土壤 0.05～0.50g（精确

到 0.1mg，根据该土壤有机质含量范围确定）于硬质试管中，然后加入 10.00mL 0.4mol/L 重铬酸钾-硫酸溶液，摇匀后把试管置于铁丝笼内，将铁丝笼放入 185～190℃的油浴锅中（油面需高于硬质试管中的溶液液面），放入铁丝笼后油温需在 170～180℃，待试管中溶液微沸时计时，5min 后将铁丝笼拿出，冷却，将溶液及残渣转入 250mL 锥形瓶中，转移溶液和水洗液总量需在 50～60mL。加入 3 滴邻菲罗啉指示剂，用标定的硫酸亚铁或硫酸亚铁铵溶液滴定余下的重铬酸钾，颜色变化一般是橙黄色—蓝绿色—棕红色。若滴定所消耗硫酸亚铁溶液的量不到空白试验的 1/3，需调整称样量重新测定。空白试验需取约 0.2g 的灼烧浮石粉或土壤代替样品，其他步骤与土样测试相同，每批次分析时，至少需做两个空白试验。有条件的实验室可以带入标准物质进行质控。

结果计算：

$$X=\frac{c\times(V_0-V)\times0.003\times1.724\times1.10}{m}\times1\,000$$

式中：X——有机质含量的质量分数（g/kg）；

c——硫酸亚铁或硫酸亚铁铵标准溶液的滴定浓度（mol/L）；

V_0——空白试验中消耗硫酸亚铁或硫酸亚铁铵标准溶液的体积（mL）；

V——样品测试时所用硫酸亚铁标准溶液的体积（mL）；

0.003——1/4 碳原子的毫摩尔质量（g）；

1.724——有机碳换算成有机质的系数；

1.10——氧化校正系数；

m——试样质量（g）；

1 000——换算成每千克的含量。

计算结果用算术平均值表示，保留三位有效数字。

第四节　土壤有效养分的测定方法

土壤有效养分包括有效磷、交换性钙和镁、有效硼、碱解氮、速效钾、有效硅、有效硫和有效钼等。

一、土壤有效磷的测定

1. 土壤有效磷的测定概况　土壤有效磷的测定方法有很多，主要研究的还是溶液浸提法[15-21]、离子交换法[22]、近红外光谱法[23]等方法。常用的溶液浸提法有 Bray I 法（0.025mol/L 盐酸＋0.03mol/L 氟化铵）、Bray II 法（0.01mol/L 盐酸＋0.03mol/L 氟化铵）、Mehlich - I 法（0.2mol/L 乙酸＋0.25mol/L 硝酸铵＋0.015mol/L 氟化铵＋0.013mol/L 硝酸）、Mehlich - III 法（0.2mol/L 乙酸＋0.25mol/L 硝酸铵＋0.015mol/L 氟化铵＋0.013mol/L 硝酸＋0.001mol/L 乙二胺四乙酸）、Vermont - I 法（1.25mol/L 醋酸铵）、Vermont - II 法（1.25mol/L 醋酸铵＋0.03mol/L 氟化铵）、Morgan 法（0.72mol/L 醋酸钠＋0.52mol/L 乙酸）和 ASI 法（0.25mol/L 碳酸氢钠＋0.01mol/L 氟化铵＋0.013mol/L 硝酸＋0.01mol/L 乙二胺四乙酸）等，括号内试剂为相应的浸提溶液，以上方法主要是针对酸性土壤中有效磷的提取。提取之后一般是通过显色的方法来进行进一步的定量，也可通过 ICP - OES、连续流动分析仪进行定量。

华南热带作物学院的张少若等[15]通过 Bray I 法、Bray II 法、双酸法和 Mehlich - III 法这 4 种有效磷的提取方法提取海南岛 4 种不同施磷量的花生种植砖红壤中的有效磷并进行比较。实验结果表明：用 4 种方法测定的土壤有效磷与作物吸磷量极显著相关，并建立了土壤有效磷与施磷量的相关数学模型，用于估算各类土壤的施肥量。

温州市科学技术委员会陈国孟等[16]探究了几种实验室常用测定土壤有效磷总量的方法，并分析揭示了影响土壤有效磷总量的因素（除了磷容量外，还有土壤有机质含量、土壤黏粒含量、土壤磷临界缓冲力等因素），最后得到的多元方程能比较精细地定量估计土壤有效磷总量。华中农业大学土化系的成瑞喜等[17]用 ASI 法和 Olsen 法（后经证明该法适合碱性土壤）测定中、酸性土壤有效磷含量，并对比了两种方法的测试结果。结果表明：18 个供试土壤有效磷测定值中，ASI 法均略高于 Olsen 法，并且两种方法的测定结果有很好的相关性，ASI 法的重复性和精密度都很好。安徽农业技术师范学院农学系的于群英等[18]用 Mehlich - III 法和其他常规方法测定了安徽主要类型土壤的有效磷和有效钾含量，探究了方法的精密度并拟定了该方法条件下的土壤有效磷和有效钾分级标准，实验结果表明：Mehlich - III 法与其他常规法测定的土壤有效磷、有效钾测定结果极显著相关，方法精密度高。

浙江省地质矿产研究所的陈玲霞等[19]探究了 Bray I 法的显色条件对磷校正曲线和样品中有效磷含量的影响。在校正曲线溶液和样品提取液中加入钼锑抗显色剂后，分别置于 20℃、25℃和 30℃的空气或水浴中显色 30min，测试吸光度。实验结果显示：校正曲线溶液在 20℃和 25℃的空气和水浴中以及在 30℃的空气中均显色不完全，导致吸光度偏低；而在 30℃水浴中显色完全，得到较好的标准曲线，且样品浸提液的显色条件并不苛刻，试验中各条件下都能取得相似的结果。

吉林省农业农村厅土肥总站的李爱华[20]使用连续流动分析仪测定土壤有效磷含量，在当时（20世纪80年代）的实验条件下每小时可测定40个样本，较常规化学分析方法快、省、准。并探究了酸度对测定结果的影响。

中国热带农业科学院分析测试中心何秀芬等[21]采用电感耦合等离子发射光谱法（ICP－AES）测定土壤中有效磷的含量。该方法能够准确测定国家土壤标准样品（GBW7416），并且结果与传统分光光度法的测定结果无显著差异。

2. 土壤有效磷的主要测定方法

（1）仪器和设备　电子天平、酸度计、紫外/可见分光光度计、恒温往复式振荡器、塑料瓶。

（2）试剂和溶液　市售浓硫酸、市售盐酸、5％硫酸溶液（V/V）、酒石酸锑钾溶液（5g/L）、硫酸钼锑溶液（称取钼酸铵溶于300mL约60℃的水中，冷却，另取浓硫酸126mL至400mL水中，冷却，将此硫酸溶液缓倒入之前配制的钼酸铵溶液中，再加入5g/L的酒石酸锑钾溶液100mL，定容至1L，摇匀，避光保存）、钼锑抗显色剂（称取1.5g抗坏血酸溶于100mL硫酸钼锑储备液中，该溶液易变质，需现配现用）、二硝基酚指示剂（2g/L）、氨水溶液（1＋3）、氟化铵-盐酸浸提剂（称取1.11g氟化铵溶于400mL水中，加入2.1mL浓盐酸，稀释至1L，于塑料瓶中存储）、硼酸溶液（30g/L，硼酸需在60℃条件下溶解）、磷有证标准溶液（100mg/L）。

（3）土壤有效磷测定步骤　样品处理：称取能通过2.0mm筛的风干土壤试样5.00g，置于200mL塑料瓶中，加入25℃的氟化铵-盐酸浸提剂50.00mL，并在25℃条件下振摇30min，振摇完毕立刻用无磷滤纸过滤或快速离心。同时做空白试样。

校正曲线：分别取适量磷有证标准溶液于50mL容量瓶中，加10mL氟化铵-盐酸浸提剂，加10mL硼酸溶液，加水至30mL，加二硝基酚指示剂2滴，用5％硫酸溶液或1＋3氨水溶液调节至溶液显微黄色，加钼锑抗显色剂5.00mL，用水定容至刻度，摇匀。将该系列溶液置于室温下30min后可置于1cm光径比色皿中在波长700nm条件下比色，绘制标准曲线。

样品测试：吸取试样溶液10.00mL，加入的溶液同标准曲线绘制时的溶液。样品浓度需在校正曲线范围内。同时需扣除空白溶液浓度。

结果计算：

$$X=\frac{(c-c_0)\times V\times D}{m\times 1\,000}\times 1\,000$$

式中：X——有效磷含量（mg/kg）；

c——读取的试样溶液浓度（mg/L）；

c_0——空白溶液浓度（mg/L）；

V——显色液体积（mL）；

D——分取倍数，即试样浸提剂体积与分取体积之比；

m——试样质量（g）；

1 000——换算系数。

计算结果用算术平均值表示，保留小数点后一位数字。

二、土壤交换性钙和镁的测定

1. 土壤交换性钙和镁的测定概况　交换性钙、镁测定前处理常用方法比较单一，一般采用的是氯化铵浸提的方法，对该过程也可以做进一步的优化，其他处理方法也有但相对较少[24-30]。

中国林业科学研究院杨乐苏等[24]对南方 12 种土壤采用乙酸铵浸提和土壤淋洗方法探究了振荡时间对交换性钙、镁含量的影响，结果表明：两种前处理方法和振荡时间对交换性钙、镁测定结果影响不大，但乙酸铵浸提方法更加简单、准确、快速，并且可以降低成本。湖南省农产品质量安全检验检测中心的刘雪鸿等[25]针对酸性和中性土壤的传统测定方法进行了简单改进，将传统的离心改为振荡，并对振荡时间进行了摸索，实验结果表明，振荡时间为 5min时可以得到与离心同样的效果，得到了比较满意的结果。早期江西赣州地区农科所丘星初[27]认为乙酸铵浸提法影响 pH 调节，步骤烦琐，开发了灵敏度较高的偶氮氯磷光度法测定交换性钙和二甲苯胺蓝胶束增溶光度法测定交换性镁的方法，结果表明：相较于其他这些方法有简单、快速、准确、省时省力的优点。当然由于交换性钙、镁一般是用原子吸收测定，所以就需要单独测定，而ICP - OES[28-30]则解决了上述矛盾，可同时测定，节省了人力、物力。

2. 土壤交换性钙、镁的主要测定方法

（1）仪器和设备　原子吸收分光光度计（含钙、镁空心阴极灯）、离心机、离心管（100mL）。

（2）试剂和溶液　氨水（1+1）、乙酸铵溶液（1mol/L，称取乙酸铵77.09g溶于950mL水中，用氨水溶液或乙酸调节 pH 为 7.0，加水稀释至1L）、盐酸（1+1）、氯化锶（30g/L）、缓冲溶液（pH 为 10，称取 67.5g 氯化铵溶于无二氧化碳水中，加入浓氨水 570mL，用水稀释至 1L，储存于塑料瓶中）、钙有证标准物质（100mg/L）、镁有证标准物质（100mg/L）、K-B 指示剂（称取 0.5g 酸性铬蓝 K 和 1.0g 萘酚绿 B 与 100g 105℃烘干的氯化钠一同研磨均匀，储于棕色瓶中）。

（3）土壤交换性钙、镁的测定步骤　样品处理：称取 2.00g 通过 10 目筛孔的风干试样，置于 100mL 离心管中，加入少量乙酸溶液，搅拌试样，使其呈均匀泥浆状。加入乙酸铵溶液至 60mL，搅拌均匀。离心 3～5min，将清液收于 250mL 容量瓶中。再次向滤渣中加入乙酸铵溶液，离心处理 2～3 次，至浸出液中无钙离子反应（取 5mL 浸出液于试管中，加 1mL pH 为 10 的缓冲溶液，加入 5 滴 K-B 指示剂，若呈现蓝色，则无 Ca^{2+}），最后用乙酸铵溶液定容。

校正曲线：分别吸取适量梯度量钙、镁有证标准溶液于 100mL 容量瓶中，各加入 10.00mL 氯化锶溶液，用乙酸铵溶液稀释至刻度，上机测试。绘制校正曲线。

样品测试：吸取 20.00mL 试样溶液，加入的溶液同标准曲线绘制时的溶液。样品浓度需在校正曲线范围内。同时需扣除空白溶液。

结果计算：

交换性钙：

$$X = \frac{(c-c_0) \times V \times D \times 100}{m \times 20.04 \times 1\,000}$$

交换性镁：

$$X = \frac{(c-c_0) \times V \times D \times 100}{m \times 12.15 \times 1\,000}$$

式中：X——交换性钙、镁的含量（cmol/kg）；

　　　c——读取的试样溶液浓度（mg/L）；

　　　c_0——空白溶液浓度（mg/L）；

　　　V——测定液体积（mL）；

　　　D——分取倍数，浸出液总体积与吸取浸出液体积之比；

　　　20.04——Ca^{2+}（1/2）的摩尔质量（g/mol）；

　　　12.15——Mg^{2+}（1/2）的摩尔质量（g/mol）；

　　　m——试样质量（g）；

　　　1 000——换算系数。

计算结果用算术平均值表示，保留小数点后一位数字。

三、土壤有效硼的测定

1. 土壤有效硼的测定概况　土壤有效硼的测定主要是用比色法[31-37]进行，

以姜黄素测定法和甲亚胺测定法为主，二者均是非常成熟的方法，在步骤烦琐程度上略有差别[37]，随着仪器设备种类越来越多，也出现了一些新的测定方法[38-44]。

由于有效硼对反应器皿的要求比较高（无硼），在 20 世纪 80 年代前，有效硼的加热回流法只有在一些有条件的科研单位才能开展，广西壮族自治区林业科学研究所的陈二钦等[31]以广西有代表性的红壤、水稻土、冲积土等为分析材料，以石英玻璃加热回流提取作为对比，探究了用塑料瓶提取有效硼的条件，包括提取时间、塑料瓶的选择等，取得了较好的效果，并提出塑料瓶可以替代昂贵的石英玻璃用于有效硼的提取，该方法引入的污染较小，提取准确度高，精密度及重现性好，操作简单快速，适合大批量样品的分析测试。华中农学院的范土芳[32]探究了塑料瓶提取、瓷蒸发皿蒸干代替石英器材的方法，并对提取时间进行了优化，实验结果表明：该方法中供试的 18 种土壤的测试结果与全石英法对比 t 值无显著差异，且回收率在 88.05％～106.63％，取得了较好的效果，适合基层检测站的大规模使用。湖州威能环境服务有限公司的周李倩等[33]为开展大批量土壤样品的有效硼测试使用实验室常用的聚乙烯离心管，建立了聚乙烯离心管水浴浸提-比色法测定土壤中有效硼的方法，该方法对沸水浴时间和显色时间进行了优化，由于该方法使用了一次性的聚乙烯离心管，所以大大降低了污染风险，且操作步骤简单，结果精准，适合大批量样品的测试。安徽农业技术师范学院的印天寿[34]考虑到姜黄比色法是蒸干发色法，对蒸发温度、空气湿度、蒸发速度、空气流动速度、容器规格等条件要求较高，非常容易导致结果的偏差，将硼酸与姜黄的发色反应改在了硫酸-醋酸非水介质中进行，而非蒸干，实验结果表明：该法不仅操作简便、重现性好，而且灵敏度更高，杂质干扰更少，并且该法还延长了姜黄试剂的保存时间，提高了工作效率。华中农业大学的王治荣[35]采用来自五省市的 5 种土壤对姜黄素比色法全流程进行了优化，包括土壤提取液煮沸时间、提取液冷却时间、脱水显色温度、不同的凝聚剂、显色时间等，最终提出微沸 5min、回流冷凝 5min、10％七水合硫酸镁作为凝聚剂、脱水显色温度为（55±3）℃的提取条件最佳，回收率达 100％左右；另外，王治荣[36]还对甲亚胺法测试土壤有效硼时的脱色方法进行了研究。由于用甲亚胺法测定时，土壤中的一部分有机质或者胶体存在于溶液中，在硼测试的 415nm 条件下形成干扰，所以必须除去有机质，而过氧化氢由于可以和硼形成三氧化二硼，加热条件下可能转化为偏硼酸，最终导致结果偏低。因此，作者用高锰酸钾去除上述干扰物并且采用扣除本底的方法进行了探究，结果表明该改进后的方法有较高的精密度和准确度，且结果与姜黄素法一致，是一种较理想的测定土壤有效硼的方法。

2. 土壤有效硼的主要测定方法

（1）仪器和设备　紫外/可见分光光度计、无硼锥形瓶（250mL）、石英回流冷凝装置、离心机。

（2）试剂和溶液　硫酸镁溶液（1g/L）、酸性高锰酸钾溶液［现配现用，0.2mol/L 高锰酸钾溶液和硫酸溶液（1＋5）等体积混合］、抗坏血酸溶液（现配现用，100g/L）、甲亚胺溶液（称 0.9g 甲亚胺和 2.00g 抗坏血酸溶解于微热的 60mL 水中，稀释至 100mL）、缓冲溶液［pH 为 5.6～5.8，称 250g 乙酸铵和 10.0g EDTA 二钠盐，微热溶解于 250mL 水中，冷却后，稀释至 500mL，再加在 80mL 硫酸（1＋4）中，摇匀，并测定 pH］、显色剂（现配现用，取 3 体积甲亚胺溶液和 2 体积缓冲溶液）、硼有证标准物质（100mg/L）。

（3）土壤有效硼测定步骤　样品处理：称取通过 10 目孔径尼龙筛的风干试样 10.00g 于 250mL 无硼玻璃锥形瓶中，加 20.00mL 硫酸镁溶液，加装回流冷凝器，小火准确煮沸 5min。取下锥形瓶，稍冷后一次性过滤或离心，将滤液置于塑料杯中。

校正曲线：分别吸取适量梯度量硼有证标准溶液于 100mL 容量瓶中，分别再各取 4.00mL 于 10mL 比色管中加 0.5mL 酸性高锰酸钾溶液，摇匀后静置 2～3min，加 0.5mL 抗坏血酸溶液，摇匀，紫色褪去且褐色的二氧化锰沉淀完全溶解后加 5.00mL 显色剂摇匀，静置 1h 后，在 415nm 波长下，用 2cm 的比色皿进行测试，绘制校正曲线。

样品测试：准确吸取滤液 4.00mL 于 10mL 比色管中，其他条件同校正曲线溶液配置，同时做空白试验。

结果计算：

$$X=\frac{m_1\times D\times 1\,000}{m\times 1\,000}$$

式中：X——有效硼含量（mg/kg）；

　　　m_1——读取的试样溶液浓度（μg）；

　　　D——分取倍数，滤液体积与吸取滤液体积之比；

　　　m——试样质量（g）；

　　　1 000——换算系数。

计算结果用算术平均值表示，保留小数点后两位数字。

四、土壤碱解氮的测定方法

1. 土壤碱解氮的测定概况 土壤碱解氮早期主要用扩散法进行测定[45-48]，现在主要是用蒸馏法进行测定[49-53]，也有其他如电极法[54-55]或者光谱法[56]。

早在 1961 年中国科学院农业物理研究所的张眉平[45]介绍了一种土壤中碱解氮的快速测定方法，其实该方法也是扩散法，该法从提取温度、时间等方面进行了探索，提出了温度、时间对测定影响较大，并建议采在 70℃条件下提取 60min。辽宁省杨树研究所的林晓峰[46]针对扩散法提出了 10 点需要注意的事项，提供了较好的借鉴。中国农业科学院的孙又宁[48]介绍了用自动定氮仪碱解蒸馏的方法测定土壤中碱解氮并与传统的扩散皿法进行了比较，探究了不同氢氧化钠浓度、蒸馏出水量、蒸馏时间等影响因素对测定结果的影响，结果显示：用该方法测定碱解氮结果准确可靠，精密度好，与扩散皿法相比具有适合大批量样品测试的特点。针对扩散法和蒸馏法，中国热带农业科学院热带作物品种资源研究所郭彬等[53]对海南不同地区的土壤样品用两种方法进行了测试，测试结果表明：用两种方法测定碱解氮的结果不存在显著性差异，回收率均超过了 97％，但相对而言蒸馏法更快，且不受干扰离子的影响，重现性好，尤其适合大批量样品的测定。扩散法和蒸馏法虽然能够得到准确的结果，但仅适合在实验室中检测，对于田间现场的测定则不适合。江西农业科学院的易道德等[54]探索了用气敏氨电极测定水稻土中碱解氮的方法，并与蒸馏法进行了比较，结果表明：该电极法测定水稻土的碱解氮结果可靠，与蒸馏法相比，对风干样土测试的相对误差平均值为 1.2％，最高不超过 2.9％，对湿土测试的相对误差平均值为 3.35％，说明了电极法可靠，同时也适合田间碱解氮的实时监测。

2. 土壤碱解氮的主要测定方法

（1）仪器和设备 凯氏定氮仪（配 750mL 消化管）。

（2）试剂和溶液 盐酸（0.1mol/L，量取市售浓盐酸 9mL，稀释至 1 000mL）、盐酸标准滴定溶液（0.020 0mol/L，0.1mol/L 盐酸稀释 5 倍后，按照 GB/T 601 进行标定）、氢氧化钠（400g/L）、溴甲酚绿乙醇溶液（1g/L）、甲基红乙醇溶液（1g/L）、硼酸指示剂溶液（现配现用，称 10g 硼酸用水溶解，加 10mL 溴甲酚绿乙醇溶液和 7mL 甲基红乙醇溶液，稀释至 1 000mL）。

（3）土壤碱解氮测定步骤 样品处理：称取通过 10 目孔径尼龙筛的风干试样 3.00g 于 750mL 消化管中，加入 1g 硫酸亚铁，置于凯氏定氮仪上，水、氢氧化钠溶液、硼酸指示剂溶液加液体积分别为 50mL、40mL 和 30mL，蒸馏效率为 80%，蒸馏体积为 150mL，自动测试。同时需做空白试验。

结果计算：

$$X = \frac{(V - V_0) \times c \times 14}{m} \times 1\ 000$$

式中：X——碱解氮含量（mg/kg）；

V——滴定样品时所用盐酸标准溶液的体积（mL）；

V_0——滴定空白时所用盐酸标准溶液的体积（mL）；

c——盐酸标准滴定溶液的浓度（mol/L）；

14——氮原子的摩尔质量（g/mol）；

m——试样质量（g）；

1 000——换算系数。

五、土壤速效钾的测定

1. 土壤速效钾的测定概况　土壤速效钾的测试最初是用比色法进行的[57-61]，随着科技的不断发展逐渐进入了用原子吸收测定的时期[61-67]，且该方法目前仍是土壤速效钾的主要测定方法。目前还有电感耦合等离子发射光谱法[68-69]、离子色谱法[70]、近红外光谱法[71-72]、X-荧光光谱点滴滤纸法[73]等。

早期速效钾的测试主要是用四苯硼钠比浊法进行[57-61]，该方法主要利用浸提出的钾离子与四苯硼钠在 pH 为 8～9 时结合成白色的四苯硼钾沉淀，然后利用分光光度计进行定量检测。湖南林业科学研究所探究了四苯硼钠悬浊液的最大吸收波长、与钾离子反应形成四苯硼钾浊度后比浊时间的选择、不同时间测定四苯硼钾悬浊液的稳定性、显浊液的有效时间等方面，并与火焰光度计法进行了比较，发现该方法能够满足日常分析需求，但对试剂显色、制备、温度、时间和操作条件等要求较高。而中国农业科学院土壤肥料研究所对比浊法也进行了一些优化，研究了四苯硼钠加入的方法、形成四苯硼钾后的比浊时间、待测液浓度范围等内容。广西农学院农化教研组也对比浊法最优条件进行了研究，确定了最优条件，对波长选择、沉淀剂加入方式、保护剂选择、介质酸碱度、浸提剂等进行了研究。20 世纪 70 年代张乃凤[61]采用醋酸铵浸提-火焰光度法测定了土壤速效钾含量，从土壤风干、风干后的研磨、使用醋酸铵的理由、土壤重量与浸提液重量的比例、振荡情况、过滤等方面系统分析了测试过程。甘肃农业大学农化系崔志军[62]从振荡时间、振荡频率、振荡温度以及二次提取钾量等方面进行了系统研究，结果表明：提取温度对测定结果影响不大，但小于 150 次/min 的振荡频率对测定结果影响很大。吉林师范大学高頔等[63]探究了土壤样品的制备方法对速效钾测试结果的影响，选取吉林中西部和内蒙古乌兰浩特市等 9 市县的 16 个土壤样品，采用手擀、2 800r/min 的粉碎机研磨和 25 000r/min 的粉碎机研磨 3 种方法进行样品制备处理，经乙酸铵溶液浸提、原子吸收上机计算，同时进行样本方差分析，实验结果表明：手擀处理的样品速效钾含量高于 2 800r/min 的粉碎机研磨处理，但差异不显著，而 25 000r/min 的粉碎机研磨处理的速效钾含量显著高于另外两种处理方式。

2. 土壤速效钾的主要测定方法

（1）仪器和设备　往复式振荡器（频率为 150～180r/min）、原子吸收光谱仪（火焰部分）。

（2）试剂和溶液　乙酸铵溶液（1.0mol/L，现配现用，需用稀乙酸或 1∶1 氨水调节 pH 为 7.0）、钾带证标准物质（100mg/L）。

（3）土壤速效钾测定步骤　样品处理：称取通过 0.90mm 筛的风干土壤试样 5.00g，置于 200mL 塑料瓶中，加入乙酸铵溶液 50mL，在室温下于振荡器上 150～180r/min 振荡 30min，过滤。滤液用原子吸收光谱仪测定，同时做空白试验。

校正曲线：分别吸取适量梯度量钾有证标准溶液于 50mL 容量瓶中，用乙酸铵定容，上机测试。绘制校正曲线。

结果计算：

$$X=\frac{c\times V}{m}$$

式中：X——速效钾含量（mg/kg）；

　　　C——读取的试样溶液浓度（mg/L）；

　　　V——浸提液体积（mL）；

　　　m——试样质量（g）。

计算结果用算术平均值表示，保留整数。

六、土壤有效硅的测定

1. 土壤有效硅的测定概况　土壤有效硅的测定方法目前主要是比色法[74-78]，近年也陆续有电感耦合等离子体发射光谱法[79-80]的报道。

中国科学院南京土壤研究所的张效朴等[74]针对 20 多份不同地区的土壤样品，选取了 5 种不同的浸提剂，用钼蓝比色法测定，研究了 5 种不同浸提剂在不同浸提时间、浸提温度下的效果。黑龙江第六地质勘察院的刘丽敏[75]探究了浸提剂酸度及种类、显色效果、分光光度法和其他因素对农业土壤中有效硅测定结果的影响。农业农村部农产品质量安全监督检验测试中心（银川）的李娟等[76]系统罗列了影响土壤有效硅测定的因素，主要有浸提剂种类、土与浸提剂比例、浸提温度和时间、过滤时机、显色效果、显色时溶液 pH、分光光度法测试时的影响等。宁波市种植业管理总站的王飞等[77]从存样时间的角度入手，比较了 11 个水稻土在存放两年后有效硅含量的变化，结果表明：随着存放时间延长有效硅含量会显著地减少，减少的原因可能是土样长期脱水。

2. 土壤有效硅的主要测定方法

（1）仪器和设备 电热恒温箱、紫外/可见分光光度计、塑料瓶。

（2）试剂和溶液 硫酸（6mol/L，吸取浓硫酸 166mL 缓缓倒入 800mL 水中，冷却后稀释至 1 000mL）、硫酸（0.6mol/L）、钼酸铵（50g/L）、草酸（50g/L）、抗坏血酸（现配现用，称取 1.5g 抗坏血酸，用 6mol/L 的硫酸溶液溶解、稀释至 100mL）、硅有证标准溶液（100mg/L）、柠檬酸浸提剂（5.25g/L）、无水碳酸钠。

（3）土壤有效硅测定步骤 样品处理：称取通过 10 目筛孔的风干试样 10.00g 于 250mL 塑料瓶中，加入 5.25g/L 柠檬酸溶液 100mL，塞好瓶塞，于 30℃的恒温箱中保温 5h，1h 摇动一次，过滤。同时做空白试验。

校正曲线：分别吸取适量梯度量硅标准溶液于 50mL 容量瓶中，加水稀释至 20mL。分别加入 0.6mol/L 硫酸溶液 5mL，于 30～35℃条件下放置 15min，加入钼酸铵溶液 5mL，摇匀后放置 5min，加草酸溶液 5mL、抗坏血酸 5mL，定容，静置 20min 后于紫外/可见分光光度计上在 700nm 条件下用 1cm 光径比色皿测定。

样品测定：取滤液 1.00～5.00mL（硅含量在 10～125μg）于 50mL 容量瓶中，用水稀释至 20mL，其他步骤和校正曲线溶液相同。

结果计算：

$$X = \frac{c \times V \times D}{m}$$

式中：X——有效硅含量（mg/kg）；

c——校正曲线上读取的有效硅浓度（mg/L）；

V——显色液体积（mL）；

D——分取倍数；

m——试样质量（g）。

计算结果用算术平均值表示，保留两位小数。

七、土壤有效硫的测定

1. 土壤有效硫的测定概况　土壤有效硫的测试方法目前有比浊法[81-87]、电感耦合等离子发射光谱法[88-92]、离子色谱法[93-94]等。

中国科学院南京土壤研究所的曾璧容[81]以氯化钾溶液为浸提剂，探究了过氧化氢加入途径、比浊时间、比浊温度、比浊器皿的选择等因素对土壤有效硫含量测定的影响。临沂市农业局的魏珂萍等[82]探究了用 0.25mol/L KCl、0.01mol/L CaCl₂ 和 0.008mol/L Ca（H₂PO₄）₂ 3 种浸提剂浸提-硫酸钡比浊法测定鲁东南兰山区土壤的有效硫，对 3 种方法的测定结果与作物吸硫量进行了相关性分析，结果表明：KCl、CaCl₂ 和 Ca（H₂PO₄）₂ 3 种浸提剂提取-硫酸钡比浊法测定的土壤有效硫结果之间的相关性均达显著水平。天门市耕地质量保护与肥料管理局的黎庆容等[83]通过盆栽试验探究了土壤有效硫含量和该土壤上栽培植物的全硫含量之间的相关性，用 4 种不同的浸提剂对土壤有效硫含量测定方法进行了优化，最后通过精密度和准确度试验对改进的方法进行了论证，得到了较好的结果。

2. 土壤有效硫的主要测定方法

（1）仪器和设备　振荡机、电热板、紫外/可见分光光度计、电磁搅拌器、锥形瓶（100mL）。

（2）试剂和溶液　氯化钡晶粒（通过 0.45mm 筛）、磷酸二氢钙、硫酸钾、阿拉伯胶水溶液（2.5g/L）、过氧化氢（30%）、氯化钙（1.5g/L）、市售浓盐酸、磷酸盐-乙酸浸提剂（称取磷酸二氢钙 2.04g 溶于 1L 2mol/L 乙酸溶液中）、盐酸（1+4）、硫有证标准溶液（100mg/L）。

（3）土壤有效硫测定步骤　样品处理：称取通过 10 目孔径筛的风干土壤试样 10.00g，置于 250mL 塑料瓶中，加入磷酸盐-乙酸浸提剂 50.00mL，在室温条件下振荡 1h，过滤。

校正曲线：各吸取适量梯度量硫标准溶液于 50mL 的比色管中，加入 2mL 盐酸溶液，再加入 4mL 阿拉伯胶水溶液，用水定容。将溶液转移至 150mL 烧杯中，加入氯化钡晶粒 2g，用搅拌器搅拌溶液 1min，5min 后开始在紫外/可见分光光度计上在 440nm 波长处用 3cm 比色皿比色。

样品测试：取 25.00mL 于 100mL 锥形瓶中，于电热板上加热，并加 5 滴过氧化氢（氧化有机物），有机物被氧化完全后，再煮沸 5min，除去过氧化氢，加 2mL 盐酸溶液，得到清澈溶液。将溶液转移至 50mL 比色管中，其他步骤同校正曲线溶液。

结果计算：

$$X=\frac{c\times V\times D}{m}$$

式中：X——有效硫含量（mg/kg）；

c——从校正曲线上读取的有效硫浓度（mg/L）；

V——测定液体积（mL）；

D——分取倍数；

m——试样质量（g）。

计算结果用算术平均值表示，保留两位小数。

八、土壤有效钼的测定

1. 土壤有效钼的测定概况　有效钼的测试主要有分光光度法[95-96]、化学发光法[97]、原子吸收光谱法[98-99]、电感耦合等离子体发射光谱法[100-101]、电感耦合等离子质谱法[102-108]和极谱法[109-110]等。

嘉应学院的蔡邦宏等[95]用水杨基荧光酮-溴化十六烷基吡啶分光光度法测定了土壤中的有效钼，探讨了方法的最佳条件，结果表明：钼与水杨基荧光酮在溴化十六烷基吡啶存在条件下形成有固定颜色的络合物，且在516nm处有最大吸收峰，利用此显色方法测定有效钼具有操作简便、灵敏度高、选择性好等优点。江西师范大学的李先春等[96]合成了4，5-二溴-2，3，7-三羟基-9-洋茉莉基-6-荧光酮（DBPIF），该物质在酸性、有氯化十六烷基吡啶（CPC）存在条件下可以与钼形成三元配合物，该物质在541.5nm条件下有最大吸收峰，李先春等利用该原理测定了土壤中的有效钼并获得了较好的结果。河南农大迅捷测试技术有限公司的刘炎超等[97]用草酸-草酸铵作为浸提剂，采取超声波法提取，以 Luminol-SCN-化学发光体系测定土壤中的有效钼，探究了硫酸用量、硼氢化钾用量、硫氰酸铵用量等条件，最终得到了较好的结果，同其他方法比较具有操作简单、准确、灵敏、快速等特点。

2. 土壤有效钼的主要测定方法

（1）仪器和设备　极谱仪（含配套的高型烧杯）、恒温往复式振荡器、电热板。

（2）试剂和溶液　市售高氯酸（优级纯）、市售硝酸（优级纯）、市售硫酸（优级纯）、市售盐酸（优级纯）、草酸-草酸铵浸提剂（称取 12.6g 草酸和 24.9g 草酸铵溶于水，调节 pH 为 3.3，定容至 1L）、苯羟乙酸溶液（76g/L）、硫酸（2.5mol/L，量取75mL市售硫酸，缓缓加入800mL水中，冷却后稀释至1L）、饱和氯酸钾溶液（67g/L）、钼有证标准溶液（100mg/L）。

（3）土壤有效钼的测定步骤 样品处理：称取通过10目孔径筛的风干土壤试样5.00g，置于200mL聚乙烯塑料瓶中，加入50mL草酸-草酸铵浸提剂，盖紧瓶塞，室温条件下振荡30min，静置10h，过滤，将最初滤液弃去。同时做空白试验。

校正曲线：分别吸取适量梯度量钼标准溶液于100mL容量瓶中，用水定容。分别吸取1.00mL上述溶液置于盛有1.00mL草酸-草酸铵浸提剂的高型烧杯中，在电热板上低温蒸干，然后依次加入2mL市售硝酸、4滴市售高氯酸和2滴市售硫酸，置于250℃电热板上直至白烟消失，取下烧杯冷却。依次加入1mL硫酸溶液、1mL苯羟乙酸溶液和8mL饱和氯酸钾溶液，摇匀30min后测试。

样品测试：吸取1.00g滤液于高型烧杯中，在电热板上低温蒸干，其他步骤同校正曲线溶液。若试样含量超出标准曲线，应稀释后重新测定。

结果计算：

$$X = \frac{c \times V \times D}{m \times 1\,000} \times 1\,000$$

式中：X——有效钼含量（mg/kg）；

　　　c——从校正曲线上读取的有效钼浓度（μg/L）；

　　　V——显色液体积（mL）；

　　　D——分取倍数；

　　　m——试样质量（g）；

　　　1 000——换算系数。

计算结果用算术平均值表示，保留两位小数。

第五节 土壤阳离子交换量的测定方法

土壤阳离子交换量的测试方法有很多，主要有乙酸铵交换法、三氯化六氨合钴浸提-分光光度法和ICP-OES法。

一、乙酸铵交换法

基本原理：以乙酸铵溶液反复处理土壤，使土壤成为铵离子饱和土，过量的乙酸铵用 95%乙醇除去，加入氧化镁，以定氮蒸馏的方式进行蒸馏，得到的氨用硼酸进行吸收，然后用盐酸标准滴定溶液进行滴定，根据滴定结果进一步计算土壤阳离子交换量。

测试方法：称取通过 10 目筛孔的风干样 2.0g（质地较轻的土壤称 5.0g），放入 100mL 离心管中，缓缓加入少量 1mol/L 乙酸铵溶液，用玻璃棒（带橡皮头）轻搅土样，使其呈泥浆状，再加入乙酸铵溶液直至总体积约为 60mL，充分搅拌，用乙酸铵冲洗玻璃棒，将溶液收集于离心管中。将离心管放入离心机，转速为 4 000r/min 离心 3～5min，弃去滤液继续此步骤至无钙离子反应为止。向载土离心管中加入少量工业乙醇，用玻璃棒搅拌成泥浆状态，再加入乙醇约 60mL，搅拌充分，除去土壤表面吸附的乙酸铵。置于离心机中离心 3～5min，弃去乙醇溶液，如此反复洗涤 3～4 次，直至无铵离子为止（用甲基红-溴甲酚绿指示剂检查）。向离心管中加水，搅拌成糊状，并将其转移到 150mL 凯氏定氮管中，清洗离心管，并将洗液全部转入凯氏定氮管中，再加入 2mL 液状石蜡和 1g 氧化镁，将凯氏定氮管放在蒸馏位置。将盛有 25mL 20g/L 硼酸指示剂吸收液的 250mL 锥形瓶连接在冷凝管的下端，开启螺丝夹，通入蒸汽。自动设置蒸馏程序。读出消耗标准滴定盐酸溶液的体积，同时做空白试验。

二、三氯化六氨合钴浸提-分光光度法

基本原理：在（20±2）℃的条件下，以三氯化六氨合钴为浸提剂浸提土壤，用三氯化六氨合钴交换土壤中的阳离子。由于三氯化六氨合钴的特征吸收波长为 475nm，且浓度与吸光度成正比，所以根据浸提前后浸提液吸光度差值计算得到土壤阳离子交换量。当试样中有机质含量比较大时，有机质在 475nm 波长处也有吸收，影响测定结果，此种情况下可以同时在 380nm 处测吸光度，最终计算校准吸光度。

测试方法：将风干样过 2.0mm 孔径的尼龙筛，混匀，取 3.5g 样品，置于 100mL 离心管中，加入 50.0mL 1.66cmol/L 三氯化六氨合钴溶液，旋紧管盖，于振荡器中在（20±2）℃条件下振荡 1h，并使土壤浸提液保持悬浮状态。4 000r/min 离心 10min，收集上清液于比色管中 1d 内完成测试，同时做空白试样。

三、ICP-OES 法

方法原理：同乙酸铵浸提法类似，改用 Ba^{2+} 置换阳离子，然后通过 ICP-

OES测试 Ba^{2+} 的含量得到阳离子交换量。

测试方法：称取试样 0.500 0g 置于离心杯中，加入 50mL 0.25mol/L 氯化钡溶液，搅拌后放置 30min，离心分离，弃去清液，加入 200mL 超纯水搅拌均匀，离心分离，弃去清液，再次加入 200mL 一级水搅拌均匀，离心分离，弃去清液（个别土壤试样洗涤完成后会出现浑浊，可加 40mL 丙酮和 20mL 95％乙醇，搅拌均匀后离心分离）。将 10mL 浓盐酸加入离心杯中，搅拌均匀放置 30min 后转移至 250mL 容量瓶中定容摇匀，过滤后取清液于波长 230.4nm 处测定钡的发射强度。同时做空白实验。阳离子交换量高于 3mmol/g 的样品可适当稀释后测定。

第六节　土壤铝的测定方法

土壤中全量铝含量的测定方法主要有 ICP‐OES 法、电极法、原子吸收法和激光微等离子体光谱分析法等。

一、ICP‐OES 法

基本原理：微波消解土壤，然后通过 ICP‐OES 铝的特征谱线进行测定，该方法相对简便，但由于设备较贵，广泛推广难度较大。

测试方法：称取 0.15g（精确到 0.1mg）试样，置于微波消解罐中，向微波消解罐中依次加入 9.0mL HNO_3、2.0mL 浓盐酸、3.0mL 氢氟酸，旋紧密封，置于微波消解仪中。按微波消解程序进行消解。消解完毕，待温度降至室温后取出消解罐，加入 1mL 高氯酸，置于控温赶酸器中，在 170℃ 条件下加热赶酸至约 0.5mL。将试样溶液转移至 50mL 塑料容量瓶中，用超纯水冲洗消解罐 3～4 次，将清洗液一并转移至容量瓶中，然后用超纯水定容至 50mL，摇匀后得试样液。再取 1.0mL 试样液稀释至 20mL 待测。配制标准曲线溶液，在 308.2nm 条件下测定。

二、电极法

基本原理：取一定量土壤试液，调节溶液 pH 为 5.0，加到离子强度为 1.0 的缓冲溶液中，再加入一定量的氟离子标液，使氟离子与铝离子络合，然后用氟离子电极测出游离态的氟离子浓度，计算铝离子的总浓度。

测试方法：先用碳酸钠碱熔法制备土壤脱硅溶液（简称土壤试液），即称取 0.5g（精确到 0.1mg）过 0.16mm 筛的风干试样，再称量 8 倍于土壤量的无水碳酸钠，与试样混合均匀，置于铂坩埚中，在 900℃条件下熔融 0.5h。待冷却后，加入少量热水和 1+1 的盐酸将坩埚清洗干净，并将洗液转入烧杯中，在沸水浴条件下蒸发至糊状，加入 20mL 市售浓盐酸，搅拌，过夜。次日加热溶液至 70℃，加 10mL 70℃的 1‰动物胶液，搅拌，70℃维持 10min，使其完全脱硅。取出烧杯趁热过滤并用热水洗涤。将滤液转入 250mL 容量瓶中，冷却后稀释至刻度，同时制备空白试样。取 25mL 缓冲液、10mL 0.5mol/L 的氟离子标液、5mL 试液于 50mL 容量瓶中，稀释至刻度。测试电位并进行计算。

三、原子吸收法

基本原理：用空气-乙炔原子吸收的方法测定铝时，共存离子干扰严重，而且铝在该火焰条件下生成难溶性化合物，所以直接测试灵敏度非常低，难以测定。在试样中加入四甲基氯化铵可以提高铝的灵敏度。

测试方法：称取 0.2g（精确到 0.1mg）过 0.16mm 筛的风干试样于铂金坩埚中，用少量 95‰乙醇润湿样品，加入研磨后的无水碳酸钠 2g，平铺于样品表面，置于马弗炉中，900℃熔融 20min，待冷却后，将熔块倒入烧杯中，加入 1+1 盐酸溶解熔块，并用热水和 1+1 盐酸对坩埚进行清洗，将洗液转入烧杯中，将烧杯内溶液转移至 50mL 容量瓶中，定容至刻度，吸取样品溶液 5mL 于 10mL 比色管中，加入 2.5mL 0.2mol/L 四甲基氯化铵，定容，上机测定。

四、激光微等离子体光谱分析法

基本原理：采取激光微区分析仪和 CCD 光栅光谱仪组成激光微等离子体物理光谱分析系统，在氩气减压条件下，以土壤标样为样品，在 394.4nm 条件下采用"三标准试样法"拟合工作曲线，得出测定结果。

测试方法：取有证标准物质土各取 3g，置于玛瑙研钵中，研磨使粒度为 0.062mm，然后以饱和蔗糖溶液为黏结剂，在 114MPa 下用压片机压成厚度为 2~3mm 的圆片，烘干，切成 2mm×4mm 的条状以备使用。将乙醇溶液高纯氩气作为缓冲气体，由真空系统的输入和输出端的阵阀控制其流量和压力，压力表指示室内压力，流量计指示流量，辅助电极用光谱纯石墨棒加工成放电端面（直径为 1.5mm），脉冲频率为 10min 两次，试验参数：气压 33.2kPa，流量 30mL/min，辅助激发电极间距 3mm，距分析样品表面高度 4mm，脉冲氙灯工作电压 850V，辅助激发电压 1 200V。为最大限度保证激光能量输出的稳定性，采取预激发模式使激光器处于比较稳定的状态；试验过程中，采集一次光谱清理一次样品，更换一对电极，防止出现记忆效应影响测定结果。铝以394.40nm 为分析谱线，分析谱线无干扰、无自吸，可用于定量分析。以"三标准试样法"拟合工作曲线，得出测定结果。

主要参考文献

[1] 华中农学院直观教材组. 土壤酸碱度测定器 [J]. 华中农学院学报，1959（3）：179-182.

[2] 袁可能，朱祖祥. 关于目前我国常用的几种土壤反应混合指示剂在使用上的探讨 [J]. 土壤学报，1956（1）：59-75.

[3] 张献义. 测定土壤 pH 的新混合指示剂及其使用 [J]. 土壤学报，1979（2）：184-189+208.

[4] 中国科学院土壤研究所，浙江农业科学院. 土壤 pH 值的测定 [J]. 土壤通报，1965（2）：36-38.

[5] 侯玉兰. 介绍一种田间直接测定土壤 pH 值的方法 [J]. 青海农林科技，1979（3）：22-23.

[6] 丘星初. 乙基红光度法测定土壤的 pH 值 [J]. 土壤，1985（1）：39-40.

[7] Schollenberger C J. Exchangeable hydrogen and soil reaction [J]. Science, 1927, 65：552-553.

[8] Walkley A, Black I A. An examination of the degtjareff method for determining soil organic matter and a proposed modification of the chromic acid titration method [J]. Soil Science, 1934, 37：29-38.

[9] 中国科学院土壤研究所分析室. 土壤中有机质的速测法 [J]. 土壤学报，1958（4）：266-269.

[10] 广东师范学院化学系分析化学教研组. 土壤有机质的速测 [J]. 土壤肥料，1977（2）：35-36.

[11] 司惠芳. 土壤有机质水杨酸速测法的改进 [J]. 河南农林科技，1981（6）：16-17+6.

[12] 丘星初. 土壤有机质的速测 [J]. 土壤肥料，1982（6）：37-38.

[13] 杨乐苏. 土壤有机质测定方法加热条件的改进 [J]. 生态科学，2006（5）：459-461.

[14] 李婧. 土壤有机质测定方法综述 [J]. 分析试验室，2008（S1）：154-156.

[15] 张少若，樊辛，程玉林，等. 海南岛砖红壤有效磷测定方法的比较和应用 [J]. 热带作物研究，1989（1）：10-17.

[16] 陈国孟，鲁如坤. 关于测定土壤有效磷总量的研究 [J]. 土壤学报，1993 (4)：380 -
    389.

[17] 成瑞喜，刘景福，朱端卫. 用 ASI 法测定中、酸性土壤有效磷结果比较 [J]. 华中农
    业大学学报，1993 (4)：343 - 346.

[18] 于群英，段立珍. 用 Mehlich3 通用浸提剂法测定土壤有效磷和有效钾 [J]. 安徽农
    业科学，2002 (6)：861 - 862＋864.

[19] 陈玲霞，吴国霖，李春生，等. 显色条件对酸性土壤有效磷测定的影响研究 [J]. 现
    代农业科技，2014 (5)：235 - 236.

[20] 李爱华. 用连续流动分析仪测定土壤有效磷时酸度条件的研究 [J]. 土壤，1987
    (6)：324 - 327.

[21] 何秀芬，罗金辉，韩丙军，等. ICP - AES 测定酸性土壤中有效磷的研究 [J]. 热带
    农业科学，2011，31 (9)：37 - 39.

[22] 同延安，邓锦兰，韩稳社，等. 用阴离子交换树脂测定土壤中的有效磷 [J]. 陕西农
    业科学，1992 (6)：40 - 41.

[23] 何东健，陈煦，任嘉琛，等. 土壤速效磷含量近红外光谱田间快速测定方法 [J]. 农
    业机械学报，2015，46 (3)：152 - 157.

[24] 杨乐苏，于彬，王志香. 南方酸性土壤交换性钙、镁和钾测定方法的探讨 [J]. 热带
    林业，2005 (3)：21 - 22.

[25] 刘雪鸿，王京平，陈万明，等. 酸性、中性土壤交换性钙镁测定方法的探讨 [J]. 湖
    南农业科学，2004 (3)：26 - 27.

[26] 冯建军，陈丽芝，张玉珠. 酸性土壤交换性钙、镁测定方法的探讨 [J]. 内蒙古农业
    科技，2008 (5)：76 - 77.

[27] 丘星初. 酸性土壤交换性钙镁的光度测定 [J]. 土壤肥料，1983 (2)：38 - 39.

[28] 张思文，陈晓辉，童灵，等. 土壤交换性钙和镁测定方法的改进研究 [J]. 云南农业
    大学学报（自然科学），2020，35 (6)：1081 - 1088.

[29] 姜丽丽，李絮花，王川，等. 土壤交换性钙镁测定方法的改进研究 [J]. 湖南农业科
    学，2011 (5)：41 - 43＋47.

[30] 王荣慧，白冬，章路，等. 超声浸提 ICP - OES 法同时测定土壤中交换性钙、镁和速
    效钾 [J]. 浙江农业科学，2021，62 (9)：1853 - 1856.

[31] 陈二钦，廖秋玲. 用塑料瓶提取土壤有效硼的探讨 [J]. 广西林业科技，1984 (4)：
    32 - 34.

[32] 范土芳. 简化姜黄素法测定土壤有效硼 [J]. 华中农学院学报，1983 (1)：78 - 83.

[33] 周李倩，沈云飞，孙晨悦. 聚乙烯离心管水浴浸提-比色法测定土壤有效硼 [J]. 广
    州化工，2020，48 (21)：92 - 93.

[34] 印天寿. 土壤有效硼姜黄测定法中使用硫酸-醋酸的改进 [J]. 安徽农业科学，1987
    (1)：38 - 41.

［35］王治荣. 姜黄素比色法测定土壤有效硼的条件研究 ［J］. 华中农业大学学报，1989 （2）：138 - 143.

［36］王治荣，王运华. 甲亚胺法测定土壤有效硼时脱色方法的研究 ［J］. 土壤肥料，1991 （2）：42 - 44.

［37］叶正钱，魏幼璋，杨玉爱. 甲亚胺与姜黄素测定土壤有效硼方法的对比研究 ［J］. 广东微量元素科学，1996 （7）：36 - 43.

［38］何承顺，汪军，周清. 土壤有效硼的提取方法研究 ［J］. 山东农业大学学报，1993 （1）：109 - 112.

［39］熊采华，熊玉祥，杨波涌，等. 电感耦合等离子体原子发射光谱法直接测定土壤中有效硼 ［J］. 湖北地矿，2001 （4）：125 - 127＋131.

［40］龚琦，李兴扬，陆建军，等. 石墨炉原子吸收法测定柑桔园土壤中有效硼 ［J］. 广西大学学报（自然科学版），2004 （4）：278 - 281.

［41］林光西. 电感耦合等离子体质谱测定土壤中的有效硼 ［J］. 光谱实验室，2006 （3）：566 - 568.

［42］王艳泽，施燕支，张华，等. ICP - MS 对土壤样品中有效硼的测定 ［J］. 光谱学与光谱分析，2006 （7）：1334 - 1335.

［43］孟兆芳，程奕，陈秋生，等. 微波辅助萃取 ICP - MS 法测定土壤中有效硼 ［J］. 中国土壤与肥料，2009 （1）：78 - 80.

［44］张鹏鹏，胡梦颖，徐进力，等. 沸水浸提-电感耦合等离子体发射光谱法测定土壤中的有效硼 ［J］. 光谱学与光谱分析，2021，41 （6）：1925 - 1929.

［45］张眉平. 土壤中水解性氮的快速测定法 ［J］. 土壤通报，1961 （3）：62 - 63.

［46］林晓峰. 土壤水解性氮含量的测定方法及注意事项 ［J］. 江西农业，2017 （11）：23＋25.

［47］张春丽. 土壤水解性氮的测定条件研究 ［J］. 宿州师专学报，2000 （2）：103 - 104＋85.

［48］孙又宁，保万魁，余梅玲. 自动定氮仪碱解蒸馏法测定土壤中水解性氮含量 ［J］. 中国土壤与肥料，2007 （5）：64 - 66.

［49］郑福丽，谭德水，马征，等. 自动定氮仪碱解蒸馏电位滴定法测定土壤中水解性氮含量 ［J］. 山东化工，2019，48 （9）：120 - 121.

［50］郭旭欣. 凯式定氮仪碱解蒸馏法测定土壤水解性氮 ［J］. 现代农业科技，2014 （12）：237 - 238.

［51］王国桢，马宇彤，李丹，等. 碱解蒸馏电位滴定法测定土壤中水解性氮含量 ［J］. 农业工程，2016，6 （3）：72 - 73.

［52］林永锋，刘晓菲，李廷钊，等. 碱解蒸馏法测定土壤水解性氮含量 ［J］. 浙江农业科学，2018，59 （8）：1457 - 1460＋1463.

［53］郭彬，张黎明，王华，等. 两种测定土壤水解性氮的方法比较 ［J］. 热带农业科学，

2007（2）：40－43.

[54] 易道德，俞静文．用气敏氨电极测定红壤性水稻土水解性氮［J］．江西农业科技，1980（10）：13－14.

[55] 保学明．用氨电极测定土壤中的易水解性氮［J］．土壤通报，1979（3）：9－10.

[56] 彭海根，金楹，詹莜国，等．近红外光谱技术结合竞争自适应重加权采样变量选择算法快速测定土壤水解性氮含量［J］．分析测试学报，2020，39（10）：1305－1310.

[57] 吴惠仙．用四苯硼钠比浊法测定土壤速效钾最佳条件的研究［J］．湖南林业科技，1986（2）：41－43.

[58] 王莲池，梁德印．用四苯硼钠比浊法测定土壤速效钾的几个问题［J］．土壤肥料，1981（6）：37－38.

[59] 潘安堡．四苯硼比浊法测定土壤速效钾最佳条件的研究［J］．广西农业科学，1981（12）：24－27＋23.

[60] 李西开，张淑民，周斐德．四苯硼比浊法测定土壤速效钾［J］．土壤通报，1982（5）：39－42.

[61] 张乃凤．土壤速效钾的测定：醋酸铵浸提、火焰光度计测定法［J］．土壤肥料，1974（1）：33－35.

[62] 崔志军．土壤速效钾测定条件比较［J］．甘肃农业科技，1996（1）：27－28.

[63] 高顿，张清，崔运成，等．研磨方法对土壤速效钾测定值的影响［J］．中国农学通报，2012，28（3）：152－156.

[64] 孙兰香．乙酸铵浸提：火焰光度计法测定土壤速效钾［J］．现代农业科技，2008（17）：199.

[65] 郝卓敏．土壤速效钾的测定［J］．昭乌达蒙族师专学报（自然科学版），2000（3）：81－82.

[66] 何琳华，曹红娣，李新梅，等．浅析火焰光度法测定土壤速效钾的关键因素［J］．上海农业科技，2012（2）：23.

[67] 徐俊兵，张志高，潘卫群，等．浸提温度对土壤速效钾测定值的影响［J］．土壤，1995（3）：164－166.

[68] 张建民，王猛，葛晓萍，等．ICP－AES法与传统FAAS法测定土壤速效钾和钠的数据可转换性研究［J］．光谱学与光谱分析，2009，29（5）：1405－1408.

[69] 徐爱平，陈永坚，杜应琼．电感耦合等离子发射光谱法测定土壤速效钾、缓效钾和全钾［J］．福建农业科技，2015（11）：34－36.

[70] 邹容，张新申．低压离子色谱法测定土壤中速效钾［J］．化学研究与应用，2003（5）：686－687.

[71] 贾生尧，杨祥龙，李光，等．近红外光谱技术结合递归偏最小二乘算法对土壤速效磷与速效钾含量测定研究［J］．光谱学与光谱分析，2015，35（9）：2516－2520.

[72] 李伟，张书慧，张倩，等．近红外光谱法快速测定土壤碱解氮、速效磷和速效钾含量

［J］. 农业工程学报，2007（1）：55-59.

［73］毛振伟，陈树榆，林淑钦. X-荧光光谱点滴滤纸法测定土壤中的速效钾［J］. 土壤肥料，1987（4）：47-48.

［74］张效朴，臧惠林. 土壤有效硅测定方法的研究［J］. 土壤，1982（5）：188-192.

［75］刘丽敏. 农业土壤中有效硅的测试结果影响因素分析［J］. 黑龙江科学，2018，9（18）：82-83.

［76］李娟，吴秀玲，潘庆华，等. 影响土壤有效硅测定的因素与控制技术［J］. 宁夏农林科技，2011，52（12）：5-6+11.

［77］王飞，秦方锦，吴丹亚，等. 存样时间对土壤有效硅含量的影响［J］. 农学学报，2016，6（4）：26-29.

［78］周春燕，张玉龙，石岩，等. 不同浸提剂对保护地土壤有效硅测定结果的影响［J］. 中国农学通报，2006（2）：226-230.

［79］武静，赵立鹏. ICP-OES法测定土壤中有效硅浸提剂浓度和浸提时间优化［J］. 四川化工，2020，23（3）：28-30.

［80］周大颖，龚小见，钟宏波. 电感耦合等离子体发射光谱（ICP-OES）测定土壤中有效硅［J］. 贵州师范大学学报（自然科学版），2018，36（3）：52-55.

［81］曾璧容. 土壤有效硫比浊测定法的改进［J］. 土壤，1997（4）：218-220.

［82］魏珂萍，战鹰，洪波，等. 土壤有效硫测定方法的评价及应用［J］. 山东农业科学，2005（5）：45-47.

［83］黎庆容，李汉涛，刘军仿，等. 土壤有效硫测试方法的探讨［J］. 湖北农业科学，2015，54（10）：2343-2347.

［84］柳听海，魏侠，朱修峰，等. 土壤有效硫测定方法和注意事项［J］. 安徽农学通报，2008（16）：58+64.

［85］王明锐，李静，张惠贤，等. 土壤中有效磷和有效硫含量的同时测定方法研究［J］. 绿色科技，2017（11）：221-222.

［86］郑国宏，白英. 土壤有效硫测定方法的探讨［J］. 中国土壤与肥料，2011（6）：87-89.

［87］任文岩. 比浊法测定土壤中有效硫［J］. 山西建筑，2012，38（16）：51-52.

［88］闫婷，余蕾. ICP-AES法测定土壤中的有效硫［J］. 云南化工，2021，48（8）：95-97.

［89］朱江，邹德伟，张美华，等. ICP-AES法同时测定土壤中有效态的硫和硼［J］. 分析试验室，2013，32（9）：108-111.

［90］谢鑫. ICP-AES快速测定生态地球化学样品中的有效硫［J］. 低碳世界，2017（15）：5.

［91］王萍，王雪莲，谭小宁，等. 电感耦合等离子体原子发射光谱法测定土壤中有效硫［J］. 四川地质学报，2009，29（4）：494-496.

[92] 李仓伟. 定向沉淀-电感耦合等离子体发射光谱间接法测试土壤中有效硫 [J]. 土壤通报, 2020, 51 (4)：848-852.

[93] 曹华杰. 离子色谱法测定土壤有效硫 [J]. 油气田环境保护, 2019, 29 (4)：49-53＋70.

[94] 黄建, 赵晓强, 孟嗣杰, 等. 离子色谱法测定土壤有效硫含量 [J]. 中国土壤与肥料, 2021 (4)：347-353.

[95] 蔡邦宏, 涂常青, 温欣荣. 水杨基荧光酮-溴化十六烷基吡啶分光光度法测定土壤中有效钼 [J]. 冶金分析, 2007 (6)：61-63.

[96] 李先春, 周邦国, 王敦清. 4, 5-二溴洋茉莉基荧光酮的合成及其光度法测定土壤中有效钼的研究 [J]. 分析科学学报, 1998 (2)：35-38.

[97] 刘炎超, 孟磊, 王海娟, 等. Luminol-SCN-化学发光法测定土壤中有效钼 [J]. 安徽农业科学, 2008 (4)：1300-1302.

[98] 王献忠. 石墨炉原子吸收光谱法测定土壤中有效钼 [J]. 萍乡高等专科学校学报, 2003 (4)：60-62.

[99] 秦樊鑫, 傅文军, 张松. 超声波溶样、APDC-MIBK 萃取石墨炉原子吸收法测定土壤中有效钼的研究 [J]. 土壤通报, 2006 (2)：2343-2345.

[100] 张彩聪. 电感耦合等离子体原子发射光谱法测定土壤中有效钼的含量 [J]. 华北国土资源, 2008 (2)：50-51.

[101] 伍爱梅, 陈永锐, 张宏涛. 电感耦合等离子体原子发射光谱法测定土壤中有效钼的方法改进 [J]. 化工管理, 2018 (12)：92-93.

[102] 彭君, 张丽艳, 周林宗, 等. 土壤中有效钼 ICP-MS 测定方法确认与应用 [J]. 工业技术创新, 2020, 7 (4)：46-49.

[103] 刘蜜, 仇海旭, 郭伟, 等. 利用电感耦合等离子体质谱仪 He 碰撞反应模式测定土壤有效钼 [J]. 中国土壤与肥料, 2017 (6)：171-175.

[104] 孙朝阳, 贺颖婷, 王雯妮. 端视电感耦合等离子体发射光谱法测定土壤中有效钼 [J]. 岩矿测试, 2010, 29 (3)：267-270.

[105] 秦海娜. 电感耦合等离子体质谱法测定土壤中有效钼的应用研究 [J]. 资源环境与工程, 2020, 34 (S2)：170-173.

[106] 冯奇. 电感耦合等离子体质谱法测定土壤中有效钼 [J]. 化学分析计量, 2021, 30 (5)：32-36.

[107] 李力争, 吴赫, 韩张雄, 等. 电感耦合等离子体-质谱法测定土壤中的有效钼 [J]. 光谱实验室, 2012, 29 (4)：2282-2285.

[108] 杨博为, 况云所, 庞文品, 等. 电感耦合等离子体质谱法测定耕地土壤中的有效钼 [J]. 贵州科学, 2019, 37 (6)：63-66.

[109] 杨宝龙. 极谱法快速测定土壤中的钼 [J]. 新疆有色金属, 2015, 38 (5)：52-53.

[110] 陈志慧, 孙洛新, 钟莅湘, 等. 快速催化极谱法测定土壤中的有效态钼 [J]. 岩矿